관광도 기술이다

관광 입문 필독서

【이 도서는 2016학년도 경기대학교 연구년 수혜로 연구되었음】

관광 입문 필독서

관광도 기술이다

엄서호 지음

일조각

머리말

현대인에게 관광은 삶의 중요한 부분을 차지한다. 과거에는 시간적, 금전적 여유가 있어야 가능하다고 생각했지만 이제는 각자의 상황에 맞추어 아무 때나 기념여행, 휴가여행, 가족여행 등의 명분으로 국내외로 향한다. 이렇게 관광이 대중화된 것은 경제적 여건 변화로 인해 관광의 문턱이 낮아진 것이 중요한 이유이지만, 무엇보다도 관광이 모든 사람이 갈구하는 활동이기 때문이다.

해마다 1,000만 명 이상의 관광객이 해외로 나가거나 해외에서 들어오는 대량 관광 시대가 시작되기 전부터 지방자치제 실시를 계기로 지역관광 활성화를 위한 다양한 시도가 있었다. 그러나 서울 사람을 타겟으로 각 지역의 자연유산과 문화유산을 활용해 추진한 관광개발사업은 민자 유치가 어려워 대부분 무산되자, 상대적으로 적은 투자로 단체장 임기 내에 추진 가능한 지역축제가 만연하는 상황이 초래되었다.

관광은 모두가 좋아하는 활동이기 때문에 누구나 쉽게 개발하고 경영할 수 있을 것이라 생각할 수 있다. 특히 한 번쯤 해외여행을 다녀온 사람은 관광자원 개발이나 관광지 관리에 대해 본인이 접해 본 외국 사례를 바탕으로 한 마디 해 본 경험이 있을 것이다. 그러나 관광은, 좀 더 자세히 말해서 관광사업은 일반인이나 일부 지자체 단체장들이 생각하는 것만큼 그렇게 간단하고 쉬운 일이 절대로 아니다.

일반 대중은 관광지를 실제로 움직이는 백 스테이지는 보지 못하고 단지 말끔하게 단장되어 공개되는 프론트 스테이지만 볼 뿐이다. 관광객 눈에 보이지 않는 백 스테이지에는 일반인들이 상상할 수 없는 다양한 기술과 노력이 숨어 있다. 또한 지금까지 많은 지자체 단체장들이 선거철마다 지역관광개발사업을 외쳤지만 막상 성공적으로 추진된 사례가 찾아보기 어려운 것을 보면 관광사업이 쉽지 않은 일인 것은 분명하다. 흔히 언급하는 외국의 성공사례를 그대로 우리 실정에 적용한다고 해서 반드시 성공한다는 보장은 없다. 왜냐하면 대체로 선진국의 관광 모델은 우리의 모델보다 두세 발자국 앞서 있는 경우가 대부분이며, 관광 수요자의 행태도 우리나라 관광 수요자의 행태와는 다르기 때문이다.

관광은 모자와 같다. 누구나 모자를 쓸 수 있는 것처럼, 관광은 어떤 분야하고도 접목될 수 있는 유효한 수단이라고 할 수 있다. 특히 융·복합 시대가 도래하면서 기존의 수요자 위주 대량관광이 초래한 부정적 영향에 대한 대안관광으로 농촌관광, 어촌관광, 생태관광, 산업관광, 의료관광 등 다양한 유형의 관광이 나타나게 되었다. 이처럼 다양한 대안관광이 나타남으로 인해 관광의 영역은 더욱 확대되었고, 관광의 영역에 참여하는 전문가의 범위도 넓어지게 되었다. 그런데 이때 대안관광이라는 이름 아래 관광에 참여하는 외부 전문가들이 관광 수요의 참모습을 간과하고 각자 자기 분야의 입장과 관점에서만 관광을 바라봄으로 인해[1] 오히려 일반 관광이 겪었던 시행착오를 똑같이 경험하고 있다.

대부분의 대안관광이 선진국의 지속가능한 관광sustainable tourism에서 출발하였으므로 가야 할 방향은 맞지만, 그 시점에 준비가 미흡하고 수요자도 너무 적다면 정작 그런 수요가 생길 즈음에는 이미 실패한 정책으로 방기되어버릴 우려도 있다. 실제로 수요와 동떨어져 정책적 키워드로만 강조되었던 녹색관광이 우리 현실에서 꽃피우기도 전에 창조관광이라는 또 다른 이름의 대안관광에 의해 뒷자리로 밀려난 것이 그 예이다.

그러나 지역관광 활성화에 대한 관심은 단지 지역경제 활성화뿐만 아니라 지역브랜딩 차원에서도 지속적으로 고조되고 있으며, 이제는 하향식 관官 주도 개발이 아닌 상향식 주민 주도 개발이 대세이기 때문에 다양한 사업주체의 시행착오를 최소화하기 위해 지역관광 기술개발이 반드시 필요하다.

본 저술에서는 지역관광 활성화를 위해 우리나라 사람들의 관광행태를 우선 고려하고, 한국적 관광 여건을 감안하면서 단계적으로 선진 관광을 실현하기 위해 한국형 관광기술을 제시하려고 한다. 따라서 지금까지 시행착오를 거치면서 우리 실정에 적용되어 활착된 사례를 바탕으로 도출된 이론을 설명할 것이며, 현재 실험 적용 중인 사례도 일부 언급하게 될 것이다. 이와 같은 노력을 통해 지역관광을 위한 한국형 기술을 축적하는 동시에 지역관광 활성화 작업 시 발생할 수도 있는 시행착오를 최소화하고,

---

1 수년 전 녹색관광이라는 기치 아래 생태전문가들이 각종 생태관광 진흥책을 제시한 적이 있다. 생태관광은 우리 사회가 지향해야 할 선진관광의 한 형태인 것은 분명하지만 생태관광 시 요구되는 자기 희생과 생명 존중을 수요자들이 쉽게 수용하기 어려운 것이 현실이다. 자연관광에서 문화관광으로, 그리고 생태관광으로 진화하는 것이 관광 패턴임에도 생태전문가들이 수요자들을 어떻게 하면 빨리 생태관광 단계로 진입시킬 것인가에 대해서만 고민하는 것은 바람직하지 않다. 문화관광에도 이르지 못한 수요자들 수준에서 생태관광만이 답이라고 주장하는 것은 전문가의 교만이라 할 수 있다.

나아가 2,000만 외국인 관광시대에는 한국형 관광기술을 외국에서도 적용시키게 될 것을 기대한다.

본고에서는 저술 내용의 신뢰성을 제고하기 위해 각 장마다 관련 분야 전문가들에게 리뷰를 요청하였다. 바쁜 가운데서도 챕터 리뷰어로 참여해 주신 김병국 교수, 연승호 교수, 류시영 교수, 한숙영 교수, 황길식 박사, 최성준 대표, 나윤중 교수, 김재호 교수, 박창규 교수에게 깊은 감사의 마음을 전하고 싶다.

누구나 쉽게 참고할 수 있는 관광 입문 필독서를 만들기 위해 시작한 작업이 30여 년 교직생활을 정리하는 일이 되고 말아 상당히 부담을 느끼게 되었다. 저술 작업을 마무리할 즈음에서야 이 책을 통해 제안된 관광기술이 단지 시대에 조금 앞선 생각들일 뿐, 특별한 내용이 아니라는 생각이 들어 죄송스러운 마음마저 든다. 그럼에도 불구하고 관광이 기술로 꼭 필요한 분들께 조금이나마 도움이 되었으면 좋겠다는 마음으로 저술을 마치게 되었다.

30년 교직생활 동안 열심히 내조해 준 아내 이금희, 아들 종식과 경식, 며느리 윤지원의 격려에 감사를 표하고 싶다. 오늘의 나를 있게 해 주신 작고하신 아버지와 홀로 남으신 어머니께도 다시금 고개 숙인다. 끝으로 30년 교직생활 내내 지식과 활력, 기쁨과 감사의 밑바탕이 되어 준 경기대 관광개발학과 선배, 동료 교수들과 졸업생들을 만날 수 있도록 인도하신 하나님 은혜에 두 손 모아 감사드린다.

차례

제 I 장
관광의 순기능과 관광경험 구성

Chapter Reviewer 김병국 교수

대구대학교 호텔관광학과에 재직 중이며, 전공 분야는 관광자원 개발 및 관리이다. 주요 관심
분야는 '지속가능한 관광과 농촌관광'이며, 현재 한국관광학회 기획이사와 한국농어촌관광학회
편집위원장으로 활동하고 있다. bkim@daegu.ac.kr

1. 관광의 순기능: 지역경제 활성화를 넘어서

관광객 유치를 통해 얻을 수 있는 이익은 무엇보다도 관광객 소비 지출을 통한 소득 증대, 고용 창출, 세수 증대, 외화 획득 등의 직접적 효과와, 환경 개선, 지가 상승 등의 간접적 효과를 통한 지역경제 활성화로 요약할 수 있다. 그래서 범세계적으로 국가와 지역 차원에서 내·외국인을 유치하기 위해 많은 노력을 하고 있다. 이때 과거의 방식대로 관광진흥을 통한 긍정적 영향에만 몰입하기보다는 환경오염, 문화 변형, 불공정 거래 등의 부정적 영향도 고려해야 한다. 또한 긍정적 영향을 보는 시각조차도 지역경제 활성화와 같은 유형적 이익에만 국한하지 말고, 보다 거시적 차원에서 접근할 필요가 있다.

(1) 지역 브랜딩 수단

함평나비축제는 대단히 성공한 지역축제이다. 인구가 약 35,000명 정도인 함평군이 나비축제를 통해 전국에 모르는 사람이 없을 정도로 널리 알려졌으니 대단한 성공이라 아니할 수 없다. 그러나 최근에 들리는 이야기로는 관광객들이 기대한 만큼 돈은 쓰지 않고 쓰레기만 버리고 간다는 불평의 소리가 있다. 그러나 그것은 관광의 효과를 단지 소득증대의 관점에서만 본 좁은 안목의 소치이다. 국민 대다수가 함평이 어디에 있는지 알게 된 것만으로도 나비축제에 대한 투자 효과는 모두 충족했다고 할 만큼 충분하다. 문제는 이렇게 인지도뿐만 아니라 위상도 함께 높아진 함평이라는 브랜드를 어떻게 잘 활용할 것인가 하는 데 대한 고려가 미흡했다는 점이다.

　우리나라에서 성공한 축제는 대체로 체계적 접근에 의한 것이라기보다는 소수의 혁신자들에 의해 주도된 것이다. 따라서 아마도 미리 지역 브랜드파워를 활용한 향토산업 발전을 염두에 두고 축제를 기획하기는 어려웠을 수 있다. 다만 어떻게 하면 사람들이 많이 찾아오게 할 수 있을 것인가, 그리하여 어떻게 하면 지역경제를 활성화할 수 있을 것인가에만 전념했을 것이 분명하다. 함평나비쌀, 함평나비랑여문쌀도 나비축제의 유명세와 함께 등장했지만, 2016년에 와서야 9년 연속 나비쌀이 전남 10대 고품질 브랜드 쌀에 선정되면서 처음으로 대한민국 명품 쌀 중앙평가에 출전할 자격을 얻었다고 한다.

나비축제에서처럼 관광은 지역 브랜딩의 효과도 있다. 공중파 방송의 황금 시간대에 소개되는 것 말고는 지역의 이미지와 인지도를 제고하는 데 관광만큼 쉽고 빠른 수단도 없을 것이다. 관광객의 마음은 집을 떠나면서 이미 열려 있기 때문에(탈일상성 때문에) 방문 지역에서 색다른 체험이나 친절한 서비스를 조금만 접해도 금방 호감을 가질 수밖에 없다. 이러한 감정은 같은 상품과 서비스를 평소 다니던 직장 부근에서 접할 때에는 가질 수 없는 감정이다. 체험 상품과 서비스figure를 방문 현장ground을 배경으로 특정인과 함께 소비할 때 각각의 요소들이 서로 상승작용을 일으켜 맥락context으로 인식되어 정서적 반응이 커질 수 있다.[1] 더욱이 오감을 통해 방문 지역의 상품과 서비스를 체험할 수 있기에 일반적으로 관광에 의한 경험은 기억에 오래 남게 된다.

지역브랜딩을 통해 향토산업을 발전시키고 지역의 정체성을 확립할 수 있으며 지역민의 자긍심을 함양할 수 있는데, 이는 관광이 어느 다른 수단보다 더욱 유효하게 성취할 수 있는 순기능이다. 즉, 관광 진흥을 통해 지

---

1   단순히 초콜렛figure만을 광고하는 것이 아니라 크리스마스ground와 연결시켜 크리스마스 선물이라는 맥락context으로 홍보하면 소비자의 구매 욕구를 자극할 수 있다.

역경제 활성화와 더불어 지역 브랜딩이라는 두 가지 목표를 동시에 달성할 수 있다.

(2) 커뮤니케이션 수단

관광의 순기능은 지역 브랜딩 차원에서만 논의될 수 없다. 개개의 제품이나 기관도 관광이라는 커뮤니케이션 수단을 이용할 수 있다. 일본에서는 산업관광이라는 이름 하에 맥주공장이나 국수공장 등을 홍보하면서 긍정적인 상품 이미지를 형성할 수 있도록 공장 체험관광을 추진하고 있다. 마찬가지로 우리나라에서도 자동차공장이나 화장품공장, 김치공장 등을 방문하여 직접 체험하는 산업관광 상품을 개발하도록 정부가 지원사업을 펼치고 있다.

관광을 개별 상품이나 기관의 커뮤니케이션 수단으로 활용하는 사례는 사과(꽃)축제와 템플스테이 같은 체험 프로그램에서도 볼 수 있지만, 관광 활용의 목적에서는 다소 차이가 있다. 청송 사과축제는 개별 상품에 적용된 사례로 홍보와 판매촉진이 주된 목표이나, 템플스테이는 교육관광 차원에서 기관의 가치홍보에 더 중점을 둔 사례이다. 코카콜라박물관이나 아부다비의 포르쉐체험관은 모두 제품의 가치 홍보를 문화관광 차원에서 접근한 커뮤니케이션 사례이다.

관광은 누구나 쓸 수 있는 모자와 같다.[2] 특히 포스트모더니즘 시대에는 관광의 영역과 범위가 따로 존재하는 것이 아니라 어디서나, 어느 것이

---

2 엄서호(2007)는 저서 '한국적 관광개발론'에서 관광모자론을 주장하고 있는데, 관광객의 진정성 지각은 관광을 전업으로 하는 프로 관광보다는 사업 주체가 가진 자원성을 활용해 부업으로 추진하는 아마추어 관광에서 더욱 쉽다고 주장하고 있다. 프로 관광은 관광 서비스의 보편성을 유지하는 데 반드시 필요한 반면, 관광 서비스의 의외성은 아마추어 관광을 통해 발현되므로 서로 보완 관계에 있다고 볼 수 있다.

나 관광과 접목되는 사례가 나타난다. 앞서 언급한 각종 기관들의 관광커뮤니케이션 사례를 보면서 한국의 다양한 생활문화와 산업자원이 모두 관광자원이 될 수 있다는 점을 알 수 있다. 수년 전에는 수도권에 있는 자동차운전면허시험장이 중국인 관광객의 체험상품으로 인기를 모은 적이 있으며, 농촌체험이나 어촌체험도 새로운 관광상품의 영역으로 내국인 관광객에게 인기를 끌고 있다. 해남에 있는 설아다원은 최근에 1차산업인 녹차밭농사에 수제녹차는 물론 발효녹차진액 등을 가공하는 2차산업을 부가하고, 한옥민박과 판소리체험 등의 3차산업을 융복합시킨 그야말로 관광을 커뮤니케이션 수단으로 적절히 활용한 전형적인 농촌 6차산업 사례이다.

공급자 입장에서 볼 때 관광수요의 핵심인 호기심을 활용해 특정 제품이나 기관의 인지도와 이미지를 제고할 수 있는 기회도 있다. 해병대캠프는 아주 인기 있는 청소년 대상 체험관광 프로그램이며, 남대문시장이나 동대문시장도 우리의 생활문화에 관광이라는 모자를 씌워 외국인 관광객의 구매 욕구를 자극할 수 있다.

우리나라와 같이 지역에 따라 다양한 생활문화가 존재하는 경우에 그 섬세한 차이가 바로 관광객을 유인하는 요소가 될 수 있다. 다른 지역에서는 볼 수 없는 특별한 것을 관광상품으로 만들어 체험하게 하여 지역 인지도를 높이고 경제 활성화를 도모할 필요가 있다. 생활문화의 지역다름을 소재로 한 관광상품 개발과 운영은 여행사나 리조트와 같이 전업 차원의 프로페셔널 관광으로도 가능하지만, 유관한 지역기관이나 임의단체 등이 겸업이나 부업 차원으로 추진하는 아마추어 관광으로도 가능하다. 부업 차원으로 이루어지는 아마추어 관광상품의 개발과 운영 방식은 계절성이 강해 성수기와 비수기의 차이가 큰 우리나라의 관광환경에 비추어 볼 때 전업 차원으로 이루어지는 프로페셔널 관광상품의 개발과 운영 방식보다 사업 타당성이 높을 뿐만 아니라, 수요자 입장에서도 진정성을 느낄 수 있는 장점이 있다. 사실 전업으로 관광사업을 운영하기 위해서는 고난도의 경영관리 기술이 필요하므로 누구나 할 수 있는 분야는 아니다.[3]

또한 관광은 목적지 문화를 외국인이나 타지역 주민들에게 소개하는 소통의 기회가 될 수 있다. 반대로 현지인들은 관광객을 통해 외국인이나 외지인들을 접촉할 수 있으므로 제한적이기는 하지만 새로운 문화를 경험하는 양방향 문화교류의 수단이 될 수도 있다. 한·중·일 청소년 수학여행은 관광을 통한 문화교류의 대표적인 사례이며, 향후 한자문화권의 동질성을 기반으로 한·중·일 공동 관광마케팅과 연계관광 추진도 강력한 문화교류의 수단이 될 수 있다.

(3) 생활의 질 향상과 환경 개선 수단

현대인들은 먹고 사는 면에서 얼마나 즐거운지 비교하면서 상대적 빈곤감을 느끼는 것 같다. 누가 보아도 부럽기만 한 즐거운 생활에 대한 세간의 표현은 바로 다음과 같다.

1년에 한 번 정도 해외여행 가고, 계절마다 국내 곳곳을 돌아보며, 주말에도 가끔씩 가족나들이를 하면 최고지.

위의 표현에 관광요소가 모두 포함되어 있다. 현대인들은 관광을 통해

---

3 누구나 쉽게 관광에 참여할 수 있으므로 관광사업에 관해 말하기는 쉬워도 실제로 관광사업을 경영하는 것은 쉽지 않다. 관광분야와 관련되어서는 누구나가 한 마디씩 말할 수 있는 분위기 때문에 우리의 관광산업이 아직 이 정도 수준밖에 오지 못한 것 같다. 관광 전문가를 인정하는 분위기, 관광을 기술로 생각하는 태도 변화가 한국관광의 선진화를 위한 첫걸음이 되어야 한다. 물론 그러한 책임이 기존의 관광 전문가들에게도 있다는 점은 부인할 수 없다.

기뻐하고, 관광으로 서로 비교하며, 관광으로 상대적 빈곤감을 느끼는 시대에 살고 있다. 관광은 생활의 질과 바로 연결되어 있으며, 기술이나 신체적 조건에 의해 영향을 받기는 하지만 시간적, 경제적 여유만 있으면 쉽게 떠날 수 있는 관광은 현대인이 가장 선호하는 여가활동 중 하나이다.

우리는 관광을 통해 스트레스 해소, 성취감, 행복감, 자기발견 등 정서적 성과와 관계회복, 연대형성 등 사회적 성과를 얻을 수 있다. 그러나 관광의 긍정적 편익은 게스트뿐만 아니라 방문 지역의 호스트에게도 발생할 수 있다. 문화관광해설사, 체험지도사, 민박집 주인 등 체험활동을 위해 관광객이 방문한 지역의 호스트들도 관광객이 느끼는 것과 같은 정서적 성과와 사회적 성과를 얻어 낼 수 있다. 이러한 현상은 전업으로서의 관광보다는 부업 또는 겸업으로서의 관광을 통해 더욱 자주 목격된다.

요즈음 주4일근무제 도입에 관한 이야기가 자주 등장한다. 경상북도는 산하의 공공기관에 주4일근무제 도입을 추진하고 있는데, 임금은 근무 일수가 적은 만큼 주5일 근무 직원들의 80% 수준으로 계획하고 있다고 한다. 경북테크노파크 등 일부 기관을 대상으로 시범적으로 도입한 후, 도내 30개 공공기관으로 확대할 계획으로 알려져 있다.[4] 이러한 추세가 AI에 의해 가속화되거나 일자리 공유 운동에 의해 전사회적으로 확산되면 우리 사회도 일 중심의 사회에서 여가 중심의 사회로 변모하는 단계에 진입하게 된다. 여가 중심의 사회에서는 일자리가 생계형 일자리와 여가문화형 일자리로 구분되면서 누구나 가질 수밖에 없는 생계형 일자리보다는 오히려 아무나 갖기 어려운 여가문화형 일자리를 통해 차별성과 성취감을 느끼게 될 것이다. 현재 양적 질적으로 지속적인 발전을 꾀하고 있는 문화관광해

---

4 국민일보 2017년 7월 6일자 인터넷판 참고.

설사나 체험지도사가 바로 여가문화형 일자리의 대표적 사례이며, 젊은층에서 선호하는 용인민속촌의 거지 아르바이트나 경복궁 수문장 등도 여가문화형 일자리로 분류될 수 있다.[5]

관광객 유치를 통한 지역경제 활성화도 중요하지만 주민생활의 질 향상도 적극적인 관광 참여를 통해 얻어낼 수 있다는 점을 주목해야 한다. 지역이 가지고 있는 전통·역사문화와, 예술, 음악, 문학 등의 창조문화, 그리고 현지 주민들의 생활문화도 관광자원이라는 개념이 확산되면서 지역주민도 관광콘텐츠로 활용되게 되었다.[6]

주민들은 지역 또는 해당 마을의 역사나 설화를 스토리텔링하는 마당극, 뮤지컬 등에 배우로 참가하는 주민 퍼포먼스를 통해 적극적으로 관광에 참여하게 된다. 주민 퍼포먼스는 상당 기간 동안 전문가의 도움을 받아 이루어지므로 준비과정 자체가 힘이 들지만, 방문객들을 대상으로 공연을 마치고 나면 느끼게 되는 행복감과 성취감은 대단하다. 관광객들 또한 공연을 마친 주민들과의 접촉을 통해 정서적 연대감이 강화될 것이며, 대량관광에서는 느끼지 못하는 진정성을 경험하게 될 것이다.

즉, 주민 공연은 관광객과 현지 주민 모두에게 치유와 회복이 가능한 최고의 관광 프로그램이다. 특히 정주환경인 농어촌은 지속적으로 개선되는 과정에 있으나 주민들의 행복감에 절대적으로 영향을 미치는 개인적 성취

---

5 여가문화형 일자리 창출과 관련해서는 제Ⅳ장 관광커뮤니케이션과 스토리텔링 관련 기술에서 구체적으로 서술할 것이다.
6 전남 창평 삼지내 슬로시티 마을 방문객들에게는 '마을탐방 미션'이 최고인기 체험 프로그램이다. 마을탐방 미션은 마을 내에서 이장댁 찾기, 이색문패 찾기, 보성댁 찾기 등 마을 주민들을 찾아 함께 사진을 찍는 프로그램으로, 현지 주민을 관광콘텐츠화한 성공사례이다. 경기도가 지원하여 대학과 전통시장 협력 프로그램의 일환으로 시행된 수원시 조원시장 활성화 사업(2015)에서 경기대학교가 제작 배포한 상인 캐리커처 간판도 상인들을 전통시장의 콘텐츠로 부각시킨 사례라 할 수 있다.

감을 높이는 일은 소득증대와 환경개선만으로는 한계가 있다. 농촌관광을 수용하는 데 필요한 체험지도사, 마을해설가, 주민배우 등의 역할에 주민들이 적극적으로 참여한다면 본래의 생계형 일자리인 농업에 여가문화형 일자리가 부가되어 농어촌 주민들의 생활의 질을 향상시키는 데 크게 기여할 수 있다.

관광을 통한 생활의 질 향상과 더불어 생활환경 개선도 관광의 순기능에 포함시킬 수 있다. 주민들은 농촌체험휴양마을로 지정되어 농촌관광을 유치하면서 생긴 가장 큰 변화 중의 하나가 농촌환경의 개선이라고 말한다. 외지인들이 찾아오면서부터 경관이 훼손되면 손을 보지 않을 수 없게 되어 마을이 청결하게 유지된다고 한다. 골목길의 벽화가 유명세를 타면서 관광객들이 찾는 명소가 되고, 그로 인해 현지 주민들의 프라이버시가 침해되는 등 부정적 측면도 있지만, 골목길이 밝고 안전해지는 등 환경 개선이 이루어져 부동산 가격이 상승되는 등의 긍정적인 측면도 있다.

최근 벽화골목 조성에 의한 환경개선과 명소화사업이 전국 곳곳에서 행해지고 있다. 벽화마을 사업이 성공하기 위해서는 정주환경 개선이라는 큰 그림 속에서 시도될 필요가 있다. 주거 관련 기반시설 확충과 소득사업 지원은 물론 선진지 견학 등 주민 역량 강화가 우선되어야 하고, 방문객 유치는 이런 구도 속에서 부수적으로 따라오도록 유도해야 한다. 방문객 유치가 주가 되는 관광사업으로 시작하면 주민 역량이 미흡하기 때문에 주민들에게 변화의 가능성을 인식시키고 참여를 촉진하는 차원에서 추진하는 것이 좋다. 결국 지방자치단체가 인내와 관심을 가지고 중·장기적인 관점에서 관리해야 주민 스스로 자립 가능하고 지속가능한 문화마을이 생겨날 수 있다.

(4) 총체적 관광영향평가 및 개별적 관광경험평가 체계의 변화

관광의 순기능이 경제적 이익 창출은 물론 지역의 브랜딩, 향토산업과 기관의 커뮤니케이션 효과, 그리고 주민과 여행자의 삶의 질 향상 등으로 확대됨에 따라 관광영향평가도 경제적 효과에만 한정하지 말고 다면적 차원에서 이루어져야 한다.

총체적 관광영향평가를 위해 다양한 지표의 개발과 측정이 이루어져야 하는데, 가장 시급한 것이 바로 지역 브랜딩과 관련된 지역의 브랜드파워이다. 지역의 브랜드파워는 지역의 인지도awareness와 지역 충성도loyalty, 그리고 지역 이미지image로 구성된다. 지역 브랜드파워는 지역 방문 의도 또는 특산품 구매 의도 등 수요자 구매 행동과 관련되며, 최근에는 귀농·귀촌 의도와도 상관성을 갖게 되었다. 궁극적으로 지역 브랜드파워는 향후 논의될 지역다움과 동일한 용어라 할 수 있다.

관광을 통한 제품이나 기업, 그리고 기관의 커뮤니케이션 효과는 수요자 대상 설득을 통한 태도 변화에 귀착되므로 태도와 행동 차원에서 평가될 수 있다. 수요자 태도는 선호도로 측정되며, 행동은 구매 의도, 추천 의도 등으로 측정될 수 있다.

총체적 관광영향평가와는 별개로 개별적 관광경험평가도 관광의 순기능 확대와 더불어 개선될 필요가 있다. 이제 관광경험은 관광 서비스 제공이라는 차원에서 만족·불만족으로만 평가하는 것 이외에 수요자와 공급자의 삶의 질 차원에서 탈일상성, 행복감, 치유(회복)력 등으로 평가할 수 있다. 개별적 관광경험평가를 서비스 평가에서 기능적 평가로 전환하는 것은 단지 서비스로만 인식되었던 관광을 이제 기술로 확대 인식한다는 의미를 부여하는 것이다.

2. 관광경험의 구성 요인과 영향 요소

관광경험은 일탈체험, 장소체험, 관계체험이라는 세 가지 현장체험 요인으로 구성된다. 일탈체험은 관광을 위해 집을 떠나면서 시작된다. 현지 관광 중에는 장소체험의 과정이나 현지 주민 또는 타 여행자와의 관계체험을 통해서도 발생한다. 관광 중에 평소와는 다른 자기의 모습을 느끼게 된다면 그것이 바로 일탈체험의 결과이다. 수요자는 이 세 가지 체험의 몰입 수준에 따라 자신의 관광경험이 달라질 수 있다. 반면에 공급자는 이 세 가지 체험에 필요한 요소를 최대한 투입하고 혼합하여 관광객이 보다 다양하고 깊이 있는 관광경험을 창출할 수 있도록 해야 한다.

(1) 관광경험과 일탈체험

관광process의 성과output 중 하나인 탈일상성은 실존적 진정성의 지각과 행동에 영향을 미치는 동시에 관광 결과outcome인 일상 회복에 가장 크게 영향을 미치는 변수이다. 탈일상성은 먼저 일상탈출이란 관광 동기로 발현되고, 집을 떠나 목적지로 향하면서 점차 증대되다가, 현지에서의 새로운 환경, 문화 등 장소체험과 다른 여행자, 현지 주민, 동반자와의 관계체험의 지각 수준에 영향을 미치는 조절변수로 활성화되거나, 장소체험과 관계체험의 결과로 강화되기도 한다. 일반적으로 관광 단계에 따라 탈일상성은 다르게 구성, 지각될 수 있는데, 관광 시작 시점에는 '일상 해방', 관광 현장에서는 '일상 망각'과 '일상 성찰', 그리고 관광 종료 시에는 관광 결과outcome로 '일상 회복'의 차원에서 측정되고 평가될 수 있다.

　관광경험의 일부로서 일탈deviance체험[7]은 먼저 '일상에서의 해방'으로 시작된다. 관광을 통한 일상에서의 해방은 구체적으로 일상 환경에서 벗어

표 I-1_ 관광 단계별 관광경험과 일상과의 관계

구분	관광 동기 input	관광 과정 process	관광 성과 output	관광 결과 outcome
관광경험	일상탈출	일탈체험 장소체험 관계체험	탈일상성 (일상 해방, 일상 망각, 일상 성찰)	일상 회복 (치유, 행복감)
관광 단계	관광 이전	관광 이동과 현지 관광	현지 관광	일상 복귀
관광 행동	관광 참여 결정	현지인처럼 지내기	진정한 '나' 표현	구전, 재방문

남, 일상 책임에서 탈피, 익숙한 문명에서의 탈출로 구성된다. 요즘과 같은 생활에서는 잠시라도 스마트폰에서 벗어나는 것도 문명 탈출의 의미를 갖는다고 할 수 있다. 일상 해방은 관광객 개인의 특성과 상황에 따라 즉, 일상탈출 동기에 따라 지각 정도가 달라질 수 있으며, 또한 관광 목적지의 특성과 상황에 따라서도 달라질 수 있다. 제주도처럼 이국적인 경관과 문화가 있고 항공기나 선박을 이용할 수밖에 없어 평소에 가보기 어려운 곳이라면 '일상 해방감'을 증대시켜 결국 일탈체험을 강화시킨다. 즉, 개인적 동기와 신기함을 추구하는 것뿐만 아니라 관광 목적지의 이색적 분위기, 이동거리, 함께 가는 사람의 기분에 따라서도 일상 해방감은 영향을 받을 수 있다.

일상탈출 동기가 자기 확장이나 자기 회피의 동기로 세분화되어 일상 해방감이나 장소체험과 관계체험에 몰입하는 정도를 결정할 뿐만 아니라,[8]

7 관광경험의 구성 요인 중 일탈체험은 관광 과정process의 성과output로 탈일상성과 구별된다. 일탈체험은 관광 시작 시점에 발생하는 일상 해방감 중심의 체험 과정을 의미하는 한편, 탈일상성은 일탈체험은 물론이고 관광 현장에서의 장소체험, 관계체험 등 전체 관광 과정을 통해 산출된 성과물로, 관광경험을 구성하는 중요한 지각 구조체cognitive construct라 할 수 있다.

8 Stenseng, F. Rise, J., & Kraft, P. (2012). Activity Engagement as Escape from Self: The

장소체험과 관계체험을 통해 탈일상성으로 구체화되어 실존적 진정성 지각이 가능하도록 촉진제 역할을 하게 된다. 관광 목적지에 도착하여 장소체험이나 관계체험 등 현장체험에 몰입할 때 관광객은 일상을 망각할 수 있게 되고, 이러한 일상 망각의 정도(몰입도와 관련됨)가 바로 관광경험에서 탈일상성의 일부를 구성하게 된다. 특히 민박과 현지 주민과의 아침식사를 통해 해당 지역 고유의 생활문화 체험에 몰입될 수 있다면 탈일상성은 일상 망각의 단계를 거쳐 일상 성찰의 단계로 강화될 수 있다.

2012년 7월 22일 KBS 2 TV '다큐멘터리 3일' 제주도 게스트하우스 편에서 방영된 어느 여성과의 인터뷰 내용이 바로 관광을 통한 일탈체험의 결과를 그대로 이야기하고 있다.

Q: 여행을 하면 어떤 것을 얻는다고 생각하세요?
A: 사실 여행에서 어떤 것을 얻는 것보다도…, 내가 원래 있던 곳에서 다른 곳으로 온 거잖아요. 그러면 원래 있던 곳 있죠? 그곳이 잘 보이는 것 같아요.

여행을 통해 일상에서 벗어남으로서 비로소 자신을 돌아볼 기회를 가질 수 있다는 말이다. 일상에서 멀리 떨어져 있을수록, 또는 여행지 환경이 일상과 다를수록 탈일상성이 강화되어 일상 해방과 일상 망각이 일상 성찰의 단계로 발전될 수 있음을 보여 준다. 일상 해방과 일상 망각, 그리고 일상 성찰의 단계적 지각으로 구성되는 탈일상성은 가장 중요한 관광 성

Role of Self-Suppression and Self-Expansion. Leisure Sciences, 34: 19-38. Stenseng, 라이스Rise와 크래프트Kraft(2012)는 히긴스Higgins(1997)의 Regulatory Focus Theory(RFT)를 인용하여, 여가활동 시 느끼는 탈일상성escapism에는 자기확장self-expansion과 자기회피self-suppression의 양면성이 있다고 말한다. 탈일상성은 특정 공간을 탈출하는 행위로 얻어질 수 있는 보상이라기보다, 자기확장 또는 자기회피를 통해 현실적 자아로부터 벗어남으로 인해 얻어지는 보상일 수 있다고 말한다.

과 중 하나이다. 탈일상성은 치유나 회복과 같은 관광 결과에 가장 큰 영향을 미치는 변수이기도 하지만, 또 다른 관광 성과라 할 수 있는 실존적 진정성 지각이나 '진정한 나'를 표현하는 관광 행동에도 영향을 미치는 요인이다.

탈일상성 지각이 강화될수록 일상에서는 규범과 책임에 둘러싸여 보이지 않던 자유의지의 자기를 표현함으로서 '진정한 나'[9]를 발견하게 되는 실존적 진정성 경험이 가능해진다. 일탈체험, 장소체험, 관계체험 등 현장체험 과정을 통해 얻어진 탈일상성은 거꾸로 그러한 관계체험이나 장소체험을 할 때 진정한 자기를 발견하거나 표현하도록 하여 정서적 치유나 행복감을 통해 일상 회복에 유의미한 결과를 얻어내기 위한 선행변수이다.

관광의 성과인 탈일상성[10]은 '일상 해방', '일상 망각', '일상 성찰'이라는 영역을 바탕으로 측정 가능하며, 일상 회복감의 선행 변수로 탈일상성 지각이 클수록 일상 회복감도 크게 나타난다고 볼 수 있다.

실존적 진정성은 관광 대상에 대한 객관적 진정성과 관광 주체인 '진정한 나'와의 교감 속에서 얻어지는 관광경험인 동시에 관광 중에 사회규범과 책임에서 벗어난 진정한 나를 표현하는 관광 행동이라 할 수 있다. 결국 가장 최고의 실존적 진정성은 관광 대상의 객관적 진정성(고유성)을 배경ground으로 '진정한 나'를 인물figure로 등장시키는 맥락context, 즉 현지인 되기 생활 여행을 통해 활성화될 수 있다.

---

9 왕Wang, N.(1999)은 Rethinking Authenticity in Tourism Experience, Annals of Tourism Research V.26(2)에서 실존적 진정성을 내적 진정성과 관계적 진정성으로 구분하고 있으며, 내적 진정성으로는 기분 전환, 릴렉스와 같은 신체적 감흥과 자기발견을, 그리고 관계적 진정성으로는 가족 단합과 관광 공동체 정신을 들고 있다.

10 탈일상성이란 관광을 마친 후 일상으로 복귀했을 때 너무나 익숙했던 일상이 낯설게 느껴지는 정도를 통해 파악될 수도 있다. 왜냐하면 일상에 복귀했을 때 관광경험의 탈일상성 정도에 따라 집 냄새 등 집안의 익숙한 분위기가 다소 생소하게 느껴질 수 있기 때문이다.

농촌생활여행을 통해 설명한다면, 객관적 진정성을 흠뻑 느낄 수 있도록 농가 마당에서 캠핑하고 농산물 수확 체험 등 장소체험은 물론 아침식사를 주인과 함께 하는 관계체험을 통해 탈일상성이 최고조에 이를 때 마치 내가 농촌 주민인 양 느끼고 행동하는 실존적 진정성이 활성화된다고 할 수 있다. 그러므로 현지인 모드의 생활여행은 탈일상성을 매개로 객관적 진정성을 실존적 진정성으로 승화시킬 수 있다는 면에서 매우 중요하다. 이러한 관점에서 세계문화유산으로 등재된 백제역사유적지구 등을 방문할 때 어떻게 객관적 진정성에 바탕을 둔 실존적 진정성을 경험할 것인가가 중요한 이슈로 등장하게 되었다.[11] 만일, 이를 소홀히 한다면 기존의 대중관광과 같이 유적지를 둘러보며, 사진 찍고, 놀이시설이나 이용하고 오는 정도의 '보는관광'이나 부분적인 '체험관광'에 머무를 수밖에 없기 때문이다.

관광 종료 후 일상에 복귀한 뒤, 출근하여 책상을 정리하거나, 한동안 소식을 주고받지 않았던 친구 또는 친지에게 전화를 하는 등 평소에 하지 않던 행동들은 하는 것은 관광의 결과outcome로 나타나는 일상회복 때문일 수 있다.[12] 궁극적으로 관광 결과인 일상 회복과 행복감은 해당 방문지나 해당 여행에 관한 긍정적 구전이나 재방문 등의 관광 행동을 유발할 수 있다. 관광 만족만을 구전이나 재방문의 영향 요인으로 보는 것은 관광을 환대 서비스로만 접근하는 사고인데 반하여, 일상 회복과 행복감을 구전과 재방문 영향 요인으로 간주하는 것은 관광을 기능적 차원으로 업그레이드

---

11 이후 백제역사유적지구의 실존적 진정성을 체험하기 위한 관광 커뮤니케이션 방안은 제Ⅴ장 유산 영향권 관리 수단으로서 관광기술에서 논의될 것이다.
12 김지효(2016). ESM을 활용한 관광 행동 단계별 탈일상 지각 차이 분석. 『동북아관광연구』, 12(3): 59-78.

하는 시도라 할 수 있다.

탈일상성은 관광이라는 과정을 거쳐 산출되는 성과의 하나로, 재미, 배움, 심미적 가치[13]는 물론 정서적 니즈hedonic needs 차원의 즐거움과 실용적 니즈utilitarian needs 차원의 가성비와 함께 관광경험의 결과인 일상 회복과 행복감 등에 영향을 미치는 중요한 요인이 된다.[14] 관광 수요자가 탈일상성을 스스로 관리하여 관광경험을 긍정적인 차원으로 강화시킬 수도 있지만, 지나치게 일탈체험을 추구하면 부정적인 결과를 초래할 수도 있다. 한편 관광 공급자는 일상탈출 동기 차원의 시장 세분화를 통해 장소체험 정도를 차별화할 수 있을 것이며, 적절한 관계체험 기회를 부여할 수 있다. 자기회피 동기가 강한 세분 집단에게는 관계체험이 장소체험보다 회복과 치유에 더 영향을 줄 수 있을 것이며, 자기확장 동기가 강할 때에는 다른 사람과의 관계체험보다는 배움의 기회나 음식 등 장소체험이 회복과 치유에 더 영향을 줄 수 있다.[15]

(2) 관광경험과 장소체험

관광동기는 유발 요인pushing factor과 유인 요인pulling factor으로 구분할 수 있다. 산업화와 도시화 과정을 거치는 동안은 유발 요인인 일상탈출이 중요한 관광동기로 작용해 온 탈출형 관광 시대였다면, 이제는 장소적 유인 요인이 중요한 관광동기가 되는 목적형 관광 시대가 왔다. 관광에서 장소적

---

13 Pine, B. J. Ⅱ., & Gilmore, J. H. (1998). Welcome to the experience economy. Harvard Review, July-August, 97-105.
14 김세은(2013). 여행 체험의 치유 효과 분석: 제주도 게스트하우스 이용객을 대상으로. 경기대학교 대학원 석사학위논문(지도교수 엄서호).
15 김지효(2016). 탈일상 동기와 관광지 현장체험, 치유 효과 간의 인과관계 분석. 경기대학교 대학원 박사학위 논문(지도교수 엄서호).

요소는 관광객을 유인하는 매력으로 작용할 뿐만 아니라, 현장체험을 통해 관광의 성과를 도출하기 위한 투입 요소이기도 하다.

장소체험은 자연 체험, 계절 체험, 전통·역사·문화 체험, 창조문화 체험, 생활문화 체험, 음식 체험 등 관광 현장에서의 모든 물리적, 환경적, 경관적 요소는 물론 프로그램과 서비스 체험 등을 모두 포함한다. 장소체험에는 안내판과 안내책자, 지도, 해설, 재현배우, 애플리케이션, 미션 게임 등의 커뮤니케이션 매체 요소도 필요하지만, 이것은 장소체험의 보조 수단이므로 장소체험의 하위 영역에 포함된다고 볼 수 있다.

자연 체험은 자연유산 경관 감상과 트래킹, 캠핑, 등산 등 각종 아웃도어 레저 활동을 포함한다. 계절 체험은 장소체험 중 가장 인기 있는 체험 중의 하나로, 진해 벚꽃, 지리산 산수유, 제주도 유채꽃, 광양 매화 등 이른 봄꽃뿐만 아니라 경기도 포천의 철쭉 등 늦은 봄꽃도 계절 체험의 대상이 될 수 있다. 가을 단풍과 억새도 계절 체험 요소이지만 겨울의 빙어축제, 산천어축제도 흔치 않은 겨울 체험 대상이다. 따라서 관광 비수기인 겨울에 체험할 수 있는 다양한 프로그램을 만들면 비수기를 타개하고 집객력을 높일 수 있다. 특히 평소에 눈과 추위를 접할 수 없는 동남아시아 관광객에게는 겨울 체험이 유효한 유인책이 될 수 있다. 화천 산천어축제에 외국인 관광객이 많이 몰리는 이유도 그것이 계절 체험이기 때문이고, 딸기 체험을 위해 수도권 농촌마을을 방문하는 외국인 관광객도 계절 체험이 목적이다. 산수유축제도 노란 봄꽃뿐만 아니라 빨간 가을 열매까지 계절 체험의 소재로 활용한다면 1년에 두 번씩 방문객을 유치할 수 있는 여건이 조성될 수 있다.

산과 들의 계절 체험뿐만 아니라 바다나 바닷속 계절 체험도 가처분 소득 증가와 맞물려서 지속적으로 관심의 대상이 되고 있다. 통영의 도다리

쑥국은 음식을 통해 바다와 육지의 봄을 맛볼 수 있는 가장 강력한 계절 체험 요소이다. 바다의 계절 요소는 육지의 계절 요소와 결합될 때 더욱 빛이 날 수 있다. 꽃게는 모란이 필 때 가장 맛있다고 하므로 꽃게와 모란은 5월의 대표적 체험 요소가 될 수 있다. 감태는 겨울철 바닷속 경관 체험 소재이다. 서천 중왕마을은 감태를 활용하여 감태초콜렛, 감태강정 등을 가공하고 있으며, 겨울철에는 감태축제가 6차산업으로 자리잡게 하기 위해 노력하고 있다. 최근 우리나라 최초로 해수부가 지정한 강원도 양양 남애항에 있는 바닷속 체험마을은 바닷속의 계절 변화를 보여 줄 인기 체험장이 될 것이다.

음식 체험은 오감을 통해 수행되므로 가장 기억에 오래 남는 장소체험 요소이다. 완주군 삼례읍에 있는 마을기업인 비비정 농가레스토랑에서 마주한 버섯전골이야말로 그간 열심히 찾아다녔던 지역밥상 또는 마을밥상의 모범사례라고 할 수 있다. 그 지역의 평범한 어머니들이 해당 지역의 로컬푸드로 정성스럽게 만든 밥상이 바로 지역밥상 또는 마을밥상이다. 이와 같이 향토음식은 계절, 풍토, 문화, 그리고 인심이 모두 표현되는 대표적인 장소체험 요소이다.

장소체험의 강화는 바로 지역 관광 콘텐츠의 다변화 문제와 연결된다. 특정 지역을 관광할 때 해당 지역만이 갖고 있는 고유한 특성을 경험할 수 있는 장소체험 프로그램이 다양하게 존재하는가? 존재한다면 그러한 장소체험 프로그램들을 필요할 때 언제든지 이용할 수 있는가? 그리고 모든 관광객이 쉽게 접근할 수 있는가? 이상은 지역관광 콘텐츠 현황과 문제점을 파악하기 위한 가장 기초적인 질문이다.

장소체험에서 가장 먼저 다루어야 하는 이슈는 해당 지역의 생활문화를 관광자원화하는 일이다. 여기서 생활문화의 범위는 의식주뿐만 아니

그림 Ⅰ-1_ 이천 산수유마을

라 일, 여가, 교육, 의례, 제례, 종교 등과 관련된 지역 활동을 모두 포함
한다. 지금까지 각 지역에서는 타지역보다 비교 우위에 있는 자연자원, 역
사·전통 문화 자원 그리고 예술·창조 문화 자원들만을 관광자원으로 간주
하는 경향이 있었다. 그러므로 경쟁력 있는 관광자원을 보유한 지역은 그
리 많지 않았고, 있다 하더라도 수도권에서 멀리 떨어져 있을 경우 관광객
유치가 여의치 않았다. 그러나 포스트모더니즘 시대에 접어들면서 각 지
역의 환경적 특성과 주민들의 성격에 따라 차별화된 생활문화야말로 타지
역에서는 볼 수 없는 고유한 관광자원이라는 견해가 생겨났다.

이러한 견해는 비단 지역 차원에서뿐만 아니라 국가 차원에서도 똑같이 적용될 수 있다. 지금까지 한국을 방문하는 외국인 관광객들이 즐겨 찾는 곳이 경복궁, 창경궁이었다면, 이제는 남대문시장, 동대문시장, 홍대앞 거리 등 생활문화의 장이 관광명소로 부상하고 있다. 타국의 수려한 자연 경관, 고유한 문화유산, 독특한 창조문화를 접하는 것도 신기성과 일탈체 험에 영향을 미치겠지만 방문한 나라의 생활문화 속으로 들어가 현지인을 만나면서 얻어지는 관계체험은 진정성 경험을 좌우하게 될 핵심 요인이 될 수 있다. 관광觀光이라는 용어는 '빛을 보다'라는 의미로, 과거에는 새로운 것을 배우러 가는 '유학'의 의미로도 쓰였다고 한다. 관광이 장소체험의 의 미가 강하다면, 여행은 탈일상성의 의미가 강하다고 할 수 있다.

최근 핫 플레이스hot place라는 용어가 유행한다. 전주 한옥마을은 연간 500만 명 이상이 방문하는 한국관광의 핫 플레이스이다. 김지효(2016)는 제주도 관광의 장소체험을 파인Joseph Pine과 길모어James Gilmore의 4가지 체험 영역인 배움과 탈일상, 심미적 체험, 몰입과 관계체험을 결합해 측정 한 결과 탈일상·몰입 체험, 학습 체험, 헤도닉(정서적) 체험, 그리고 현지 인 관계체험 요인을 도출해 냈다. 그 중 헤도닉 체험은 흥미로운 볼거리, 이색 체험, 맛있는 음식, 즐거움 요소를 포함했으며, 이는 흔히 핫 플레이 스의 구성 요건인 재미, 이색적 체험, 맛, 아름다움과 중첩되는 결과를 보 여 준다. 전주 한옥마을이 젊은층에게 핫 플레이스로 부상한 이유도 한옥 마을의 아름다움과 한복체험 등 이색적 경험, 먹방 열기에 편승한 전주의 먹거리 여행이 복합적으로 만들어낸 결과라고 할 수 있다.

(3) 관광경험과 관계체험

관계체험은 동반자 관계체험, 타 여행자 관계체험, 현지인 관계체험, 서 비스 제공자 관계체험으로 구분된다. 먼저 동반자 관계체험의 결과는 가

그림 Ⅰ-2_ 완주군 삼례읍에 있는 비비정 농가레스토랑과 마을기업 카페

족, 친지, 친구 등과 같이 동반자들과의 관계 개선이나 관계 강화를 통해 얻어지는 가족 화합, 친목 강화 등을 일컫는다. 김포에 있는 피싱파크 진산각에서 진행되는 부자, 부녀 사이의 낚시체험과 얼음썰매만들기를 통한 관계 강화는 관계체험의 대표적 사례이다. 낚시공원에서 아빠가 미끼도 끼워 주고 고기를 잡으면 바늘에서 분리시켜 주는 등의 과정을 통해 아빠와 자녀 사이에 접촉과 대화가 많아질 수 밖에 없다. 또한 얼음썰매의 주요 부품을 아빠가 조립하도록 유도하고, 완성 후에는 자녀와 함께 썰매를 타도록 하면 아빠의 위상이 달라지고 자녀와의 관계에서 서먹서먹함도 사라지게 된다. 결국 낚시공원인 진산각은 가족나들이 장소일 뿐만 아니라 점점 바빠지는 보통 아빠들의 '자녀관계 회복센터' 기능도 하게 된다. 평택 바람새마을도 다양한 농촌체험프로그램이 돋보이는 곳이다. 마을 대표 몇몇 사람들만으로는 성수기 방문객맞이가 쉽지 않다. 따라서 가족동반 방문객들의 경우 아빠를 사전에 교육한 후 체험 프로그램 진행을 위한 조교로 활용한다면 인력 보강은 물론 동반자 관계체험 차원에서 차별화된 프로그램으로 자리잡을 수 있을 것이다.

동반자 관계체험을 강화하기 위해 경기대학교 관광개발학과 학생들이 실험적으로 시도한[16] 국립현충원의 '아빠 해설사' 프로그램도 사례가 될 수 있다. 국립중앙과학관에서 2014년 4~12월에 매주 1회 시행된 '엄마 아빠는 과학해설사' 프로그램을 벤치마킹하여 아빠용 현충원 가이드북을 실험적으로 제작하였다. 역대 대통령 묘역을 중심으로 방문 코스와 대통령 약력을 가이드북에 소개하였고, 아빠가 해설한 후 자녀들이 소개된 대통령의

---

16 경기대학교 관광개발학과 4학년 관광커뮤니케이션 수업 시간에 필자의 지도로 시행된 현장 수행 프로젝트이며, 조성윤, 공달권 학생이 진행하였다. 이러한 노력은 관광의 사회화 작업을 위한 작은 시도 중 하나였다.

업적과 순서를 맞추는 퀴즈도 가이드북에 포함하였다. 또한 아빠의 해설 점수를 몇 점 줄 것인가를 자녀에게 물어 보도록 구성하였는데, 일부 가족동반 방문자들에게만 실험적으로 적용해 본 결과 좋은 반응을 얻었다.

타 여행자와의 관계체험은 제주도의 게스트하우스 사례를 통해 설명할 수 있다. 게스트하우스는 젊은층의 배낭여행이 일반화된 후 한국에 나타난 새로운 숙박 형태로, 객실당 요금이 부과되지 않고 투숙객당 요금이 부과되는 형식의 공동숙박시설이다. 주로 도시형과 관광지형이 있는데, 옥상이나 정원을 활용하여 바비큐파티나 맥주파티 등의 이벤트를 차별화 프로그램으로 활용하고 있다. 젊은층 여행객으로서는 가격도 저렴하고 다양한 사람도 만나 정보를 공유할 수 있어서 매우 선호하는 숙박시설이다.

이곳에서 다른 여행자들과의 관계체험이 자연스럽게 일어나며, 이러한 관계체험을 목적으로 게스트하우스를 찾는 사람들도 있다고 한다. 김세은 (2013) 연구[17]에서 게스트하우스를 찾은 제주도 관광객의 다른 여행자와의 관계체험은 예상과 달리 현지인 관계체험이나 동반자와의 관계체험과 구별될 뿐만 아니라, 장소체험에 속하는 독특한 숙박시설 항목과 결합하여 별도의 게스트하우스 체험 영역으로 나타났다. 게스트하우스 체험은 일탈체험보다는 상대적으로 작지만 현지 주민 관계체험보다는 크게 관광객의 정서적 치유에 영향을 미치고 있다.

미션투어 가이드란 기존의 관광 가이드와 달리 관광객과 가이드가 스마트폰 앱을 통해 상호작용하고 다른 여행자와도 경쟁하면서 관광코스를 안

---

17 김세은(2013)은 필자의 석사과정 학생으로, 학위논문(여행 체험의 치유 효과 분석) 작성을 위해 제주도 모 게스트하우스에서 2주간 종업원으로 일하며 숙박객을 관찰하였다. 연구자는 숙박객들과의 관계체험 속에서 일부 여행자들의 '진정한 나'를 접할 수 있었다고 한다. 이것이 바로 실존적 진정성이며, 제주도 특유의 일탈체험과 장소체험 그리고 게스트하우스의 관계체험이 어울려 탈일상성을 강화시키고, 투숙객들의 실존적 진정성이 활성화되었다고 볼 수 있다.

내하는 가이드를 말한다. 기존의 문화관광해설사 등 현장 가이드의 안내와 해설이 관광객과의 일방적인 소통에 기반하는 반면, 미션투어 가이드는 스마트폰 환경과 결합하여 관광객들은 물론 가이드와 관광객 간의 상호소통을 유도하는 것이 다른 점이다. 이와 같이 관광을 통한 관광 동반자나 다른 여행자와의 관계체험은 장소체험, 일탈체험과 더불어 관광경험의 중요한 구성요소로 서로 영향을 미치고 있다.

현지 주민과의 관계체험은 또 다른 영역의 관계체험이다. 현지 주민은 지역의 자연환경과 더불어 살아오면서 축적된 문화의 창조자이자 매개자이며, 기초 단위이기도 하다. 여행 시 현지 주민을 통해 지역문화와 접촉하는 것이 장소체험의 시작이지만, 현지 주민과의 만남을 통해 형성되는 관계는 장소체험으로 성취된 일상 망각의 단계가 일상 성찰, 즉 자기발견의 단계로 발전하게 된다. 김세은(2013)은 제주도 게스트하우스 투숙객을 대상으로 한 설문조사에서 현지 주민과의 관계체험이 정서적 치유보다는 자기발견 등 인지적 사회적 치유에 보다 크게 영향을 미치고 있음을 알 수 있었다고 주장한다.

상식적으로 생각해 보아도 제주도 올레길을 찾은 관광객들 중에서 콘도에 숙박한 그룹과 올레길에 인접한 민박에서 아침식사를 곁들여 숙박한 그룹 사이에는 거의 유사한 장소체험에도 불구하고 현지 주민과의 관계체험 과정이 달라 상이한 여행 경험의 결과를 초래할 수 있다. 콘도 숙박 그룹과 달리 민박 숙박 그룹은 현지 주민과의 단순 대화뿐만 아니라 잠자리와 음식을 통해 그들의 생활문화를 방문자가 아닌 보다 밀착된 관계[18]인 현지

---

18 현지 주민과 밀착된 관계 속에서 그들의 생활문화를 체험하는 여행을 생활여행이라 일컬으며, 이러한 현지인 모드의 여행이 향후 여행 트렌드로 우리 사회에 확산될 것이라는 것을 제주도 한달살기 여행이나 템플스테이 등을 통해 확신할 수 있다.

그림 I-3_ 창녕 우포늪 민박집 주인과 함께 하는 관계체험(쪽배타기)

인 모드로 체험하면서 일상 해방은 물론 일상 망각이라는 단계에 진입하게 되며, 더 나아가 자기 발견 등 일상 성찰의 단계까지 발전하게 된다. 즉, 자기회피 동기가 강한 탈출형 관광은 일상 해방에 중점을 두고 있으며, 자기확장 동기가 강한 목적형 관광은 장소체험을 강조하는 반면, 최근 대두되는 생활여행은 다양한 관계체험 속에서 일상 성찰에까지 이르는 탈일상성을 바탕으로 한 실존적 진정성을 추구하는 관광이라고 할 수 있다.

만일 우주여행을 할 수 있는 기회를 갖게 된다면 일탈체험 즉 일상 해방감은 물론이고 무중력상태의 극단적인 장소체험과 우주 식사를 비롯해 창가로 보이는 작은 지구와 수많은 별들을 접하면서 일상 망각의 단계로 쉽게 진입할 수 있을 것이다. 더욱이 다른 우주여행객과의 관계체험을 포함해 혹시라도 외계인과의 만남도 가질 수 있다면 이러한 우주여행은 일상 성찰의 단계로 고도화되어 최상의 관광경험이 될 것이다. 물론 우주여행을 하고 무사히 지구에 귀환하면 어떤 여행보다도 더 크게 일상 회복에 영향을 미칠 수 있을 것이다. 다시 말해서 단지 일상에서 물리적으로 벗어난다는 의미만이 아니라 일상과 전혀 다른 체험을 하면 할수록 일상 망각의 단계에서 일상 성찰 단계를 거쳐 탈일상성으로 종합되어 일상 회복의 성과를 기대할 수 있을 뿐만 아니라, 실존적 진정성을 지각할 수 있게 된다. 즉, 진정한 '나'를 표현하는 데 근간이 되는 탈일상성은 일탈체험과 장소체험을 바탕으로 관계체험 속에서 더욱 강화된다고 할 수 있다. 특히 현지인과의 관계체험이 바탕이 되지 않는 관광은 탈일상성 지각에 한계가 있으며, 따라서 실존적 진정성 경험은 무리일 수밖에 없다.

관계체험에서 언급된 현지인, 동반자, 타 여행자와의 관계 이외에 서비스 인력과의 관계도 포함될 수 있다. 방문 지역에 거주하는 현지인이 서비스를 제공하는 민박과 아침식사가 바로 현지인과 서비스 인력이 중복된 사례인데, 실제로 방문객들이 서비스 제공과 관계 없이 현지인을 만나기는 어려우므로 가능한 한 현지 주민을 서비스 인력화할 필요가 있다. 물론 현지 주민이 운영하는 숙박시설이나 식당, 민박, 전통시장 상인, 문화관광 해설사 등이 현지인 서비스 인력의 전부라고 해도 좋을 만큼 다양한 접점이 부족한 것이 현실이지만, 그렇기 때문에 현지 주민이 주도하는 관광 사업이 되어야 지속가능하다는 의미와도 상통한다.

방문객과 현지인과의 접촉 기회를 다양화하기 위해 현지 주민들이 그들의 삶을 콘텐츠화한 마당극이나 퍼포먼스에 직접 참여하게 할 수 있다. 결국 그들이 현재 살고 있는 생활문화를 그대로 보여준다는 차원에서 보면 지역관광에 있어서 현지 주민들은 리빙 뮤지움의 살아 있는 캐스트라 할 수 있다. 관계체험 기회를 다양화하고 강화하기 위한 가장 유용하고 쉬운 방법 중의 하나가 바로 민박과 아침식사(B&B; bed & breakfast)이다. 요즘 인기리에 체험할 수 있는 경북 지역의 고택스테이도 잠만 자고, 주인과 마주앉아 담소하며 아침밥을 먹는 체험이 없다면 관계체험의 수준이 많이 낮아질 것이다. 다시 말하면 아침 밥상을 마주하며 집안 내력을 듣는 것으로 고택스테이가 완성된다고 할 수 있다. 여기서 집주인은 현지인으로, 관계체험의 중요한 호스트이다.

제 II 장
생활여행 트렌드와 지역다움

Chapter Reviewer 김병국 교수

대구대학교 호텔관광학과에 재직 중이며, 전공 분야는 관광자원 개발 및 관리이다. 주요 관심
분야는 '지속가능한 관광과 농촌관광'이며, 현재 한국관광학회 기획이사와 한국농어촌관광학회
편집위원장으로 활동하고 있다. bkim@daegu.ac.kr

1. 보는관광에서 체험관광으로

우리나라에서 산업화가 일어난 1970년대에 자주 볼 수 있었던 여행 중의 일탈행위는 일 중심 생활에서 쌓인 스트레스를 해소하고자 했던 니즈needs에 기인한 것이었다. 관광 현장에 도착해도, 보고 먹고 사진 찍는 등의 일 외에는 별다르게 할 일이 없었으므로 일상의 환경과 책임에서 벗어난다는 차원의 일탈체험이 관광의 가장 중요한 구성요인이 될 수밖에 없었다. 그러므로 관광을 떠나기 전 탈일상 동기에 따른 사전 기대, 관광 목적지로 이동하는 시간, 관광 목적지에서의 새로운 풍경과 잠자리, 그리고 동반자들과의 정서적 연대 등을 기반으로 별도의 장소체험 없이도 탈일상성이 최고조에 달할 수밖에 없었으며, 진정한 자기표현도 과격하게 나타날 수밖에 없었다. 다시 말해서, 일탈체험 위주의 보는관광 시대에는 탈일상성 지각이 일상 해방에서 시작해 별다른 장소체험 없이도 바로 일상 망각에 도달할 수 있을 정도로 탈일상 동기가 영향을 미치는 경향이 있었다. 매슬로Abraham H. Maslow의 욕구 5단계설[1]에 의하면 하위 두 번째 단계인 일상의 밸런스를 위해서는 일탈체험 위주의 관광이 꼭 필요하였다.

보는관광의 시대에서 체험관광의 시대로 변화하면서 오감을 통한 일탈체험도 중요하지만 장소체험을 더 중요하게 여기게 되었다. 일탈체험 위주의 보는관광 시대에는 설악산의 경관과 해돋이를 연계할 수 있는 동해안이 가장 주목받는 관광목적지였지만, 장소체험 위주의 체험관광 시대에는 갯벌과 해넘이, 그리고 다양한 먹거리 등이 주목받는 서해안이 주목받고

---

1 매슬로의 5단계 욕구는 생리적 욕구, 안전에 대한 욕구, 애정과 소속에 대한 욕구, 자존의 욕구, 자아실현의 욕구의 순으로 구성된다.

있다. 이와 같은 체험관광은 그 대상이 음식 체험과 계절 체험에서 시작하여 자연·생태 체험과 생활문화 체험으로 확대 발전하고 있다.

체험관광의 시대가 도래했다는 말을 자주 하지만 우리나라에서 체험이 항상 가능한 곳은 매우 제한적이다. 각 지자체에서 벌이는 특정 시점의 축제와 유명 향토음식점을 제외하고는 늘 체험 가능한 곳을 찾기가 쉽지 않다. 농촌이나 어촌체험휴양마을도 전국에 산재해 있지만 사전예약 없이 체험관광 목적으로 방문했다가는 곤경에 빠질 가능성이 크다. 또한 사전예약을 하려 해도 20명 이상의 단체방문을 선호하므로 가족단위 관광객이 참여할 수 있는 체험관광 프로그램은 매우 제한적이다. 그래서 최근 레일바이크나 케이블카와 같은 관광교통수단이 인기를 끌고, 지역의 유명 향토음식점이 인산인해를 이루는 것은, 딱히 가족단위로 상시 체험이 가능한 프로그램이 없다는 것을 반증하는 것이다.

체험관광 수요가 늘어남에도 불구하고 상시 체험가능한 프로그램이 제한적인 이유는 우리나라 관광의 비수기와 성수기의 격차가 크기 때문이다. 주말과 주중의 방문객 수 차이가 크고 봄가을 성수기와 겨울 비수기의 방문객 수의 차이도 크기 때문에 전업 차원의 프로페셔널 체험프로그램을 갖추기는 쉽지 않다. 그러나 체험관광의 수요는 지속적으로 증가하고 있으므로 관광 커뮤니케이션 효과를 고려해 각종 단체나 기관이 관광이라는 모자를 쓰고 해병대캠프나 템플스테이같은 아마추어 체험프로그램을 개발할 수 있다. 해당 단체나 기관이 고유의 특성에 바탕을 둔 체험프로그램을 만들어 체험관광 수요에 적극적으로 대응해 나간다면 사업 주체의 인지도와 이미지 제고에 크게 기여할 수 있음은 물론 체험관광 수용 태세 확충 차원에서 국민생활의 질적 향상에 크게 기여할 수 있을 것이다.

체험관광 수요를 수용하기 위해 래프팅, 낚시, 자전거타기 등 스포츠 관광이 동호인 단체와 민간 부문 주도로 이루어지면서 젊은층에게 큰 호응을 얻고 있다. 그러나 노인 인구 비중이 커지면서 체험관광에 참여하고 싶어 하는 속칭 액티브 시니어들이 늘어나지만 저비용으로 쉽게 참여할 수 있는 체험 프로그램이 제한적이라는 점이 체험관광의 저변 확대를 막고 있다. 현재 지자체 여러 곳에 개발되어 있는 둘레길도 체험관광 수요를 끌어들이 고 있으나, 비교적 저렴한 숙박시설에 비해 향토음식 가격이 상대적으로 비싸 방문객 수에 비해 만족도가 떨어지는 편이다.

그나마 관광객들이 4계절 내내 몰려드는 제주도만이 각종 체험이 가능 한 민간 주도의 상업적 체험시설이 늘어나고 있는 추세이다. 이와 더불어 서귀포시가 주도적으로 추진하고자 하는 건축문화 기행 사업은 자연관광 위주의 제주도 관광을 오감을 통한 문화체험 관광으로 변모시키는 계기가 될 것으로 기대된다.[2] 실제로 제주도의 장소체험을 위해서는 자연풍광도 중요하지만, 척박한 자연환경과 마주하며 살아온 제주도민의 전통문화, 창조문화, 생활문화도 함께 의미를 가지는 문화관광이 보다 진화된 단계 이며, 이는 생명존중의 생태관광으로까지 발전될 수 있다.

선진국의 사례로 볼 때 장소체험 위주의 문화관광을 리드하는 중요한 관 광형태 중 하나가 음식관광과 건축기행이다. 그러므로 서귀포시가 추진하 고자 하는 건축기행은 시의적절한 시도라 할 수 있다. 또한 건축문화기행 은 서귀포다움을 창출하는 중요한 시도로 의미가 있다고 볼 수 있다. 지금 까지 제주도 관광은 패키지여행 중심의 대량관광이 대부분이었는데, 최근 들어 중국인 관광객이 급증함에 따라 대량관광의 폐해(실질적 주민 소득과 연

---

2 서귀포시가 한국관광공사에 위탁해 2016년 6월 22일부터 1박 2일로 시행한 서귀포 동부지역 건축문화기행 시범투어에서는 제주대 김태일 교수의 건축 해설과 향토음식 체험 차원에서 시 도되었고, 참가한 전문가들의 호평을 받으면서 관광상품화에 박차를 가하고 있다.

그림 II-1_ 서귀포 서부 건축문화기행: 일제 강점기 전분공장을 리모델링한 카페

표 Ⅱ-1_ 서귀포시 동부 지역 건축문화기행 시범투어 일정

일자	시각	소요(분)	주요 내용
6.22(수)	09:15~10:30	75	김포공항 → 제주공항
	10:30~11:30	60	이동
	11:30~12:00	30	제주대학교 아열대농업생명과학연구소(토평 석주명 선생 연구소)
	12:00~13:00	60	중식(로컬 식당)
	13:00~18:00	300	서귀진터, 기당미술관, 월드컵경기장, 포도호텔, 서귀중앙여중 본관, 구 소라의성, 왈종미술관, 기적의 도서관
	18:00~21:00	180	이동 및 석식(서귀포 일원)
6.23(목)	08:00~09:00	60	아침식사 및 이동
	09:00~12:00	180	서연의 집, 신영영화박물관, 제주민속촌(표선), 김영갑갤러리
	12:00~13:00	60	중식(로컬 식당)
	13:00~14:20	80	온평 환해장성, 섭지코지(지니어스로사이, 글라스하우스, 아고라, 방두포등대 등)
	14:20~15:10	50	제주공항 이동(제주 출발 15:40분)

계 미비 등)가 드러나고 있는 실정이다. 따라서 이에 대한 대안으로 개별관광이 선호되는 시점에서 서귀포다움을 체험할 수 있는 건축기행은 자연관광으로 큰 성과를 얻은 올레길에 대응되는 개별여행 중심의 품질관광 주요 자원이라 할 수 있다.

건축문화기행이 자연관광에서 문화관광으로, 대량관광에서 품질관광으로 전환을 가능하게 하는 중요한 체험관광 상품이라 할지라도 수요 측면에서는 매우 제한적이다. 그러므로 전문화된 수요를 타겟으로 건축기행 시범투어에서 시연된 코스 중 건축 명소 답사와 향토음식 체험을 중심으로 하여 인터넷 사전예약 등을 통해 시작하는 것이 좋다. 반면에 기존의 대량관광객을 대상으로 했던 건축문화기행 버전은 건축적 요소보다는 알뜨르 비행장을 포함한 이색적 문화경관을 중심으로 상황적 요소를 강조한 투어 코스로 추진한다면 일반 관광객의 눈높이에 맞출 수 있을 것이다.

결국 건축문화기행은 소수의 집단을 대상으로 하는 건축 전문 지식 투어와 일반인 대상으로 하는 건축 문화 중심 투어로 나누고 두 집단 공히 향토음식과 연계하여 체험관광화를 도모할 필요가 있다. 일반인을 대상으로 하는 건축문화기행의 경우, 패키지 상품으로 모객을 하기까지는 홍보 등으로 많은 시간이 걸릴 수 있으므로, 기존의 올레 방문객을 대상으로 인접한 건축물 답사와 연계시키는 전략이 필요하다. 예를 들어 올레 6코스의 왈종미술관과 소라의 성은 기존 올레꾼들을 대상으로 독자적인 건축문화기행 상품으로 운영할 수 있을 것이다. 건축 전문 지식 투어의 경우에는 제주에서 개최되는 각종 회의의 포스트컨퍼런스 투어 형식으로, 또는 백화점 우수고객 등 특정 집단을 타겟으로 삼는 전략이 필요하다. 건축문화기행 상품화 유형을 타겟 시장별로 세분화하면 첫째, 건축문화기행을 목적으로 상품을 구매하는 목적형 개별 방문객, 둘째, 타 상품(올레길이나 회의 참석 등)을 구매하면서 건축문화기행에 참여하는 경유형 개별 방문객, 셋째, 패키지형 단체방문객으로 구분할 수 있다.

서귀포 알뜨르 비행장의 관광 잠재력은 매우 크지만 향후 건축기행이나 문화경관 투어를 통해 명소화되면 대상지와 인접한 지역에 난개발이 이루어져 경관이 훼손될 가능성이 매우 크다. 그러므로 건축문화기행 상품개발과 동시에 인접지역을 완충지역으로 설정하고 경관을 관리하기 위한 연구용역을 즉각적으로 수행할 필요가 있다.

2. 생활여행이라는 관광 트렌드

최근 '제주도 한달살기 집' 카페가 관심을 모으고 있다. 제주도 한달살기를 제대로 하기 위해 가장 중요한 요소는 집과 집주인이다. 제주도 한달살기가 관심을 끄는 것은 첫째, 제주도의 강한 정체성 때문이고, 둘째, 그러한 강한 정체성 속에 단순히 발만 담그는 것이 아니라 몸까지 제대로 빠져들고 싶어하는 여행자의 니즈가 있다는 것이다. 다시 말해서 제주도 한달살기는 현지인 모드로 지내고 싶은, 현지인되기 생활여행이라고 할 수 있다.

앞서 언급한 관광 트렌드가 일탈체험 위주의 보는관광에서 장소체험 위주의 체험관광으로 발전하고 있는 동시에, 이제는 단지 게스트가 아닌 현지인 입장에서 직접 체험하려고 하는 현지인 모드 생활여행이 제주도 등 정체성 강한 지역을 중심으로 나타나고 있다.[3] 일본의 교토는 국내관광의 명소로 한동안 부동의 1위 자리를 차지하고 있었다. 그러던 중 해외여행객이 급증함에 따라 내국인 관광객 증가세가 주춤하면서 이제는 그 빈 자리가 한국인이나 중국인 관광객으로 다시 채워지고 있는 실정이다. 이러한 변화 속에서 일본인들의 교토 관광에 새로운 행태가 나타나고 있어 주목을 끌고 있다. 그것은 교토 사람처럼 살아 보는 '교토 준시민되기 여행'이라는 것으로, 한 달은 물론 단지 1~2일만 지내더라도 과거와 같이 명승지만을 구경하기보다는 교토의 생활문화 속으로 들어가고자 하는 니즈를 반영하고 있다.

문화센터에서 이루어지는 도자기만들기 체험부터 시작하여 교토 사람들이 자주 찾는 음식점, 시장, 쇼핑센터를 돌아보는 교토 현지인되기 여행은

---

3 우리나라의 생활여행은 (사)제주올레가 올레길 주변의 민박을 브랜딩한 '할망민박(나중에는 할망숙소로 변경)'에서 출발하였다고 할 수 있다. 할망민박은 2009년 제주 올레길 초창기에 서귀포시와 더불어 할머니·할아버지 집의 빈 방을 올레꾼에게 빌려 주는 사업으로 시작되었다. 그곳에서 '제주문화와 마을 이야기를 도란도란 들으며 할머니댁에 온 듯한 정을 느낄 수 있다는 점에서 숙박객들에게 인기가 있었으나 이후 시설이 편리하고 쾌적한 게스트하우스 등 숙박시설이 증가하면서 차츰 발걸음이 줄어들고 있는 실정이다.

우리나라의 제주도 한달살기와 매우 유사한 측면이 있다. 제주도와 교토
가 모두 정체성이 강한 지역이고, 관광객들이 그곳에서 현지인들과 같은
눈높이로 지역다움을 체험하고 싶어하는 공통점이 있다. 이들의 생활여행
행태를 좀 더 깊이 들어가 보면 일탈체험 중심의 보는관광, 장소체험 중심
의 체험관광과 달리 생활여행은 관계체험을 중요한 기반으로 삼고 있다는
것을 알 수 있다. 현지인의 눈높이에 맞추어 제주도에서 생활여행을 하기
위해서는 지내기 편한 집을 찾는 것도 중요하지만 친절하면서도 제주도 사
정을 잘 아는 원주민 집주인을 만나는 것이 반드시 필요한 것처럼, 현지인
과의 관계 형성 정도가 생활여행의 중요한 키워드이다.

필자의 지인 중 한 사람은 중학교 2학년 때 전라남도 여수 지역의 작은
섬 출신인 친구를 따라 서울에서 벗어나 자연 속의 섬 생활을 경험했는데,
그 때의 1주일이 인생 최고의 여행 경험이었다고 회고한다. 지인에게 섬
여행은 여행지의 강한 정체성과 이동거리 때문에 일탈체험이 최고점에 이
르게 되었고, 친구 덕분에 현지 주민과의 관계 형성이 바로 가능하였으며,
향토음식과 낚시, 사투리 등 신기하고 다양한 장소체험 또한 가능했던 최
고의 생활여행이었던 것이다. 그는 섬 생활에 빨리 적응하면서 전혀 집 생
각이 나지 않았고, 일주일이 어떻게 지나갔는지 모르게 시간이 빨리 흘러
갔으며, 본인 스스로도 놀라울 정도로 자신에게 솔직하고 적극적인 기질
이 있음을 발견했다고 한다. 즉, 그는 도시생활과는 전혀 다른 섬에서의
생활여행을 통해 관광 대상의 고유성과 관광 주체의 진정성을 하나로 결합
시킬 수 있어서 최고의 여행으로 기억될 수 밖에 없었던 것이다.[4]

---

4 생활여행은 현지인의 도움을 통해 관광 대상의 진정성과 고유성을 쉽게 제대로 접할 수 있다.
   또한 이를 배경ground으로 숙박과 식사, 체험활동 참여를 통한 현지인들과의 관계 속에서 '내'
   가 그림figure으로 등장될 때 탈일상성 지각이 극대화되어 관광 주체로서의 실존적 진정성이 맥

제주도 한달살기 여행이 생활여행의 최근 트렌드를 반영하고 있지만 템플스테이같이 1박 2일의 단기간 여행도 수도승 모드의 생활여행이라고 할 수 있다. 제주도 한달살기 여행, 그리고 교토의 준시민되기 여행과 마찬가지로 1박 2일의 템플스테이는 강력한 정체성으로 유인되어 도심을 벗어나 자연 속에 숨겨진 사찰에 가서 옷부터 승복으로 갈아 입는 일탈체험과, 공양이나 참선 등 독특한 사찰만의 장소체험, 그리고 스님과의 관계는 물론 타 수행자들과의 관계체험을 통해 법문 속에서 자연스럽게 자기를 비추어 볼 수 있는 최고의 생활여행 사례라 할 수 있다.

생활여행은 범세계적인 트렌드이다. 에어비엔비의 '여행은 살아보는 거야' 라는 슬로건처럼 젊은이들이 이용하는 www.couchsurfing.org 사례를 통해서도 이러한 트렌드는 잘 나타나고 있다. 에어비엔비는 현지 주민들의 숙박시설을 이용한 생활여행을 지향하고 있으나, 실제로는 현지 주민과의 만남 없이 숙소 출입문의 비밀번호를 제공하는 정도의 단순 숙박체험이 주를 이루고 있다. 서구에서는 쇼트스테이라는 이름으로 타국에서 여름을 지내는 여행 형태가 있어왔다. 여행의 근원적 동기가 일상탈출이고, 탈일상성은 현지인 모드로 여행에 참여하였을 때 가장 크게 느껴지기 때문에 생활여행이야말로 탈일상성을 극대화하여 일상회복을 최대화하는 수요적 측면이 있다.

생활여행은 공급적 차원에서 볼 때 강한 목적지 정체성을 기반으로 유인이 가능하기 때문에 지역다움의 창출이라는 큰 명제를 가진다. 따라서 지역다움이 나름대로 구축되어 있는 곳에서는 보유한 자원을 그냥 구슬꿰듯이 연결하기만 해도 생활여행을 유치할 수 있으므로 기존의 지효성, 하향락context으로 인식되는 성과를 창출하게 된다.

그림 Ⅱ-2_ 제주도 한달살기 집 카페(http://cafe.naver.com/jejuroom)와
템플스테이(대한불교조계종 한국불교문화사업단 제공)

식, 하드웨어 중심의 지역관광 개발 방안과는 전혀 다른 속효성, 상향식, 콘텐츠 중심의 지역관광 활성화 방안으로 간주될 수 있다. 이러한 저투자 생활여행 유치 방안은 대량관광으로 인한 젠트리피케이션[5] 문제가 발생하기 이전에 해당지역 주민들의 주민 역량 강화 수단의 의미도 있다. 다시 말해서 주민 주도로 기존 자원을 있는 그대로 활용하여 관광객을 유치하여 주민들 스스로 관광의 긍정적 효과와 부정적 효과를 상대적으로 빠른 시간 내에 경험하고 이에 대처할 수 있는 능력을 갖추게 되어, 젠트리피케이션 문제를 다소나마 완화시킬 수 있는 예방주사의 기능도 하게 되는 것이다.

마당스테이(www.madangstay.com)란 농가의 마당에서 캠핑하면서 농촌 체험과 시골밥상을 통해 농심과 농촌다움을 경험하는 생활여행이다. 필자는 2013년 평창군 이곡리 감자꽃 스튜디오(폐교) 마당스테이를 시작으로, 2014년 예산 슬로시티 대흥 마당스테이와 평창군 이곡리 마당스테이를 시행하면서 농촌에서의 생활여행 유치 가능성과 전후방 효과를 관찰하였다.

'농가 마당 캠핑과 시골밥상'을 캐치프레이즈로, 2014년 10월 18일 평창군 이곡리에서 시행된 마당스테이는 세 가족과 두 학생팀 등 총 14명으로 구성된 도시 캠핑족이 개방된 5개의 농가 마당에 자리잡고 현지인 모드로 살아보는 1박 2일 농촌 생활여행으로 진행되었다. 프로그램은 18일 토요일 오후 2시에 이곡리 이장님 댁에 도착하여 캠핑할 농가 마당을 소개받은 후 각자 자유롭게 텐트를 설치하는 것으로 시작되었다. 4시 반부터는 이곡리 폐교를 리모델링하여 문화공간으로 활용 중인 감자꽃 스튜디오에서 제

---

5   젠트리피케이션gentrification이란 특정 지역의 임대료가 갑자기 인상됨으로 인해 기존 임차인이 내쫓기는 현상을 말한다. 경주, 홍대앞, 인사동, 북촌 한옥마을, 전주 한옥마을 등 관광명소에서 대량관광 유입으로 인해 젠트리피케이션 현상이 발생하고 있으며, 현재 이를 근원적으로 해결할 수 있는 방법은 아직 없는 것으로 알려져 있다.

그림 II-3_ 2014년 평창 이곡리 마당스테이와 농촌 생활여행

공하는 '아빠와 춤을'이라는 프로그램에 참여한 후, 개울가에 인접한 한 농가의 마당에서 바비큐 파티를 하였다. 삼겹살과 상추, 고구마, 그리고 각 가족이 준비해 온 소시지 등으로 저녁식사를 마친 후 일행은 평창 밤하늘 별보기 '트럭 오픈카 투어'에 참여하였고, 이후 밤 9시경에 각자의 텐트로 돌아갔다.

다음 날 아침 일찍 기상하여 마을 산책을 함께 하면서 들깨 도리깨질을 해보기도 하였고, 어린아이들은 꽃사과와 대추따기를 체험하였다. 이후 아침식사를 위해 각자의 텐트가 있는 농가로 돌아가 주민들과 시골밥상을 함께 하며 이야기를 나누었다.

마침 마당을 개방한 이곡리 이장댁은 된장 가공공장을 운영하고 있어, 아침식사 후 일행들에게 메주만들기 체험의 기회를 제공해 주었다. 어린 아이들은 부모와 함께 삶은 메주콩도 으깨어 보고, 새끼도 꼬며 메주를 만드는 과정을 진지하게 체험하였는데, 당일 아침에 식사로 청국장이나 된장찌개를 맛있게 먹은 이들에게는 더욱 의미 있는 시간이었다.

모든 프로그램을 마친 19일 오전 11시 반경 일행은 농가 주인댁에게 각자가 준비해 온 캠핑비와 아침식사 및 저녁 바비큐 비용을 봉투에 넣어 직접 전달하였다. 마당스테이에 참여한 가족들 대부분이 이장댁에서 청국장과 멜론을 구매하였으며, 어떤 가족은 텐트 친 농가의 된장과 고추를 구매하고 시래기를 덤으로 받기도 하였다.

참여자들은 농가마당 캠핑을 통해 일탈체험, 농가밥상과 농산물 수확체험 등의 장소체험, 그리고 농가 주인과의 관계체험을 기반으로 단순한 농촌 체험객이 아니라 농촌 주민의 관점에서 농촌생활의 진정성, 즉 농촌다움을 경험할 수 있었다. 또한 이러한 경험을 통해 농민들이 가공한 된장, 청국장, 고추장 등 먹거리에 대한 신뢰감이 생겨 상당한 규모의 구매로 이어지게 되었다.

현대인에게 흔히 나타나는 질환 중의 하나로 소진증후군이라는 것이 있다. 소진증후군이란 한마디로 늘 다니던 학교나 직장에 가기가 싫어지는 증상으로, 의사들은 이러한 증세를 치유할 수 있는 요소로 자연과의 교감, 문화에의 연민, 사람과의 소통을 들고 있다. 농촌 생활여행은 농촌다움이라는 정체성이 유인요소로, 농촌만이 보유하고 있는 자연환경과 농촌문화 속에 도시민을 단순 방문객이 아닌 현지 주민 모드로 몰입하게 함과 동시에, 농심으로 무장된 현지 주민과 소통하면서 진정한 나를 드러낼 수 있게 함으로서 도시민의 소진증후군을 치유하는 데에도 기여할 수 있다. 농촌 생활여행을 통한 치유야말로 농촌 기능 다변화 차원에서 새롭게 관심을 모을 수 있는 분야이며, 현재 농촌관광정책이 지향해야 할 농촌관광의 대안이라고 할 수 있다.

3. 생활여행과 탈일상성, 그리고 실존적 진정성

생활여행이 성립되기 위해서는 Ⅰ장에서 서술한 것과 같이 투입 요소input로 관광 주체의 일상탈출 동기와 관광 대상의 지역다움이 요구되고, 처리 과정process으로 현지인 모드의 일탈체험, 장소체험 및 관계체험을 통해 탈일상성이 성과output로 산출되는데, 그 결과outcome가 일상회복이라 할 수 있다. 현지인되기 생활여행을 통해 산출된 탈일상성은 '진정한 나'를 느끼며 표현하도록 만드는 원천이 된다. 또한 탈일상성은 '실존적 진정성'을 매개로 일상회복의 정도를 결정짓는 중요한 요인이며, 탈일상성으로 인해 그곳을 다시 찾게 되거나 그곳이 아니더라도 다시금 생활여행을 떠나게 되는 것이다.

생활여행이란 지역다움에 근거하여 탈일상성 지각을 강화시키는 여행이다. 그림 Ⅱ-4는 구체적으로 현지인되기 체험을 통해 고조되는 탈일상성이 어떤 요인에 의해 영향을 받는가를 나타낸 것이다. 탈일상성 지각에 영향을 미치는 요인으로는 관광객의 일상탈출 동기로 발현되는 평소 일상성과, 관광지의 객관적 진정성(고유성)을 들 수 있으며, 조절변수로는 관광경험의 정도를 결정짓는 몰입도를 들 수 있다. 기존의 일탈체험 위주의 보는 관광보다는 장소체험 위주의 체험관광이 몰입도가 더 강하며, 체험관광보다는 관계체험 중심의 생활여행이 몰입도가 더 강하여 탈일상성 지각에 크게 영향을 미칠 수 있다.

현지인되기 생활여행 시 반드시 숙박을 해야 하는 것은 아니다. 필자가 서오릉에서 그림 Ⅱ-5와 같은 참배객을 발견하였을 때 처음에는 혹시 취객이 아닌가 하는 생각을 했고, 그 다음에는 혹시 그가 전주이씨 가문의

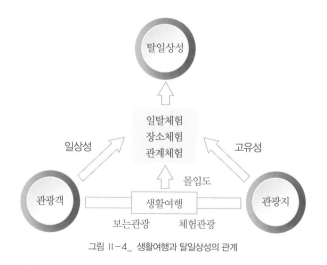

그림 Ⅱ-4_ 생활여행과 탈일상성의 관계

그림 II-5_ 조선의 왕릉인 서오릉 헌관 생활여행

사람일지도 모른다는 생각을 하였다. 사실 전주이씨 가문 사람이 아니라면 누가 저런 식으로 왕릉에 참배하겠는가? 그러나 이러한 나의 생각과는 달리, 평소에 조선왕실에 관심이 많았던 분이 이번에 서오릉을 답사하면서 서오릉의 객관적 진정성(고유성)에 몰입한 나머지 마치 헌관같이 참배를 하게 되었다는 것을 알게 되었다. 필자는 이분이야말로 단 몇 시간의 답사여행을 통해 생활여행의 단계로 몰입하였고, 그로 인해 탈일상성을 최고조로 느낄 수 있었을 뿐만 아니라, 진정성 있는 행동을 통해 일상성 회복도 최고조에 이르는 경험을 했을 것이라고 생각했다.

2011년 MBC의 '나는 가수다'라는 프로그램에서 가수 임재범이 '여러분'

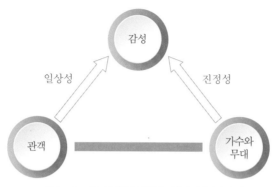

그림 Ⅱ-6_ 가수 임재범의 열창과 관객의 반응과의 관계

이라는 노래를 열창하여 많은 관객들을 감동으로 몰아간 적이 있다. 이와 같은 사례는 비록 세팅과 대상은 다르지만 위의 서오릉 참배와 같이 실존 적 진정성이 표현된 것과 유사한 사례라 할 수 있다. 그림 Ⅱ-4와 그림 Ⅱ -6을 비교하여 보면 관광객은 관객으로, 관광지는 가수와 무대로 구성된 퍼포먼스로 비유될 수 있다. 관객은 생활여행의 탈일상성 대신에 감성을 통해 '눈물 속의 감동'이라는 진정성 있는 행동을 보여 주게 된다. 여기서 중요한 것은 이러한 진정한 자기표현 행동은 관객의 평소 일상성과 가수 와 무대의 진정성에 영향을 받는다는 사실이다. 다시 말해서 당시 임재범 은 부인의 투병으로 인해 경제적으로나 정신적으로 매우 어려운 처지에 있 었기 때문에 '여러분'이라는 노래를 통해 전달되는 메시지는 더욱 절실하 고 진정성이 있어 보였다. 이에 관객들은 더욱 더 감성을 느끼게 되어 눈 물을 보이면서 진정으로 공감하는 행동을 보여 주게 되었다. 특히 '나는 가 수다'라는 프로그램의 무대를 통해 직접 관객과 가수가 커뮤니케이션하는 정도는 몰입도 면에서 라디오나 TV를 통하는 것과는 그 체험 정도가 다르 므로 더 많은 감성을 자극할 수 있었다. 현지인되기 생활여행이 보는관광

이나 체험관광과 체험의 정도와 몰입도가 다른 것도 이러한 사례와 비유될 수 있다.

4. 지역다움과 생활여행

지역다움이란 지역의 자연환경과 역사·전통·창조·생활문화를 바탕으로 형성된 지역 정체성이 주민과 방문자에게 공유된 장소 이미지이다. 지역다움은 그 지역 주민에게는 자긍심의 요인이며, 방문자에게는 고유성의 형태로 생활여행을 유발하는 유인력이 된다. 지역다움은 해당지역의 자연환경이나 문화유산, 관광자원, 인물, 역사, 전통문화, 향토음식이나 전통시장, 건축물이나 메인스트리트같은 생활문화, 사투리, 향토산업과 특산품, 축제 등의 지역 여가문화 등에 기초하여 오랜 시간에 걸쳐 형성된다. 특히 관광객들이 관심을 갖게 되는 지역의 고유성이 바로 그 지역의 지역다움을 구성하는 기본요소 중 하나가 된다.

　지역다움은 그 강도에 차이가 있을 뿐이지 어느 지역이나 존재한다. 서울다움은 국내관광 차원은 물론이고 인바운드 차원에서도 생활여행의 유인력을 가지고 있다. 근래 K-팝을 필두로 한국문화가 지속적으로 세계화 과정을 통해 한국다움과 연계되면서 서울이 외국인 관광객의 인기 목적지로 변모하고 있다. 제주도다움도 서울다움 못지 않고, 여수엑스포 개최 이후 여수다움, 순천다움 등도 부각되고 있으며, 전주 한옥마을을 포함한 전주다움도 먹거리를 중심으로 젊은층에게 부각되고 있다. 반면에 중소도시는 나름대로 주변 지역 사람들에게는 차별화된 지역다움을 형성하고 있지만, 대외적으로는 차별화된 관광 목적지로 인식될 만큼 지역다움이 드러나지 않는 경우가 대다수이다.

인접한 지역이 서로 다름을 추구하면서 연계될 때 관광 매력도가 강화될 수 있으므로 지역다름을 찾아 내는 것이 바로 지역다움의 시작이 될 수 있다. 빅데이터를 활용하여 지역다름을 찾아내는 일은 기존에 구축된 차별화된 지역문화를 통해 지역다움을 창출하는 것보다 더욱 신속한 방안이 될 수 있다. 과거 보는관광 시대에 설악권은 우리나라의 대표적 관광권이었다. 그러나 최근 설악산 국립공원 내 집단시설지구의 상가들은 거의 명맥조차 유지하기 어려운 상태이고, 인접한 속초시까지도 과거에 비해 관광객이 감소하고 있는 실정이다. 이렇게 관광 실적이 저하된 이유는 여러 가지가 있겠지만 먼저 설악산권에 경쟁 대상이 되는 새로운 관광권역으로 순천·여수권 등이 생겨났을 뿐만 아니라, 동남아시아나 일본 등도 설악권과 경쟁 대상이 될 정도로 관광 목적지가 다변화되고 있기 때문이다. 이러한 시점에 설악권을 구성하는 속초시, 양양군, 고성군 등이 과거의 영화를 되찾기 위해 백방으로 노력을 기울이고 있으나, 그들이 한 가지 간과하고 있는 점이 있다.

과거 설악권의 명성을 되찾기 위해 3개 지자체가 협력하여 설악권 공동 마케팅을 구사하는 것과 더불어 속초시와 양양군, 고성군이 서로 인접하고 있음에도 서로 얼마나 다른지를 적극적으로 홍보하는 것이 필요하다. 이것이야말로 속초다움, 양양다움, 고성다움을 창출하는 일이며, 단순히 설악산만으로 유인력을 창출하기보다는 개개의 지역다움을 근거로 새롭게 관광 유인력을 형성하는 것이 생활여행 트렌드 속에 옳게 자리잡는 길이다. 속초시와 양양군이 서로 인접하고 있지만 상당히 다르다는 것을 강조할 때 속초시를 방문한 사람이 인접한 양양군을 함께 방문하는 것이 가능해진다. 즉, 지역다름을 부각하는 것이 바로 지역다움을 창출하는 첫걸음이 된다.

　비교적 지역다움을 구축하는 일에는 많은 시간이 걸리지만 타겟이 되는 대상의 규모만 크게 잡지 않는다면 어떤 지역도 그 지역의 지역다움을 공유하려는 집단을 대상으로 나름대로 생활여행지가 될 수 있다. 그리고 이러한 과정을 통해 생활여행의 전후방 효과를 학습하는 것이 대량관광 시 발생하는 젠트리피케이션 현상을 대비하는 길이기도 하다. 현재 전라남도 강진군에서 시행되고 있는 120여 농가민박을 통한 푸소체험이 바로 생활여행의 시작이라고 할 수 있다.[6] 그렇다면 생활여행 시행을 위한 생활여행 인프라는 과연 무엇인지 알아보자.

　강진군 '푸소체험'의 푸소FUSO는 필링 업Feeling-Up, 스트레스 오프Stress-Off의 줄임말로, 일상의 스트레스를 모두 덜어내라는 의미이다. 푸소체험은 2015년 5월부터 강진군이 감성여행 1번지를 추구하며 도시민과 청소년을 대상으로 시작한 사업으로, 강진군 일원의 시골집에서 하룻밤 보내면서 농어촌을 체험하고 농촌의 훈훈한 정도 느끼면서 일상에서 쌓인 스트레스를 해소할 수 있게 도와 주는 체험 프로그램이다.

　푸소체험은 1박 2일(1인당 4만 원)과 2박 3일(1인당 8만 원)의 두 가지 일정 중 선택할 수 있다. 체험 과정은 영랑감성학교, 가우도, 청자박물관, 한국민화뮤지엄을 거쳐 시골집에서 가구별 체험프로그램을 진행하고, 다음 날 다산기념관 및 다산초당 관광으로 구성되어 있다. 강진군에서 120개의 농가민박이 푸소 체험의 숙박업소로 참여하고 있는데, 강진군의 주요 관광지와 연계성이 높아 알차게 강진을 돌아보는 동시에 푸근하게 농촌을 체험

6　강진군 홈페이지에 주인 부부 사진과 함께 소개된 푸소체험의 집은 단순한 한옥체험을 넘어서 집주인과의 관계체험을 강조한 생활여행의 장점을 보여 주고 있다. 사실 단순 사진 이외에 고향집 민박 주인 내외의 취미생활과 장기, 특성 등을 표현하여 한옥은 물론 집주인 캐릭터도 체험 콘텐츠가 될 수 있다는 생각의 전환이 필요하다.

할 수 있는 프로그램으로 각광받고 있다. 또한 군 차원에서 버스 임차비의 일부와 보험료 등을 보조해 주는 등 수학여행과 같은 단체 중심으로 푸소 체험을 적극적으로 지원하고 있다.[7]

강진군 푸소체험은 기존의 지역관광 모형에서 생활여행 모형으로 변화 되는 과정에 있음을 보여주는데, 생활여행으로 완전히 자리잡기 위해서는 다음과 같은 추가적인 인프라 조성이 필요하다.

첫째, 현지인 모드의 생활여행을 유치하기 위해 숙박시설이 필요하다. 이때의 숙박시설은 기존의 호텔, 모텔, 콘도와 같은 숙박시설이 아니라, 현지인을 직접 만날 수 있는 민박 등을 의미한다. 특히 아침식사를 포함한 B&B(bed & breakfast)가 제공된다면 향토음식 체험과 밥상 대화를 통해 현지 주민과의 관계체험이 가능해질 것이다. 그러나 모든 방문자들이 현지인 민박에서 체류하기를 원하는 것은 아니다. 취향에 따라 민박에도 머물 수 있지만 젊은층들이 선호하는 게스트하우스나 주인집과 별채인 숙박시설을 선택하는 도시민들이 더 많을 수도 있다. 따라서 별도로 시설을 조성할 필요가 없는 현지인 민박에서 생활여행이 시작될 수는 있으나, 선택의 다양성을 위해서 현지인이 관리하는 별채의 숙박시설도 반드시 조성해야 한다. 또한 현재 일부 지역에서 나타나는 빈집들을 지자체가 직접 리모델링하고 현지인을 고용하여 관리하면서 생활여행 셰어share하우스로 활용하는 것도 고려해 볼 필요가 있다.

둘째, 현지인 모드의 생활여행을 안내하거나 정보를 제공해 줄 현지인 생활여행 호스트의 양성이 요구된다. B&B나 민박 등 현지인 숙박시설을

---

7 푸소체험 관련 기사(http://bizn.donga.com/travel/3/all/20170607/84744406/1/)와 강진군청 (http://www.gangjin.go.kr) 푸소체험 소개 참고.

이용하면 현지의 생활정보를 어느 정도는 수집할 수 있지만 숙박과 관계 없이 언제든 필요할 때 도움을 받을 수 있는 신뢰할만한 현지인 생활여행 호스트가 필요하다. 생활여행 호스트는 기존의 문화관광해설사나 농촌체험 지도사와 같이 관광객을 접해본 인력들을 중심으로 업그레이드하여 양성하도록 하며, B&B나 민박집 주인들을 대상으로도 교육을 확대할 필요가 있다. 현재 우리나라에서는 불법이지만 일부 국가에서 통용되는 우버택시와 같은 시스템이 합법화된다면 이들도 생활여행 호스트가 될 수 있다.

생활여행 호스트는 그 지역의 현지 주민이면서 해설과 가이드 그리고 가능하다면 B&B를 통한 생활문화 체험까지도 시킬 수 있는 멀티플레이어이자 교통 서비스 제공도 가능한 관광인력으로, 궁극적으로는 지방자치단체가 일정한 기준을 가지고 선발 육성할 필요가 있다. 이러한 인력은 과거 문화관광해설사와 같이 교통비와 식대 일부가 지원되는 자원봉사직이 아니라 새로운 여가문화형 일자리 창출 차원에서 접근할 필요가 있다.[8] 현재 농어촌체험휴양마을에는 투자에 비해 활용도가 떨어지는 공동숙박시설이 다수 설치되어 있는데, 이러한 숙박시설들을 생활여행을 위한 셰어하우스로 활용할 필요가 있다. 이러한 접근은 기존의 수확 체험 위주의 농촌관광에서 생활 체험 위주의 생활여행으로 전환되는 계기가 될 것이며, 수요자

---

8   문화관광해설사가 구상될 당시의 상황과 현재의 상황은 많이 다르다. 1990년대 초에는 오늘날과 같은 고령화시대를 예상하지 못했기 때문에 문화관광해설사를 자원봉사직 차원에서 접근했으나 실제로 그들의 열정과 노력, 활약상을 볼 때 자원봉사직보다는 여가문화형 일자리로 개념을 전환할 필요가 있다. 그러나 이렇게 여가문화형 일자리로 접근할 때에는 젊은층의 참여를 확대하기 위해 문화관광 재현배우와 새로운 직종을 첨가하는 것이 정책 결정자에게 보다 설득력이 있어 보인다. 문제인 대통령 취임 이후 강조되는 일자리 창출 문제는 현재의 생계형 일자리만으로는 젊은층의 욕구를 충족시킬 수 없으므로 문화관광해설사, 재현배우, 농촌체험지도사와 같은 여가문화형 일자리 창출을 통해 노동 가치보다 성취감과 존재감을 중시하는 젊은층의 욕구에 다가서는 것이 필요하다.

위주의 농촌생활(맛보기) 여행을 통해 자연스럽게 농어촌 적응을 쉽게 만들면서 귀농 귀촌 인구도 늘어나게 할 수 있을 것이다.

셋째, 숙박, 식사, 전통시장 등 서비스나 판매업을 제외하고 현지 주민들과 자연스럽게 접촉할 수 있는 기회를 제공해야 한다. 그 사례로는 현지 주민들이 배우로 참여하여 해당 지역의 스토리를 퍼포먼스하는 주민 공연 콘텐츠를 들 수 있다. 외연도 초등학교 학생들이 공연한 '전횡장군 스토리'는 함께 관람한 학부모들은 물론 관광객들까지 감동의 도가니로 몰아간 사례이다. 이들 공연팀은 육지의 마당극 선생님들에게 상당기간 동안 교육을 받았는데, 이러한 퍼포먼스를 통해 학생들과 부모들의 자긍심 함양은 물론 방문객들이 외연도의 역사를 이해하는 데에도 크게 도움을 주었으며, 뒷풀이로 행한 현지주민과의 관계체험을 통해 진정한 자기표현의 기회를 가질 수 있었다.

지역에 전승되어 온 이야기를 관광콘텐츠화하여 주민들이 직접 공연하면 방문객에게 감동을 주는 것은 물론 현지 주민들의 여가 활용을 통한 삶의 질 향상에도 기여할 수 있어 Ⅲ장 지역다움을 창출하기 위한 관광 패러다임의 전환에서 보다 상세히 논의될 것이다. 생활여행자들은 이런 공연 콘텐츠를 보거나 현지 주민들의 여가문화에 함께 참여하면서 주민들과의 만남이 가능해진다. 현지 주민들이 중심인 여가활동 동아리에는 문화센터 강좌나 도자기 공방 등과 같이 어느 지역에서나 가능한 모임도 있지만, 해당 지역에서만 강세를 보이는 향토음식 조리 강습이나 음악교실 등도 현지 주민을 만나면서 현지 생활을 체험할 수 있는 장소가 된다. 이렇게 현지 주민이 즐기는 문화가 바로 생활여행의 관광콘텐츠가 될 수 있다는 관점의 변화가 우선적으로 요구된다. 이것이 바로 관광에서 '근자열 원자래近者說 遠者來' 개념이 접목된 시각이라 할 수 있다.

그림 II-7_ 충남 보령시 외연도 초등학교의 퍼포먼스 공연과 뒷풀이

넷째, 지역을 방문한 관광객들이 반드시 찾게 되는, 지역다움을 한눈에 볼 수 있는 메인스트리트 조성이 필요하다. 유럽의 도시들은 대부분 메인스트리트를 중심으로 발전했기 때문에 그 메인스트리트 주변에 가장 귀중한 자산인 지역다움이 물리적으로 오롯이 표현되어 있다.

대나무 세공품으로 유명한 전라남도 담양군의 경우 읍내에 있던 죽물(대나무)박물관이 고속도로에 근접한 지역으로 신축, 이전하면서 구박물관 주변에 형성되었던 죽물상가들이 쇠퇴하고 말았다. 만일 대나무박물관을 신축하지 말고 구박물관을 제1전시관, 제2전시관 등으로 확장해 동선을 연장하는 방안이 선택되었더라면 이후 국수거리와 연계되어 담양군의 지역다움이 반영되는 메인스트리트가 자연스럽게 형성되고 관광객들의 체류시간도 늘어나서 메타세콰이어 거리, 죽녹원 등과 함께 담양다움 창출에 크게 기여할 수 있었을 것이다. 지금이라도 대나무박물관을 읍내의 기존 부지로 이전하여 읍내 상가 활성화를 꾀함과 동시에 메인스트리트 조성에 기여하는 것이 바람직하지 않을까?

물론, 메인스트리트에 지역다움이 반영되도록 조성하려면 시간과 노력이 필요하다. 그러므로 각 지방자치단체가 지역다움을 반영할 장소로 기존 시가지를 선택하는 것보다는 부지를 새로 선정하고 매력물을 조성하는 방식을 선호한다. 아마도 기존 시가지는 소유 관계가 복잡해 부지 매입도 어려울 뿐더러 지자체장 임기 내에 신속히 변화된 모습을 보여줄 수 없어서 신규 부지 조성 방식을 선택하는 것으로 보인다.[9] 그러나 이렇게 관주도

9 2017년 7월 6차산업화지구 선정을 위해 방문한 경남 의령군은 망개떡과 의령 소바로 유명한 곳이다. 인구는 3만 정도이지만 나름대로 메인스트리트와 인접한 곳에 전통시장, 국밥집, 망개떡집, 의령 소바집들도 위치해 있었다. 그러나 의령군은 기존의 메인스트리트보다는 별도의 부지에 농특산물 홍보타운을 조성하고 망개문화 체험을 위한 6차산업관을 조성하여 관광자원으로 삼겠다는 사업성 불투명한 의지를 내보인 바 있다.

그림 Ⅱ-8_ 담양의 죽물박물관과 대나무박물관 신축으로 인해 쇠퇴한 구 박물관 주변 거리

로 시행되는 사업은 효율적인 관리와 운영을 보장하지 못할 뿐만 아니라, 관광 매력도를 증대시키기 위해 또 다른 매력물 조성을 유발하게 되어 실질적으로 관 주도의 관광지 개발을 추진하는 격이 되고 만다. 지방자치단체는 단지 메인스트리트의 색깔을 낼 수 있는 기본 인프라나 공공 디자인만 마련하고 나머지는 기존 상가와 주민들이 만들어 나가는 전략이 필요하다. 우리나라의 각 기초 지자체에 지역다움을 보여 주는 메인스트리트가 조성될 때 생활여행 트렌드가 자리잡게 될 것이다.

5. 지역관광 관련 최근 이슈

(1) 관광 핫 플레이스란?

핫 플레이스hot place란 '요즘 뜨는 장소' 또는 '인기 있는 장소'라는 뜻으로, 지역 관광 핫 플레이스가 되기 위해서는 몇 가지 조건이 필요하다.

첫째, 젊은층의 니즈에 맞아 떨어져야 한다.

둘째, SNS를 통해 확산되어야 한다.

셋째, 특히 여성들이 많이 찾아오는 장소가 되어야 한다.

넷째, 가족 동반 관광객들이 받쳐 주면 핫 플레이스 반열에 들어서게 된다.

이상의 네 가지가 필자가 관찰한 핫 플레이스 성립 조건이다.

젊은층이 관광 목적지를 선택할 때 고려하는 요인은 첫째가 맛, 둘째가 이색적 체험(재미 포함), 셋째가 아름다움(귀여움), 넷째가 릴랙스relax, 그리고 다섯째가 가성비이다. 여기서 맛, 이색적 체험, 아름다움, 릴랙스 등은 모두 관광경험의 본질에 관한 것으로 가장 중요하고, 가성비는 그 다음이라는 점을 주목하여야 한다. 기성세대와 달리 젊은층은 관광경험의 본질이 우선이고, 차선으로 가성비[10]를 생각한다는 것이 특징이다. 이러한 조건에 부합해야만 관광 목적지로 선택하게 되므로 이 5가지 요소가 지역관광 핫 플레이스 구성 요소라 할 수 있다.

지역관광 핫 플레이스로 등장한 전주 한옥마을은 '아름답다'라는 경관적 특성 외에 다양한 먹거리를 바탕으로, 젊은이들의 맛에 대한 니즈를 수용할 수 있는 곳으로, SNS를 통해 널리 인정 받은 후 관광객들이 몰리게 되었다. 실질적으로 전주는 비빔밥, 한정식, 콩나물국밥, 막걸리 등 다양하고 풍성한 상차림으로 이미 오래 전부터 알려져 있었지만, SNS에 기반한 젊은층의 자기홍보 때문에 전국적인 핫 플레이스로 등장하게 된 것이다.

다음으로 이색적 체험이란 신기성과 재미가 합쳐진 니즈로, 미처 접해보지 못한 흥미로운 경험을 지칭한다. 전주 한옥마을의 경우 젊은 여성층을 중심으로 한복체험이 인기를 끌면서 한옥마을을 배경으로 한복을 입고 활보하는 사진이 SNS를 타고 퍼지게 되었다. 이색적 체험을 바탕으로 핫 플레이스 반열에 올라선 용인민속촌은 '거지알바'라는 독특한 캐릭터의 등장으로 과거 '용인민속마을'이 조선시대 인물과 문화를 소재로 한 '웰컴 투 조선 테마파크'로 변신한 사례이다.

아름다움에 관한 니즈는 심미적 체험을 지칭한다. 서울 올림픽공원의 나홀로나무나 서울 하늘공원은 사진 찍기 좋은 곳으로 소문이 나 많은 사람들이 찾아와 사진을 찍은 후 SNS에 올리는 핫 플레이스이다. 특히 여성 방문객이 뒷받침되어야 관광 핫 플레이스가 유지되는데, 이들에게 가장 중요한 니즈 중 하나가 바로 아름다움이다.

---

10 전국연합 대학생, 대학원생 667명으로 구성된 여행 동아리인 '여행향기'의 여행 모토 3가지는 '알고 가자, 함께 가자, 싸게 가자'이다.

또한 릴랙스 니즈는 최근 급부상하는 관광 니즈이다. 릴랙스 니즈는 두 가지 영역으로 구성되는데 그 첫 번째는 아무 것도 할 일이 없는 상태nothing to do이고, 두 번째는 사치스러움에 살짝 빠져든 상태indulging in luxuriousness를 지칭한다. 사실상 우리나라 사람들은 서양 사람들과 달리 관광을 할 때에도 과정 지향적이기보다 목표 지향적이므로 '멍 때리는 상태'에 빠져들기가 쉽지 않다. 제주 올레길을 걸을 때에도 주변의 경관을 보면서 즐기기보다는 최종 목표 지점을 향해 열심히 걷는 경우가 빈번하다. 남양주의 북한강 길을 달리는 자전거 매니아들도 통과하는 지점의 마을에 들러 잠깐의 쉼을 가지지 못하고 가능하면 최종 목표까지 쉬지 않고 달리기에 바쁘다.

그런데 최근 젊은층을 중심으로 릴랙스 니즈를 추구하는 행태를 발견할 수 있었다. 맞벌이부부 비율이 높아지는 추세에서 주말에 아이들과 놀아주기도 해야 하고 본인들도 쉬기 위해 집 근처의 키즈카페같은 시설을 방문하여 아이들이 노는 것을 지켜 보면서 잠깐 휴식을 취하는 젊은 부부들을 자주 만날 수 있다. 키즈카페야 말로 젊은 맞벌이부부의 릴랙스 니즈를 겨냥한 핫 플레이스라 할 수 있다. 또한 두 번째 릴랙스 니즈인 사치스러움에 빠지는 형태의 릴랙스는 신혼여행처럼 우리들이 일생에 한 번 정도 겪는 경험이 해당된다. 최근에 젊은층들이 배낭여행 중이라도 한 번은 고급호텔에서 머물러 보고자 하거나, 자주는 아니더라도 적금을 들어서라도 고급형 해외여행을 떠나고자 하는 욕구를 갖는 것이 바로 두 번째 릴랙스 욕구에 해당한다고 볼 수 있다.[11]

관광 핫 플레이스로 성장하기 위해서는 여성을 대상으로 한 적극적인 마

---

11 사드 배치 문제로 중국 관광객이 제주도에 발길을 끊은 이후 제주도 내의 특급호텔 수요가 급감할 것으로 예상했지만 기대치 않은 국내 젊은층 커플의 릴랙스 수요 때문에 나름대로 어려움을 헤쳐 나가고 있다고 제주도 관광 관계자는 이야기하고 있다.

케팅 전략이 필요하다. 여성들 중 40~50대 중년층 단체 관광객들이 원하는 관광 니즈는 역시 아름다움과 맛이다. 각 지역에서 개최되는 꽃축제가 향토음식과 연계하여 이들을 유인하는 관광 매력이라고 할 수 있다. 젊은층과 달리 이색적인 체험이 반드시 필요한 것은 아니지만 노력과 시간, 기술이 많이 요구되지 않는 수준의 산책같은 활동은 호감을 줄 수 있다. 그러나 무엇보다도 중요한 것은 이색적인 경관을 마주하면 커피를 마시며 담소할 수 있는 시간과 장소를 원하는 것처럼, 지나치게 많은 육체적 노력이 요구되는 활동은 피하고 싶어한다는 점도 간과해서는 안 된다.

그러나 잠시 유지되는 핫 플레이스가 아니라 지속가능한 관광명소가 되려면 가족단위의 관광객이 즐겨 찾는 곳으로 발전해야 한다. 젊은층에만 매달리고 가족단위 관광객을 외면한다면 국가적 수준의 관광명소로 발전할 가능성은 떨어질 수밖에 없고, 그야말로 한때 유행한 핫 플레이스만으로 끝날 가능성이 크다.

(2) 관광 핫 플레이스의 시사점

관광 핫 플레이스로 성장하면 수요자 측면에서 젊은층 관광 니즈를 수용한다는 의미가 있으나 이와 동시에 공급자 측면에서는 필연적으로 젠트리피케이션과 스필오버 현상[12]을 초래한다는 점을 간과해서는 안될 것이다.

1) 젠트리피케이션 현상

어느 지역이 관광 핫 플레이스로 뜨게 되면 관광객들이 몰려들게 되고, 그

---

12 급격한 대량 관광객 유입으로 젠트리피케이션 현상이 일어난 곳에서 업체들이 임대료가 싸고 인접한 유사 환경으로 이주하는 현상을 의미하는 용어로, 필자가 처음으로 언급하고 있다.

에 따라 임대료가 상승하게 되어 결국 핫 플레이스로 성장하는 데 기여했던 기존 임차인들과 원주민들이 떠나 기존 상권이 무너지든지, 아니면 새로운 프랜차이징 업체들이 높은 임대료를 내고 입주하여 과거의 지역 정체성과는 전혀 다른 상업적인 분위기만을 형성하게 된다. 전주 한옥마을에서도 이같은 젠트리피케이션 현상이 확산되어 불행하게도 마을에 거주하는 주민은 보이지 않는 상업지역으로 변모하고 있다. 서울 북촌 한옥마을에서도 이와 같이 젠트리피케이션 현상이 일어나고 있으며, 경주의 구시가지는 이미 이러한 상황을 이전부터 겪었다.

일부 지자체가 임차인과 임대인 사이에 서서 임대료 인상과 관련한 상호협정을 유도하고 있으나, 젠트리피케이션 현상을 피해가는 것은 쉽지 않다는 것을 모두가 공감하고 있다. 관광 수요자 차원에서 보면 젠트리피케이션 현상은 대량관광으로 인해 야기된다. 만일 해당 지역 주민들과 상인들은 물론 지방자치단체가 사전에 대량관광으로 인한 부정적 효과를 알고 있거나 학습할 기회가 있었다면 단기간에 대량관광을 추구하는 일은 하지 않았을 것이다.[13] 그러므로 대규모 투자없이 있는 그대로의 자원을 주민 주도로 구슬을 꿰듯 만들어 내는 생활여행 유치가 지역관광 활성화의 마중물 사업이 되어야 한다. 주민들이 이러한 생활여행 유치를 통해 관광의 긍

---

13 농촌지역에 농촌관광을 정책적으로 도입하면서 개최되었던 토론회에서 필자는 남해 다랭이마을 주민들과 논쟁을 벌인 적이 있다. 주민들이 학습할 시간이 없이 너무 빠르게 남해 다랭이마을이 관광명소화된다면 도시민들의 무차별적 매입 제안으로 인해 원주민들은 결국 집을 팔고 고향을 떠나게 될 것이고, 도시로 나간 자녀들의 집에서 손주들을 돌보는 신세로 전락할 것이라는 점을 지적하였다. 또한 마을 인접한 지역에 무분별하게 들어서는 펜션들도 막을 길이 없기 때문에 주민들에게는 득도 되지만 해도 될 수 있으므로 대량관광객 유입에 신중히 대처해야 한다고 주장하였으나 주민들은 반대 의견을 강하게 들고 나왔다. 현재의 남해 다랭이마을은 어떤 상황에 처해 있는지 궁금하다. 아마도 도시의 젠트리피케이션에는 미치지 못하겠지만 농촌지역도 이러한 문제가 야기되고 있을 것이 확실하다.

정적 부정적 효과를 학습하게 되면 대량관광, 대중관광을 위한 무차별적인 시도에 제동을 걸게 될 것이다.

사실 문제는 지역 주민이나 상인들보다 대량관광의 병폐를 전혀 예상하지 못하는 지자체장이나 공무원들의 욕심이다. 일부 지역에서는 벽화그리기를 통해 마을이나 지역을 재생시켜 관광객을 유치하고 있는데, 벽화마을 조성 이전이나 이후에 지속적으로 해당 지역을 정주환경 개선 차원에서 돌보지 않고 일회성 처방만 하려고 든다면 그 효과는 오래가지 않을 뿐만 아니라, 초반의 성공도 젠트리피케이션으로 인해 결국 실패하게 될 것이다.

유네스코 세계문화유산인 수원화성 내의 구도심에는 1만여 명 이상의 주민들이 거주하고 있다. 이 지역에서 과거부터 조선시대 민속촌 형태의 하향식 관광개발 방식을 추진해왔는데, 사업 주체(당시 한국주택공사)가 사업성이 불투명하다는 것을 이유로 물러남에 따라 현재는 주민 주도 하에 마을 르네상스 사업으로 전환하여 추진되고 있다.[14] 물론 지금도 마을만들기 사업 참여 주민과 비참여 주민들 사이에 대립이 없지는 않지만, 전주 한옥마을과 비교해 볼 때 대량관광 유입 속도가 지체되는 동시에 주민들의 역량과 의식은 많이 개선되고 있다.

입지와 여건이 달라 수원화성과 전주 한옥마을을 직접 비교하기는 어렵지만 이러한 과정이 젠트리피케이션 속도를 늦추고, 주민들과 기존 상인들이 더 많이 살아남는 데 기여할 수 있을 것이다. 현재 수원화성의 있는 그대로의 모습만으로도 생활여행의 개념을 이해하고 관광객을 유치하는 전략을 편다면 젠트리피케이션 속도와 주민 이탈률을 저하시킬 수 있을 것

---

14 엄서호(2011), 유산관광 활성화에 대한 주민 태도 – 수원화성 복원정비사업을 중심으로, 관광학연구, V.(35):5

이다. 왜냐하면 생활여행 유치야말로 젠트리피케이션에 대응하는 유효한 예방주사이기 때문이다.

2) 관광 스필오버 현상과 영향권 확대

대량관광이 유입된 지역에 젠트리피케이션 현상이 발생하면 그 여파로 임차인들이 인접한 지역으로 이주하게 되는데, 그에 따라 관광객들의 동선도 연장됨으로 인해 관광 영향권이 확대되는 관광 스필오버 현상이 일어난다. 서울의 대표적인 골목길 명소인 홍대앞 거리에서 젠트리피케이션 현상이 일어나면서 쫓겨난 임차인들이 연남동 쪽으로 업장을 옮겨가면서 또 다른 핫 플레이스가 형성된 것이 그 예이다. 서울의 북촌 한옥마을에서도 사람들이 몰리고 임대료가 상승하자 내몰리게 된 임차인들이 서촌으로 이동하는 동시에, 서촌 지역 상인들과 주민들이 의도적으로 북촌 한옥마을 수요를 유치하기 위해 노력하여 북촌의 관광 수요가 서촌까지 넘쳐흐르는 현상이 발생하였는데, 이것도 관광 스필오버 현상이라 할 수 있다. 이러한 현상은 젠트리피케이션의 영향도 있지만, 대량관광객을 유치해 지역을 활성화하려는 인접 지역의 노력에도 기인한다고 볼 수 있다. 홍대앞과 연남동, 북촌과 서촌같이 자원성이 유사하고 거리도 가까운 지역이 관광 스필오버의 영향권에 있다고 볼 수 있다.

관광 스필오버 현상이 대량관광으로 인한 젠트리피케이션의 결과라면 현재 대량관광으로 넘치는 전주 한옥마을의 주변 지역은 예상되는 관광 스필오버 현상을 어떻게 긍정적으로 활용할 수 있는가에 관한 고려가 필요하다. 전주 한옥마을과 자원성도 유사하며 거리도 가까운 지역으로 관광 스필오버 현상이 일어날 것이라고 생각한다면 예상되는 지역의 주민과 상인들의 의식 제고를 통해 역량을 강화하고 생활여행을 유치하여 의도적으로 대량관광 대비책을 강구해야 한다. 이러한 노력을 통해 젠트리피케이션이 진행되는 시기도 최대한 지연시키고 양적으로도 최소화시키면서 관광 세력권은 확대할 수 있도록 대책을 세워야 한다. 전주 한옥마을의 경우에는 가깝게는 완주군의 로컬푸드를 활용한 생활여행에 관광 스필오버 현상을 담아 내고, 멀게는 나주시의 역사문화 환경과 연계하여 대량관광을 유치할 수 있다. 단 전제 조건으로 나주시는 이러한 변화에 대비해 생활여행 유치를 위한 주민 역량 강화에 힘을 기울여야만 할 것이다. 이러한 전략이야말로 젠트리피케이션을 지연시키면서 관광 세력권을 확대할 수 있는 유일한 대응책이다.

옹진군과 인천관광공사는 2017년 서해의 3개 섬 덕적도, 대이작도, 장봉도를 관광명소로 발전시키는 사업을 추진한다고 발표했다. 이와 같이 대다수 지방자치단체가 관광명소화를 통해 대량관광을 유치하여 지역경제를 활성화하려고 하지만, 전주 한옥마을이나 북촌 한옥마을의 젠트리피케이션 현상과 같은 부작용은 전혀 염두에 두지 않고 있다. 즉, 주민을 위해 관광명소화를 시작하지만 철저히 준비하지 않으면 주민을 내쫓는 관광이 되고야 만다는 것을 인지하지 못하고 있는 것이다. 지자체들은 젠트리피케이션의 폐해를 알고 단지 대량관광 유치가 아니라 현재의 자원을 최대한 그대로 활용한 주민 주도의 생활여행 유치 사업을 전개하여, 앞으로 닥쳐올 대량관광 유입에 따른 환경 파괴와 젠트리피케이션 현상에 적극적으로 대처해야 한다.

2017년 여름 이탈리아 베네치아와 스페인 바르셀로나에서는 "관광객들은 오지마!"라는 캠페인이 주민들 사이에서 벌어졌다고 한다. 관광객들로 인해 각종 쓰레기와 교통체증이 발생함은 물론이고, 상가나 주택 임대료가 급격히 인상되어 그 피해를 주민들이 고스란히 입기 때문이었다. 바르셀로나에서는 일부 과격단체 청년들이 관광객들을 위한 공공 자전거와 자전거 거치대를 망가트렸고, 일부는 관광객이 탑승한 시티투어 버스를 가로막는 돌출행동까지 시도했다고 한다.[15] 이로 인해 바르셀로나 시에서는 신규 호텔 허가를 제한하고, 지역 주거난과 월세 상승의 원인이 되는 에어비앤비에 대한 단속을 강화하고 있다고 한다.

이탈리아 베네치아에서도 매년 2천만 명 이상의 관광객이 몰리면서 거대기업 수준의 호텔과 레스토랑이 몰려들어 주민들이 운영하는 상점과 공방은 점차 밀려나고 있는 실정이다. 따라서 이곳을 떠나는 주민들도 급증해 1951년 17만5천 명이던 인구가 현재 5만 명 정도로 감소한 상태이다. 특히 크루즈를 이용하여 당일로 방문하는 대량관광객들로 인해 혼잡이 심해지고 있어 베네치아 당국은 관광객 수를 제한하는 것을 검토 중이라고 한다.[16] 세계 곳곳에서 관광으로 인한 부정적 폐해 특히 젠트리피케이션으로 인한 주민 불만이 표출되고 있으며, 관련 당국도 이러한 문제들을 해결하기 위해 적극적으로 대응하고 있다. 우리나라도 문제가 발생한 후에 대응책을 강구하기보다는 사전에 대응하는 형태로 생활여행을 기반으로 한 지역관광이 가능하도록 주민의 역량을 강화시켜야 하며, 단기적 성과를 노린 하드웨어 위주의 관광지 개발보다는 장기적으로 지역다움을 구축하는 것을 목표로 관광 매력도를 증대하는 전략을 세워야 한다.

---

15 2017년 8월 2일 경향신문 네이버 모바일판 참고(출처: http://m.news.naver.com/read.nhn?mode=LSD&mid=sec&sid1=104&oid=028&aid=0002374439)

16 2017년 8월 3일 연합뉴스 네이버 모바일판 참고(출처: http://m.news.naver.com/read.nhn?mode=LSD&mid=sec&sid1=104&oid=001&aid=0009452070)

제Ⅲ장
지역다움 창출을 위한
관광 패러다임 전환

Chapter Reviewer **연승호 교수**

일본 리츠메이칸 아시아태평양대학(Ritsumeikan Asia Pacific University, APU)에 재직 중. 주요 관심 분야는 관광을 통한 지역 재생과 생활관광이며, 일본 오이타현 인바운드 추진협의회 운영 위원과 오이타현 주요 지역의 관광마케팅 및 개발자문위원으로 활동 중이다. shyoun@apu.ac.jp

1. 지역관광 플랫폼 다변화

지역관광의 활성화 수단은 하드웨어인 관광지 개발과 소프트웨어인 관광 상품 개발로 구분할 수 있다. 상대적으로 대규모 투자와 기술이 요구되는 관광지 개발은 노하우를 가진 재벌기업이라도 성공을 장담하기 어려운 데 비해 관광상품 개발 사업은 보다 접근이 쉬운 분야이다. 이 두 가지와는 별도로 인력 양성을 거론하기도 하지만 넓은 의미에서 소프트웨어 위주의 관광상품 개발에 포함시키기도 한다. 관광상품 개발 차원에서 지역관광 활성화 과정을 보다 상세하게 언급하면 다음과 같다.

첫째, 지역관광사업은 기존의 환경을 가능한 한 손대지 않고 관광상품을 만들어 내는 방식 위주로 진행되어야 하며, 지역축제, 농어촌체험 등이 이에 속한다. 하드웨어 위주의 대규모 투자, 지효성 관광지 개발과는 달리 관광상 품 개발은 소규모 투자의 속효성 사업이지만, 그 성공을 위해 선결되어야 할 가장 중요한 과제는 지역다움이라 일컫는 지역 정체성(이미지)의 구축이다.

지역다움 창출은 지역관광이 진흥되면 촉진되고 가시화되지만 이러한 성과가 관광분야만 노력한다고 이루어지지는 않는다. 오랜 기간 동안 지 역의 자연, 사회, 문화를 기반으로 축적된 정체성이 유·무형적으로 표출 된 지역다움을 물리적 형태로 지역에 반영하고 향토문화로 계승 발전시키 는 전방위적 노력이 필요하다. 왜냐하면 지역다움이야말로 선진국형 관광 트렌드인 생활여행을 유치할 수 있는 선결조건이며, 지역 브랜딩의 기초 가 되기 때문이다.

둘째, 지역관광 활성화는 주민참여 사업 위주로 시행되어야 한다. 인위 적으로 관광지를 개발하는 작업은 궁극적으로 기존의 지역 분위기를 살리 기보다는 뒤엎는 시도이고, 결국 그곳에 거주하거나 생계를 유지하던 원

주민을 쫓아내는 젠트리피케이션같은 결과를 초래하므로, 지속가능한 관광의 실현이라고 볼 수 없다. 그러므로 지역관광사업은 주민에 의한, 주민을 위한, 지역 특성을 반영한 수준에서 시행하여 주민 주도의 운영 생태계를 만드는 것이 절대적으로 필요하다.

주민 주도로 지역관광 활성화 사업을 할 때 반드시 알아야 할 한국형 관광기술은 다양한 지역관광사업의 시행착오를 살펴보면서 찾아낼 수 있다.

2016년 NEXT경기 창조오디션에 지원한 남양주 슬로라이프 미식관광 플랫폼 조성 사업(안)을 보면 사업 내용이 시설투자 위주의 신규 어트랙션 조성에 집중되어 있었으며, 인접한 중리마을을 미식관광 플랫폼에 포함시켜 지역다움을 만들어가고자 하는 시도는 거의 발견할 수 없었다. 즉, 미식관광사업을 통한 수혜자가 방문자에게만 집중되어 있고, 현지 주민은 전혀 고려되지 않고 있었다. 결국 시설투자에 의한 매력물 조성과 관광객 유치에 의한 지역경제 활성화만을 고려하는 평면적인 관광개발사업을 지향하였으며, 이 사업을 통해 조성된 신규 시설이 향후 어떻게 관리 운영될 것이며, 그곳이 생활터전인 지역주민들을 어떻게 이 사업에 참여시킬 것인가에 대한 논의는 전혀 없었다.

이 사업의 총 투자비는 100억 원이고, 사업 기간은 2016~2019년이며, 세부 시설로는 콘텐츠연구소, 바람정원, 교육체험시설, 5R 체험마켓 등을 포함한 미식관광체험관(40억 원)과, 에코공원, 슬로장터, 에코트램, 힐링케어센터 등의 슬로라이프 플랫폼(15억 원), 그리고 미식전문직업학교, 전문도서관 등의 푸드스타트업스쿨(15억 원)과, 유기농가공센터, 푸드마차, 굿푸드레스토랑, 공유부엌 등의 슬로라이프 공유부엌(30억 원) 등을 제안하고 있었다.

주로 시설 투자 위주로 구성될 뿐이어서 주민들의 적극적 참여 없이 지역의 고유성을 담는 동시에 지속가능하게 운영될 수 있는 미식관광 플랫폼으로 정착되기에는 한계가 있어 보였다. 주민들이 지속적으로 관리와 운영에 참여하여 관리 운영 주체 겸 콘텐츠 프로바이드 역할을 담당해야 하는데, 주민들이 배제된 하향식 관광개발사업으로 진행됨으로 인해 과거에 실패했던 사례들의 전철을 밟을 수밖에 없을 것으로 판단되었다.

주민이 참여한 운영 생태계에는 관심 없이 타당성 검증도 되지 않은 시설 위주의 개발은 그렇다 하더라도, 슬로푸드를 기반으로 한 미식문화는 당연히 기존의 남양주다움의 하나인 슬로푸드 마을과 연관되어 발전 계승되어야 하는데, 이에 대한 고려도 전혀 없었다. 넥스트 경기 사업 자체의 의미와 사업 집행의 융통성에 비해 지자체의 사업 대응 방식은 무늬만 창조적이지 전혀 지속가능성이 고려되지 않은 방식이었다.

셋째, 인위적으로 조성된 관광지뿐만 아니라 지역사회와 지역환경의 모든 물리적, 프로그램적 요소가 관광이라는 모자를 쓰면 지역관광 활성화를 위한 플랫폼 기능을 할 수 있다. 그 지역에만 있는 고유한 특성이나 지역환경은 물론이고, 타 지역에서도 볼 수 있는 문화적, 환경적 요소도 그 지역에서만 만날 수 있는 사람들 즉 지역주민의 손으로 연출되고 전달된다면 관광 경쟁력을 충분히 갖출 수 있다. 이렇게 타 지역에서도 볼 수 있는 요소를 해당 지역만의 특별한 것으로 만들 수 있는 힘은 바로 현지 주민이라는 요소와 그 주민들이 지역환경 속에서 오랫동안 살아오면서 축적해 온 지역다움이라는 요소에서 나온다. 그러므로 지역관광 활성화를 위해 가장 필요한 요소는 현지 주민과 지역다움이라 할 수 있다. 이는 두 요소가 방문객의 일탈체험, 장소체험, 관계체험에 작용하여 탈일상성 지각에 영향을 주게 되어 관광 주체가 실존적 진정성을 느끼거나 표현하도록 하기 때문이다.

2018년 농림축산식품부의 6차산업화지구(국비 15억 원, 지방비 15억 원) 선

그림 Ⅲ-1_ 전남 곡성군 6차산업화지구 조성계획(안)

정 과정에서 곡성군은 멜론과 토란을 기반으로 한 시범생산단지 조성(4억 원)과 레일힐링푸드 가공식품 제조시설 구축(6억 원), 가공시설 현대화(3억 원) 등 6차산업 활성화 기반조성 사업과 기타 네트워크 및 역량 강화 사업, 홍보 마케팅과 포장 디자인 등 브랜드화 사업으로 구성된 30억 원 투자 규모의 6차산업화지구 발전계획을 제안하였다. 현장답사 후 가진 평가에서 곡성군 발전계획의 효과성과 실현성에 문제를 제기하면서 연 127만 명의 방문객이 찾아오는 곡성 기차마을을 거점으로 재배 면적 전국 대비 12.7%를 차지하는 멜론의 생산, 가공, 유통, 체험의 복합화를 시도하는 것이 타당하다는 데 의견을 모았다.

이에 곡성군은 기차마을 내에 멜론 체험 쇼핑센터 설치와 함께, 인접해 있는 대신마을을 멜론마을로 조성하기 위해 (주)곡성멜론의 멜론가공센터를 체험장으로 복합화하고, 농가 레스토랑과 게스트하우스 등의 관광 콘텐츠 인프라를 구축하며, 기차마을과 멜론마을을 연계하기 위한 경관 개선 사업을 계획에 포함하였다. 이러한 접근은 기존의 6차산업화지구의 생산, 가공 관련 하드웨어 위주의 구축보다는 더욱 선진화된 6차산업화라 할 수 있다.

경주 빙氷씨 집성촌인 대신마을에 거주하는 빙씨들이 주도하는 '멜론 빙수축제'와 더불어 뮤직앱 멜론이 후원하는 '멜론 뮤직 페스티벌' 개최 등의 이벤트 개최를 통해 기차마을 방문객을 유인하는 계획도 포함하였다. 또한 멜론마을의 멜론 재배 농가를 대상으로 한 멜론공방 육성사업을 통해 멜론찐빵, 멜론염색, 멜론막걸리, 멜론잼 등 수제 멜론 가공품과 체험 콘텐츠 생산을 위한 기반을 조성하여 장기적으로 멜론 문화를 창달할 수 있도록 계획하였다.

곡성군이 계획한 대로 멜론 브랜딩에 성공하게 되면 자연스럽게 기차마을과 멜론마을은 코끼리열차(예: 멜론열차나 셔틀버스)같은 관광 교통으로 연

그림 Ⅲ-2_ 전남 곡성군의 멜론빵과 멜론 가공 제품군

계될 수 있을 것이며, 현재 기차마을에서 운영 중인 관람차(원더힐)도 멜론 형태의 관람차로 리모델링될 가능성이 높다. 또한 현재 메로나로 유명한 빙그레유업과는 물론이고, 현재 판매 중인 필라코리아의 멜론색 운동화 등 기존의 멜론 관련 상품들과 파트너십을 형성하여 다양한 멜론 기념품을 개발할 수 있을 것이다. 또한 인근에 계획 중인 동화마을에도 멜론을 소재로 한 스토리를 접목하면 전체적으로 관광객들의 동선이 연장되고, 체재 시간이 늘어나며, 멜론을 기반으로 한 기념품과 체험 비용으로 관광객 1인 당 객단가가 상승하는 긍정적 효과가 나타나게 될 것이다. 또한 기존 기차마을 내의 관광 콘텐츠도 멜론으로 인해 다양해지게 되므로 전체적으로 기차마을의 매력도 상승하게 되며, 현장 방문 시 멜론 체험을 통한 홍보 효과로 곡성 멜론의 브랜드파워도 상승하게 된다.

대신 멜론마을의 농가를 기반으로 천천히 멜론 문화를 창달하도록 주민들의 역량을 키워간다면 시간은 소요되겠지만 지역을 표현하는 문화경관이 형성되면서 곡성다움을 창출하는 데 크게 기여할 수 있다. 결국, 곡성다움 창출을 통해 새로운 관광 트렌드인 생활여행을 유치하여 지역 활성화에 크게 기여하게 될 것이다. 이와 함께 광역 차원에서 전라선의 임실역, 남원역, 곡성역, 구례역 등을 각각의 지역다움을 반영한 임실치즈역, 곡성멜론역 등으로 개칭한다면 '역세권 특성화 클러스터'를 형성해 1차적으로 전주를 방문하는 관광객은 물론 향후 급증하게 될 철도관광 수요에 대비할 수 있을 것이다. 또한 스탬프투어 형태로 각각의 특성화 역세권을 방문하는 패키지상품의 개발도 가능하다. 사실 전라선 역명 개칭과 관련해서 임실군은 치즈역으로 개칭하기 위해 수차례 코레일과 협의한 바 있으나 동의를 얻어내는 데 실패하였다. 그러나 곡성멜론역을 비롯해 다른 지자체들과 협력하여 다시 시도한다면 성공할 수 있지 않을까?

6차산업화지구 조성은 첫째, 1차산업인 농업을 기반으로 하여 2차산업 (제조 및 가공)과 3차산업(서비스)을 융·복합하는 것을 의미한다. 둘째, 산업이라는 단어에서 시장성을 고려하여 상품의 판매증진이 주된 목표가 되어야 함을 의미하며, 셋째, 지구라는 단어를 통해 지리적 범역 설정은 물론 이 범역 내 6차산업 자원들이 핵심지구를 중심으로 네트워크화되어 6차산업의 특성이 지역에 물리적으로 반영되도록 해야 함을 의미한다.

실제로 6차산업지구 조성사업 시행자인 지방자치단체는 그 의미를 담아내기보다는 자신들의 숙원 사업을 정부부처 지원사업 성격에 맞추어 각색하여 국비지원을 받아내는 데에 골몰하고 있다. 그러므로 현장심사를 포함한 선정 과정에서 6차산업화지구 지정의 의미를 잘 아는 심사위원들의 지적과 보완 요구가 중요하게 작용한다. 이와 같이 기존 관광 목적지에 농산물체험유통센터가 융·복합되면 시너지 효과를 발휘할 수 있으며, 반대로 농산물가공유통기지도 체험 요소를 결합하면 지역관광 플랫폼 기능을 담당할 수 있다.

임실군도 2017년 임실N치즈 6차산업화지구 발전계획서(안)를 가지고 6차산업화지구 사업에 지원한 바 있다. 임실군은 정보화마을에서 시작해 농촌체험휴양마을로 발전한 임실 치즈마을과, 이와 인접해 군이 직접 투자하여 관광지화한 치즈 테마파크를 핵심지구로 하여 이를 군내 유가공시설이나 체험시설과 연계하는 쪽으로 6차산업화지구 발전 방향을 제안하였다. 동시에 핵심지구의 기능을 강화하기 위해 10억 원 규모의 인프라 조성사업으로 치즈N플레이스테이션과 치즈체험길, 치즈갤러리 조성과 공동체험장 리모델링을 하였고, 지정한 마을학교 건립(8억 원), 통합체험관광시스템 구축(2억 8,000만 원), 컨설팅과 사무국 운영을 역량 강화 사업에 포함하고 임실체험마을축제(2억 4,000만 원)와 체험상품 개발, 홍보 마케팅을 지역브랜드화 사업의 일환으로 제안하였다.

　임실 치즈마을로 인해 임실치즈의 브랜드 파워가 형성되고, 이어서 임실군이 주도하여 285억 원 투자 규모로 임실 테마파크가 조성된 후 연 20만 명까지 지속적으로 관광객이 늘어나고 있으나 임실 치즈마을 방문객은 현재 3만 명을 정점으로 감소하고 있는 실정이다. 수요자 입장에서 볼 때 치즈마을과 치즈 테마파크의 차별성과 연계성이 모호할 뿐만 아니라 공급자 입장에서도 치즈마을과 치즈 테마파크의 시너지 효과를 최대화하기 위한 노력이 필요함을 인식하고 있지만 제안서 내용에는 이러한 조치가 미흡함을 볼 수 있었다.

　임실군이 임실N치즈 6차산업화지구를 제안할 때 기조를 실질적인 농산물 1차, 2차, 3차산업의 융·복합은 염두에 두지 않고, 단지 기존의 치즈 테마파크 일원의 방문객만을 증대시키기 위해 필요한 시설과 프로그램을 개발하고 있는 점이 아쉬웠다. 농림축산식품부가 선도하는 6차산업화지구 조성 사업의 실현보다는 임실군 숙원사업을 시행하고자 재원 확보 차원에서 기존 농촌 테마공원 조성 사업에 신청한 내용을 약간 각색하여 지원한 것같은 인상을 지울 수 없었다. 물론 임실 치즈마을의 숙원사업도 제안서 내용에 들어가 있었지만 단지 구색맞추기 식이고, 궁극적으로는 치즈 테마파크를 관광지로 활성화시키는 데 초점을 맞추고 있다고 판단되었다.

　치즈마을과 치즈 테마파크가 윈윈하면서 6차산업화 핵심지구로 융·복합의 의미를 실현하기 위해서는 우선적으로 치즈마을과 치즈 테마파크 일원을 대상으로 '6차산업화 핵심지구 비전'을 설정하는 것이 필요하다. 소위 임실 치즈밸리의 비전을 설정할 때 공간적 범위는 치즈마을과 치즈 테마파크를 모두 포함함은 물론, 임실역과 최근 조성된 임실역 인근 농산물 유통센터까지도 포함하는 것이 필요하다. 비전을 설정할 때에는 향후 치즈마을의

그림 Ⅲ-3_ 치즈 테마파크 건축물과 치즈마을 건축물의 이미지 통합 미흡

포지셔닝 방향, 전체 토지 이용과 이미지 통일 방향, 관람객 동선 및 치즈마을과 치즈 테마파크의 연계 동선, 시설과 프로그램, 관리 운영 방식 등의 내용이 모두 포함되어야 한다. 이와 같이 비전을 설정한 후 이번 6차산업화지구 사업비로 가장 먼저 해결해야 할 마중물 사업이 무엇인지를 다시 파악하는 등 사업 우선순위를 정한 후 그에 따라 예산을 배정하는 것이 시급하다.

임실N치즈 6차산업화 핵심지구 기본계획에 반드시 포함되어야 할 내용으로는 치즈마을의 경우 체험보다는 1차산업인 원유 생산과 2차산업인 가공에 전념하는 것이 마땅하며, 농가별로는 수제 치즈 가공을 위한 주민 역량 강화 사업이 우선적으로 요구된다. 그리고 원유 생산은 물론 치즈 테마파크와 치즈마을의 앵커 경관을 창출하기 위해 목장 부지 확충과 운영에 관한 논의도 포함되어야 한다. 반면에 치즈 테마파크는 20만 명 이상의 관광객을 대상으로 한 임실N치즈 브랜딩과 판매에 의한 객단가 증진에 매진하는 것이 필요하다. 지정환 학교 설립과 같이 보다 근원적인 농촌 기능은 치즈마을에 할당하며, 치즈 테마파크와 인접 부지에는 완충 기능(장미정원이나 목장 등)을 배치하는 것이 타당하다. 1차산업과 2차산업의 확고한 기반 없이 6차산업으로 경쟁력을 키워 나가는 데에는 한계가 있을 수밖에 없으므로, 임실 치즈마을의 1차산업, 2차산업의 보강은 임실 치즈밸리의 6차산업화지구화에 필수적인 과정이다.

임실N치즈 산업화 지구 사업 제안의 의미는 기존 관광지인 치즈 테마파크를 농산물 가공 체험 및 판매장으로 활용할 수 있다는 점과 더불어 인접한 치즈마을을 통해 임실 치즈 문화를 창달해 임실다움을 창출할 수 있다는 점일 것이다. 이를 달성하기 위해서는 보다 폭넓은 시각에서 임실역, 치즈마을과 치즈 테마파크 등을 관광 교통 수단(코끼리열차, 전동카, 자전거 등)으로 연계시켜 임실 치즈밸리로 융·복합하는 것이 필요하다.

기초 지자체의 기존 지역 관광 활성화 시도를 지역관광 플랫폼 다변화라는 관점에서 볼 때 다음과 같은 시사점을 도출할 수 있다.

첫째, 지역다움 창출을 위해서는 관광자원과 인접한 마을과 연계시켜 문화를 만드는 것이 우선이며, 더불어 주민들이 적극적으로 사업에 참여하는 운영 생태계를 조성하는 것이 필요하다.

둘째, 지역관광은 수요가 제한되어 있으므로 현재 관광객이 가장 많이 찾는 지구를 거점으로 보다 광역적인 차원에서 네트워킹하면서 융·복합하는 작업이 필요하다.

셋째, 지역의 잠재력은 현재의 시점보다는 과거와 현재, 그리고 미래를 연결하는 맥락에서 볼 필요가 있다. 특히 전문성에 근거하지 않고 무엇인가를 창조하려고 하면 오히려 지역 발전에 방해가 될 수 있다는 점을 간과해서는 안될 것이다.

2. 주민과 생활문화가 관광콘텐츠

(1) 전통시장과 중앙통의 지역다움

현지 주민들이야말로 다른 지역에서는 볼 수 없는 그 지역 고유의 관광자원임에도 불구하고 그곳에서 오래 산 사람일수록 관광객에게 무엇인가 남다른 특별한 것을 보여 주어야 한다는 관념 때문에 보여줄 게 별로 없다고 생각하는 경향이 있다. 남다르게 형성된 역사·전통·창조문화는 물론이고 그 지역에서 흔히 볼 수 있는 생활문화를 관광자원으로 보는 관점(관광모자론)이 대두되면서 서울의 전통시장은 외국인을 위한 관광명소로, 지역의 전통시장은 그 지역 고유의 생활문화를 접할 수 있는 관광명소로 부각되고 있다.

　서울 서촌의 통인시장은 도시락카페로 관광명소가 되었다. 이 지역은 서울 도심과 인접해 있으면서도 청와대와 경복궁 때문에 건축 규제를 받고 있고, 전월세 가격이 상대적으로 저렴하여 도심으로 출퇴근하는 사람들이 많이 거주하는 지역이다. 도심 출퇴근족들은 식사를 집에서 직접 만들어 해결하기보다는 주로 퇴근길에 반찬을 사서 먹는 경우가 많아 자연스럽게 통인시장에는 반찬가게가 많을 수밖에 없었다. 이러한 특성을 활용하여 전통시장의 환경을 개선하고 활성화하기 위해 정부지원사업으로 시행한 것이 인근 지역 직장인과 관광객들을 타겟으로 한 '도시락카페'이다.

　북촌 한옥마을의 관광 스필오버 현상 때문에 새롭게 뜨고 있는 서촌 한옥마을은 통인시장 도시락카페 사업을 통해 외국인 관광객들까지 찾아오는 대표적인 관광명소로 자리잡게 되었다. 또한 젊은층의 생활문화를 보여주는 홍대앞의 놀이문화도 한국을 방문한 외국인들이 즐겨 찾는 명소가 되었다. 과거 우리나라의 역사와 전통문화의 대명사인 경복궁 등의 궁궐에만 몰리던 외국인 관광객들이 이제는 명동, 홍대앞, 남대문시장 등 우리의 생활문화의 장 속으로 들어오고 있는 것이다. 지역관광 활성화도 이와 같이 해당 지역의 생활문화 속으로 들어오도록 유도하는 것이 필요하며, 이러한 접근의 첫 단추는 지역문화에 대한 자긍심과 지역다름에 대한 관심에서 출발한다. 각 지역마다 가지고 있는 전통시장과 중앙통을 관광 플랫폼으로 보고,[1] 우리 지역의 전통시장과 중앙통이 다른 지역과 어떻게 다른지 밝혀내려는 시도가 필요하다. 이것이 바로 지역다움 창출의 시작이다.

1　한국관광공사가 주관한 스리랑카 관광 관련 공무원의 한국 방문 교육에 강사로 참여하여 우리나라의 템플스테이와 머드축제를 사찰과 갯벌이 아주 흔한 자원인 스리랑카에 접목될 수 있도록 강조한 바 있다. 관광이란 모자를 생활문화와 생활환경에 씌웠을 때 방문객들에게 차별화된 관광상품으로 부각될 수 있다.

그림 Ⅲ-4_ 서울 서촌 통인시장의 도시락카페(출처: http://monsterdesign.tistory.com/1520)

해병대캠프와 같은 병영체험이 우리나라 학생들에게는 물론 병역과 관계 없는 일본인 수학여행객들에게 도전 의욕을 불러 일으키는 관광상품으로 부각되고, 대관령 양떼목장이 풍력발전기와 함께 가족단위 관광객들이 즐겨 찾는 관광명소가 되었듯이, 우선 지역주민들이 즐겨 찾는 생활문화의 장에 관광이란 모자를 씌워 관광 플랫폼으로 활용하는 전략이 필요하다. 이러한 접근은 관광객들만을 위한 인위적인 퍼포먼스가 아닌 본디 목적을 달성하는 데 필요한 과정을 관광 콘텐츠로 활용함으로서 관광객은 진정성을 느낄 수 있으며 운영면에서도 지속가능하다는 장점이 있다.

전통시장과 중앙통을 관광 플랫폼으로 삼을 경우, 본래 지역민을 타겟으로 현지 주민들이 운영하는 상가이기 때문에 대부분의 관광지 상가와 달리 성수기와 비수기의 차이가 거의 없으므로 바가지 요금이 없을 뿐만 아니라, 향후 대량관광 유입에 대비한 면역력 증강 차원에서 주민 역량이 강화되는 순기능도 있다. 수요자 측면에서 볼 때에도 지역다움을 한 곳에서 맛볼 수 있으므로 생활문화의 장을 관광 플랫폼으로 하는 것은 마땅하다. 전북 완주군의 로컬푸드 매장은 전주 시민들이 즐겨 찾는 곳이다. 이러한 지역의 농산물 판매장[2]도 전주 한옥마을 방문객과 연결되어 관광 플랫폼으로 활용된다면 완주군의 지역다움 창출에 크게 기여할 수 있을 것이다.

(2) 주민이 킬러 콘텐츠

2012년 경기대학교 관광대학이 '1시장 1대학 특화사업 및 시범사업'으로 시행한 수원 조원시장 활성화사업 세부 내용에는 조원시장의 상인들을 콘텐

---

2 모악산에 위치한 완주군 용진농협이 직영하는 해피스테이션 로컬푸드 판매장 겸 레스토랑은 이후 Ⅵ. 농촌관광 선진화 기술에서 자세히 소개된다.

그림 Ⅲ-5_ 수원 조원시장 해피버스데이 세일

츠로 활용하기 위해 '장인', '재인', '상인'으로 구분하고, 10년 이상 장사해
온 상인들은 장인, 노래나 춤, 입담 등의 장기를 가진 상인은 재인으로 육
성하려는 시도가 있었다. 그리고 일반 상인을 콘텐츠로 부각하기 위해 상
인들의 얼굴을 캐리커처로 그리고 이를 간판이나 명함, 앞치마 등에 활용
하였다. 상인들이 생일을 맞으면 상인회에서 이벤트로 생일잔치를 해 주
고, 해당 상인은 가까운 상인과 연합해 '해피버스데이 세일' 이벤트를 벌이
는 사업도 시범사업으로 시행하였다.[3] 오랫동안 퐁네프빵집 앞을 늘 지나

3   2012년 경기도가 발주하여 경기대학교 관광대학 김창수 교수와 필자가 공동 연구자로 수행한

다니면서 사장님을 알고 지냈지만 퐁네프빵집 사장님의 생일이 언제인지
는 모르고 있었던 주민들은 이러한 이벤트를 통해 보다 가까워졌고, 좀 더
많은 사람들을 유인할 수 있는 계기가 되었다. 이와 같은 시도가 주민을
콘텐츠로 활용한 사례라 볼 수 있다(그림 Ⅲ-5 참조).

　농촌체험휴양마을이 아니더라도 농촌마을마다 간혹 볼 수 있는 농기구
전시관은 농기구를 전시하는 장소보다는 마을 주민들의 삶과 스토리를 전
시하는 마을박물관으로 바꾸어 활용하는 것이 좋다. 어촌체험마을에 바
다체험만 있고 주민들과의 만남을 통한 공동체문화 체험이 별로 없는 것
은 안타까운 일이다.[4] 이것은 마치 제주도의 자연경관의 가치만 높이 사고
험악한 자연환경 속에서 살아남고자 애쓰면서 축적된 제주도의 생활문화
는 그다지 가치를 부여하지 않는 것과 유사하다. 주민들이야말로 그 지역
의 자연환경과 기후, 그리고 산물을 보다 진정성 있게 만날 수 있도록 하
는 매개자일 뿐만 아니라, 주민 자체가 지역의 장소성을 가장 잘 반영하고
있는 대상이다. 그러므로 지역관광에서 현지 주민과 접촉하거나 관계하지
않고 해당 지역을 관광했다면 관광觀光이란 글자의 뜻 그대로 빛을 보지 못
한 것이라고 할 수 있다.

(3) 주민들의 여가문화가 관광 콘텐츠

관광을 하면서 지역 음식점이나 상점, 민박을 통해 만나는 것을 제외하고
는 현지 주민을 만나기가 쉽지 않다. 외지 방문객이 현지주민들을 자연스

　'1대학 1시장 특화사업 및 시범사업'의 일환으로 추진되었다.
4　2016년 계원예술대 강윤주 교수와 학생들이 수행한 경기도 화성시 백미리 주민 17명의 '특별하
　지 않은 삶은 없다'라는 타이틀의 17명 주민 자서전 프로젝트는 향후 백미리 어촌체험마을 방문
　객들을 대상으로 활용될 관광 콘텐츠를 완벽하게 확보해 놓은 훌륭한 사례라 생각된다.

그림 Ⅲ-6_ 분당 잡월드의 모습과 공연예술학교 체험자들의 공연

럽게 만날 수 있는 접점을 다원화하려면 기초지자체가 생활여행 호스트를 양성할 필요가 있다. 그리고 주민들이 즐겨 참여하는 여가활동을 자연스럽게 관광객들 앞에 선보이는 방법도 있다. 그림 Ⅲ-6과 같이 고용노동부가 조성한 분당의 잡월드에는 많은 어린이들과 부모들이 직업체험을 위해 방문한다. 이곳의 각 체험장 앞에서 대기하면서 자연스럽게 다른 어린이들의 공연을 보게 되는데, 이는 또 다른 체험장인 공연예술학교에서 운영 중인 프로그램의 일환으로, 어린이들이 그곳 체험장에서 교육을 받은 후 잡월드 거리로 나와 실제 공연을 하게 만든 프로그램이었다. 이러한 접근은 공연예술학교 참가 체험자들에게 실질적인 체험 기회를 제공할 뿐만 아니라, 거리 모습으로 재현된 잡월드의 분위기 창출과 흥미 유발에 필요한 콘텐츠로, 비용이 들지 않고 지속가능하게 제공할 수 있다는 장점이 있다.

지역 주민들이 즐겨 참여하는 여가활동을 외지 방문객들 앞에 선보이면서 주민들과 관광객들이 자연스럽게 만나게 되고, 관광객들은 지역다움을 맛볼 수 있다. 즉, 현지 주민들의 여가문화가 생활여행의 가장 중요한 체험 콘텐츠가 되는 것이다. 생활여행 차원에서 교토를 찾는 일본인들이 선호하는 장소가 교토 시민들이 즐겨 찾는 도자기공방이라는 사실이 이를 반영하고 있다. 생활여행에서 전통시장이나 중앙통을 방문하며 지역다움을 맛볼 수 있는 기회도 있지만, 현지 주민들의 여가활동을 통해 그들의 생활 모습을 엿보는 것도 지역다움을 접하는 것이다. 그리하여 중국 장이머우 감독이 연출한 '인상 시리즈'에는 못 미치더라도, 충남 보령시 외연도 초등학생들의 '전횡장군 스토리'(마을 설화) 마당극 공연은 가장 훌륭한 지역다움 체험의 기회라고 할 수 있다.

여수시는 여수엑스포 개최를 통해 이미 굳어진 해양 관광지 이미지를 유지하기 위해 다양한 인프라 조성에 박차를 가하면서 특히 해양 스포츠를 부각시키고 있다. 물론 이러한 접근도 지역다움을 창출하기 위한 부분이라고 생각되나, 진정한 해양스포츠 도시로 차별화되기 위해서는 인프라 조성을 하기에 앞서 여수시 초중고생들을 위한 해양 스포츠 동아리 육성에 투자했어야 했다. 해양 스포츠의 저변 확대가 시설 투자보다 우선되어야 여수 시민들이 해양 스포츠를 즐겨 참여하게 되고, 그로 인해 진정한 해양 스포츠 도시가 될 수 있다. 이러한 접근을 공자님이 말씀하신 '근자열 원자래[5]'라는 말에 비추어 설명하면, 외지 방문객들을 위한 별도의 관광 콘텐츠를 만들기보다는, 먼저 현지 주민들이 즐겁게 참여하는 여가문화를 조성하면 그것이 바로 외지 방문객들이 선호하는 관광 콘텐츠가 될 수 있다는 것이다.

인기 있는 생활여행지로 거듭나려면 지역다움을 구성하는 물리적 요소인 전통시장이나 중앙통도 중요하지만 프로그램적인 요소로 지역민의 여가문화 역시 중요하다. 여가문화의 중요성은 콘텐츠로서의 가치도 있지만 그보다도 지속가능하게 콘텐츠가 제공될 수 있는 생태계[6]가 만들어진다는 점 때문에 더욱 그러하다.

---

5 近者說 遠者來: 가까운 사람을 기쁘게 하면 멀리 있는 사람이 찾아온다는 뜻
6 스마트폰이 계속 인기를 잃지 않는 이유는 하드웨어 스펙이 점점 더 고도화된다는 것 이외에 플레이스토어나 앱스토어를 통해 지속적으로 실용적이고 재미있는 앱이 쏟아져 나오기 때문이다. 즉, 지속적으로 새로운 앱을 이용할 수 있게 만든 시스템이 바로 스마트폰 애플리케이션 운영 생태계이다. 이와 같이 관광콘텐츠도 지속적으로 개발 활용될 수 있도록 만드는 생태계가 주민들 참여에 의해 조성되어야 한다.

3. 생활여행을 위한 셰어 하우스

현재 우리나라 대부분의 기초지자체들에서 인구 감소 현상이 나타나고 있다. 각 지자체들은 자신들의 지자체로 인구를 유입시키기 위해 다양한 묘안을 짜내고 있는데 그러한 방편으로 출생자에게 보조금을 지급하는 경우도 있다. 일자리 창출 등의 적극적 방법으로 인구를 유입시키는 것도 중요하지만 그에 앞서 주민에 대한 개념을 근본적으로 바꿀 필요가 있다. 지역의 유동 인구는 주민과 관광객을 모두 합한 개념이다. 주민은 주민등록을 이전한 사람들이고, 관광객은 잠시 체류하거나 경유하는 사람들이다. 그런데 최근 생활여행 트렌드의 도래로 유동인구의 유형에 한 가지가 더해졌다. 즉 관광객과 현지 주민 사이에 생활여행자가 포함된 것이다.

지역다움이 강하게 형성된 지역일수록 앞으로는 현지인처럼 생활하려는 관광객 즉 생활여행자가 몰려들 것으로 예상된다. 이들은 수도권 시민일 수도 있고, 타 지역 사람일 수도 있다. 생활여행자는 내국인뿐만 아니라 해외동포는 물론 일본인, 중국인, 러시아인, 동남아시아인 들일 수도 있다. 이들은 관광객과 같이 장소체험을 위주로 호텔 등 공동숙박시설을 이용하는 방문사가 아니라 더 밀착된 현지 경험과 생활을 위해 민박이나 현지인과 공유하는 주거공간에 머무르는 소위 준주민이다. 이들은 현지인들처럼 주거공간을 보유하고 거주하는 것은 아니지만, 자신들이 현지인처럼 취급되기를 원한다. 이들에게 WiFi존 확대와 USIM 카드 구입의 용이성 확보는 필수적이며, 문화행사, 세일 품목, 외식 장소 등에 대한 정보는 물론이고, 파트타임 일자리나 자원봉사 자리 등 다양한 생활정보를 필요로 한다. 이들 생활여행자들을 유치하려고 하는 지자체의 의지에 따라 현지인과의 차별대우는 점차 축소될 전망이다. 결국 앞으로 성공한 도시가 되려면 지역다움을 통해 생활여행자, 즉 내외국의 준주민을 많이 유치해야 할 것이다.

생활여행자는 최소 1박 2일에서 최대 수개월까지 현지에서 지내기를 원한다. 이들을 유치하려면 아무리 지역다움이 우선이라고 해도 실질적으로 숙박공간의 확보가 우선되어야 한다. 생활여행자를 위한 주거공간의 공급 사례는 경기도가 2013년 분양에 성공한 체류형 주말농장 클라인가르텐에서 찾을 수 있다. 경기도는 5일은 도시에서 살고 주말 2일은 농촌에서 살아 보자는 5도 2촌 운동과 연계하여 그림 Ⅲ-7과 같이 12평 주택과 150평의 농장을 1년 간 400~500만 원대에 분양한 바 있다. 인기리에 분양은 완료되었으나 실제 이용률은 저조한 것으로 나타났다. 150평 규모의 농장은 도시민이 주말에만 방문해서 관리하기에는 부담이 되는 면적이었을 뿐더러 인접한 농촌 주민과의 관계 형성도 어려웠기 때문에 분양 실적에 비해 이용이 저조했던 것으로 추정된다.

생활여행자 유치는 사실 귀농귀촌 차원에서도 접근이 가능하다. 경기도의 클라인가르텐도 결국 귀농귀촌 맛보기 식의 체류형 주말농장을 시도한 것이다. 사실 농촌은 물론 어촌에서도 귀어귀촌을 시도하고 있지만 기본적으로 귀촌의 개념을 생활여행과 대비하여 정리할 필요가 있다. 현재 진행 중인 귀농귀촌의 문제점은 다음과 같다.

첫째, 귀촌의 잠재 수요는 매우 큰 것으로 나타나지만 실질적으로 귀농귀촌을 실행하기에는 경제적, 상황적 어려움이 상존한다.

둘째, 귀촌자의 경우 농촌에 실제로 거주하는 시간이 매우 제한적이다. 귀촌하기 위해 일단 집부터 마련하지만 실제로 사람은 잘 보이지 않는 경우가 많다.

셋째, 현재 진행 중인 농촌체험관광은 공급자 입장에서는 전업으로 하기에는 수요가 미흡해 사업성이 불투명하고, 부업으로 하자니 서비스가 불량해질 수 밖에 없는 구조적 문제가 있어 돌파구를 찾을 필요가 있다.

넷째, 농림축산식품부가 지금까지 농어촌체험휴양마을과 권역개발사업 대상지 등에 조성을 허가한 공동숙박시설의 이용이 매우 저조하여 활력이 떨어진 상태라는 점을 들 수 있다.

지역에서 생활여행자의 숙박 또는 주거공간을 확보하려면 생활여행자 유치의 기본단위를 사람이 아닌 시간으로 전환할 필요가 있다. 지금까지의 귀농귀촌 정책은 사람을 유치하기 위한 개인당 필요한 주거공간을 별개로 따져 왔지만 시간 단위로 생활여행자를 유치하면 한 채의 주거공간이라도 시간을 잘 배분해서 수십 명의 생활여행자 유치가 가능해져 지역과 농촌에 활력을 제공하게 된다. 왜냐하면 체류하는 사람들이 일정 수 유지된다면 프로그램을 제공할 수 있는 여건이 개선되고, 각 분야에서 고용 창출이 가능해지기 때문이다.

농촌지역에 생활여행자를 유치하기 위해서는 이미 조성된 공동 숙박시설을 활용하는 방안을 생각할 수 있다. 생활여행자가 원하는 숙박 기간(최소 2박 3일에서 최대 6개월)만 소유하고 나머지 기간은 다른 생활여행자가 소유하도록 하는 시간 공유제(타임 셰어링) 방식으로 기존의 공동숙박시설을 분양할 수 있다. 최근 일본을 비롯해 우리나라 일부 지역에서도 빈집이 많이 발생하고 있는데, 이 빈집을 리모델링해서 시간 공유제 방식으로 분양하는 것도 가능하다. 그러나 무엇보다도 중요한 것은 분양이나 관리 주체가 신뢰도가 높은 기관이어야 한다는 점이다. 수요자 입장에서는 기존 콘도미니엄의 분양 조건에 비해 가격도 저렴하고 이용 기간이 사전에 결정되어 있으므로 성수기 이용권 획득을 위한 경쟁을 할 필요가 없고, 잔존 이용 시간을 판매하거나 타 지역과 교환할 수도 있기 때문에 더욱 선호

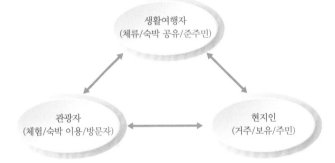

지역다움 창출과 생활여행자 유치가 목표
(지역다움이 있는 지역 주민＝주민등록자＋생활여행자)

생활여행자
(체류/숙박 공유/준주민)

관광자
(체험/숙박 이용/방문자)

현지인
(거주/보유/주민)

그림 Ⅲ-7_ 농촌 체류 스펙트럼과 경기도의 체류형 주말농장 클라인가르텐

할 수 있다. 단, 기존 콘도미니엄 시설이 보는관광 시대의 '부동산 보유형 숙박 공간'이었다면, 타임 셰어링에 의한 공유숙박시설은 생활관광 시대에 맞는 '시간 소유형 주거 공간'이기 때문에 생활여행이라는 수요가 어느 정도 뒷받침되어야 한다. 농촌지역의 입지에 따라 다를 수 있지만 경관과 접근성이 양호한 지역들을 대상으로 이용이 저조한 공동숙박시설을 활용해 시도해 본다면 성공할 가능성이 크다고 판단된다.

타임 셰어링 숙박시설을 조성해 생활여행자를 유치하는 전략은 농어촌 지역의 귀농귀어귀촌 정책 차원에서 접근할 필요가 있다. 귀농귀어귀촌이 단순히 몇 번 관광 차원의 방문을 통해서 결정할 일이 아니고 적어도 생활여행자로 현지인처럼 살아보고 나서 결정할 수 있는 일이라, 생활여행자 유치는 귀농귀어귀촌 활성화를 위해 반드시 필요한 마중물 사업이라 할 수 있다. 이미 농어촌의 지역다움이 강하게 형성되어 있는 지역이라면 몇 개의 정체성 강한 지방도시와 더불어 생활여행자 유치의 선도 그룹이 될 수 있을 것이다.

타임 셰어링 방식[7]에 의한 생활여행 셰어하우스 운영의 장점은 첫째, 양질의 숙박 공간을 다양한 생활여행자가 이용할 수 있다는 점, 둘째, 이용 기간이 정해져 있으므로 예약이 보장된다는 점, 셋째, 생활여행자가 상시 거주하므로 숙박시설 관리를 위한 도우미나 프로그램 진행자 등 다양한 고용 창출은 물론 농산물 판매가 증진될 수 있다는 점, 넷째, 타임 셰어링 기간 중 이용하지 않은 잔존 이용권을 판매하여 수익을 창출할 수 있다는 점, 다섯째 타 지역에서 분양된 타임 셰어링 생활여행자와 이용기간을 상

---

7 엄서호(2007), '한국적 관광개발론'에서 타임 셰어링 개발 전략에 관한 자세한 내용을 일부 발췌하였다.

호 교환할 수 있다는 점, 여섯째, 타임 셰어링 생활여행 숙박 공간 조성에 의한 휴가 분산을 통해 하계휴가 집중으로 인한 폐해를 감소시킬 수 있다는 점 등을 들 수 있다. 또한 과거에 콘도미니엄이 객실 하나당 여러 명에게 분양함으로 인해 성수기에 이용이 집중되어 결국 수요자가 원하는 시간에 이용할 수 없는 등 셀러스 마켓seller's market의 횡포를 생활여행 셰어하우스의 타임 셰어링 분양을 통해 바이어 마켓으로 전환시킬 수 있다는 면에서도 의미가 있다.

생활여행자는 가족동반형이 대부분이지만 시니어 집단과 같이 다른 유형으로 부상되는 그룹도 있다. 이들은 시간적으로 여유가 있으므로 관광 비수기에 적당한 장소를 찾아 짧은 기간이라도 생활여행자가 되는 것을 선호한다. 이들 중에는 육체적으로 크게 부담이 되지 않는 한도 내에서 적극적으로 농촌 일거리에 참여하면서 생활여행을 즐기기를 원하는 사람들이 많아서 소위 시니어 워킹홀리데이가 출현할 수도 있다. 농촌지역에서는 숙박공간만 마련된다면 일손이 부족한 시기에 이들을 수용하여 구기자 새순따기, 고사리 채취 등의 다양한 일거리를 체험하게 할 수 있을 것이다.

생활여행자가 농어촌이나 특정 지역을 방문하여 준주민의 역할을 수행하려면 숙박시설도 중요하지만 자원봉사직이나 여가문화형 일자리도 필요하다. 여가문화형 일자리란 생계형 일자리와 대별되는데, 현재의 문화관광해설사와 같이 남는 시간을 활용해 참여할 수 있는 일자리를 일컫는다.

향후 생계형 일자리가 복지 차원에서 보다 많은 사람들에 의해 공유될 가능성이 높아 이제는 생계형 일자리가 아닌 여가문화형 일자리로 자아성취와 자기표현이 가능한 시대가 올 수 있다. 생활여행 기반 조성을 위해 숙박시설과 호스트 확보도 중요하지만 단지 며칠을 머물더라도 현지 주민과 가깝게 지낼 수 있는 자원봉사직이나 여가문화형 일자리를 마련하는 것도 필요하다.

　지역다움도 중요하고 일자리도 중요하지만 생활여행지를 특정 지역으로 선택하게 하는 다른 한 가지 요인은 교육 환경이다. 누구든지 원하는 학교에서 원하는 기간 동안 공부할 수 있도록 하는 단계는 이미 자유학기제를 시작으로 출발점을 떠났다고 할 수 있다. 문제는 생활여행지로 선택된 지역의 학교가 자녀들에게 무엇인가 도움을 줄 수 있게 교육과정이 차별화되어 있느냐이다. 그러므로 각 지역마다 자연환경과 생활문화를 바탕으로 지역다움을 찾아 내어 그것을 교육과정에 반영하는 일도 지역다움 창출을 위해 필요한 기본적인 작업 중 하나이다.

4. 민박업을 생활관광업으로 개편

최근에 도시민박이 주목을 끌고 있다. 관광객 입장에서는 한국의 가정문화를 체험할 수 있어서 좋고, 공급자 입장에서는 기존의 까다로운 관련 법규를 쉽게 우회하면서 숙박업에 진입할 수 있어서 인기이다. 도시 지역의 주거공간을 숙박시설로 활용한다는 의미에서 최근의 공유경제 추세에 부응할 뿐만 아니라 외국인 관광객 급증에 따른 숙박시설 부족을 다양한 형태의 숙박시설로 대처한다는 면에서 의미가 있다.

　중국인 패키지 관광객이 감소하고 대신 FIT(자유여행객)가 늘어나면서 한국인 모드 여행을 지향하는 생활관광의 형태가 자주 감지되고 있다. 생활관광의 가장 중요한 인프라가 바로 민박이며, 민박을 운영하는 현지인이다. 그러나 이러한 수요 변화와는 달리 공급체계는 도시민박을 가장한 게스트하우스에 지배되고 있는 실정이다. 외국인 관광 도시민박업으로 등록

하였지만 등록 신청인이 실제로 거주하지 않고 방만 빌려 주면서 내국인까지 수용하는 등 위법 행위를 일삼는 게스트하우스가 대부분이다.

이러한 위법 사례의 근저에는 외국인 관광객들이 게스트하우스를 원하는 측면도 있으나, 무엇보다도 쉽게 숙박업에 진입하려는 구태와 이를 현장에서 관리하지 못하는 행정당국의 일손 부족 문제가 깔려 있다. 더욱이 에어비앤비와 같은 OTA(온라인여행사)가 위법 여부를 체크하지 않고 사업자가 원하는 대로 플랫폼에 올려 주기 때문에 문제이다.

일본에서는 2017년 주택숙박사업법을 제정하면서 주택시설사업자(민박집 제공자)를 집주인 거주형과 집주인 부재형으로 구분하였다. 이에 따라 집주인 부재형을 관리할 수 있는 주택시설 관리업자와 주택숙박 중개업자 등과 관련된 규정을 갖게 됨으로서 에어비앤비 등이 미등록 숙박업소를 모두 내리게 되어 소동이 벌어진 적이 있다. 선진화된 법제화나 생활관광을 진흥하기보다는 주택 숙박의 문제점을 개선하는 데 머무는 수준이다.

우리나라도 최근 규제완화라는 측면에서 외국인관광 도시민박업 관련 법규를 개정하려는 시도가 있다. 아직도 국회에서 계류 중이기는 하지만 외국인만 수용하는 현행 도시민박업에 내국인도 수용 가능하도록 하며, 대신에 영업일수를 일본과 같이 제한하는 안을 의원입법으로도 내 놓은 상태이다. 이러한 민박법 개정이 생활관광 수용을 위한 인프라 확충이라는 근원적 차원이 아니라 도시 민박업자들의 규제완화라는 지엽적 측면에서 추진되어서는 게스트하우스의 치명적 약점인 안전과 위생의 문제를 피해 나갈 수 없다. 또한 영업일수를 제한하고 내국인을 수용한다 하더라도 민박의 본질적 의미인 가정문화 체험을 위한 신청인의 거주가 지켜지지 않는다면 공유민박업이라 할 수 없다.

공유민박업이라는 용어는 현지인이 관광객과 함께 지내면서 호스트로서 가정문화 체험을 돕는 형태인데, 이것이 불법 숙박업으로 둔갑하는 세태는 참으로 안타깝다. 오히려 이를 활성화하기 위해서는 기존의 위법 민박업소를 단속해서 바로잡기보다는 과감히 외국인 도시민박업을 폐지하고 이를 관광숙박업으로 편입시켜 위생과 안전을 보완하는 조치가 필요하다.

더불어 민박업을 숙박업의 개념에서 접근하기보다 현지인이 주도하는 생활관광업으로 관광사업의 관점에서 수용한다면 본인 가정 내 숙박은 물론 식사도 포함하고, 관광객과 함께하는 투어가이드는 물론, 궁극적으로 외국의 우버와 같이 교통서비스도 가능한 관광사업 주체가 될 수 있을 것이다. 생활관광업 법제화가 바로 공유경제의 기본 단위이며 생활관광 인프라로서 중국인 대량관광 감소에 근본적으로 대처하면서 FIT 중심의 품질관광 시대를 대비하는 출발점이 될 것이다.

민박업의 문제는 본래 도시민박업보다 농어촌민박업에서부터 기원한다. 현재 펜션이라는 브랜드를 가지고 농어촌에서 운영하는 대부분의 숙박시설이 농어촌정비법의 농어촌민박으로 신고되어 있는 상태이다. 이들은 공중위생법에 적용을 받는 일반·생활숙박업과는 달리 숙박업 진입장벽이 낮다. 물론 규모와 운영 관련 기준은 있지만 다수가 신청인이 함께 거주하는 민박이기보다는 도시민박업과 같이 방만 빌려 주는 펜션으로 본래 취지와 다른 형태를 띠고 있다.

앞서 제안한 도시민박업의 해법과 같이 농어촌민박업을 폐지하고 농어촌 펜션 형태를 농촌관광숙박업으로 신설해 관리함과 동시에 농촌 가정이 숙박과 식사를 제공하고 농촌체험과 해설까지 진행하는 농촌생활관광업으로 수용함으로서 고용 창출과 농촌관광 활성화를 도모할 수 있을 것이다. 도시와 농촌의 민박업 모두 같은 성격으로 과감히 민박업 제도를 폐지하여 위법 행위를 제거하고, 생활관광 인프라로 도시민과 농어민을 관광진흥법상 생활관광업의 주체로 삼는 법제화만이 현재의 문제를 해결하고 FIT 중심의 외국인관광 환경 변화에 적극적으로 대처하는 유일한 방안이 될 것이다.

제IV장

관광 커뮤니케이션과
스토리텔링 기술

Chapter Reviewer 류시영 교수

원주 한라대학교 관광경영학과 교수. 관광을 통해 지역과 마을이 활성화될 수 있는 정책과 현상에 관심을 가지고 있으며, 주로 관광지 마케팅, 관광객 행동, 농촌관광, 공정여행, 지역재생 등을 연구하고 있다. 현재 강원도 관광자원개발사업 평가위원과 문화체육관광부 관광두레 청년 서포터즈 멘토교수 등으로 활동 중이다. tourist0@hanmail.net

1. 관광 커뮤니케이션이란?

관광 커뮤니케이션[1]이란 방문자들에게 관광 대상의 가치와 의미를 우호적
으로 이해하도록 여러 가지 방법으로 설득하는 행위로, 관광의 경제적 효
과에 버금가는 브랜딩 효과를 창출하기 때문에 관광의 새로운 기능으로 주
목받고 있다.

(1) 관광 커뮤니케이션 구성 요소

건(Clare A. Gunn)[2]의 이론에 따르면 관광 커뮤니케이션은 관광 기능 체계
상의 관광자와 관광자원, 그리고 관광시설 및 서비스를 연계하여 관광 참
여 결정과 관광 목적지 결정이 가능하도록 설득하는 방문 촉진 커뮤니케이
션과, 관광지에서 최상의 경험의 창출하도록 방문자에게 제공되는 서비스
와 관련된 이용 촉진 커뮤니케이션으로 구분될 수 있다.

　방문 촉진 커뮤니케이션에 속하는 매체로는 각종 광고, 구전, 잡지책,
여행 및 체험박람회, 홈페이지, 블로그나 페이스북과 같은 SNS 등이 있
다. 또한 이용 촉진 커뮤니케이션에 속하는 매체로는 광의적 차원의 관광
상품이라는 관점에서 볼 때, 축제, 체험 프로그램, 이벤트, 애플리케이
션, 공연, 관광지 내 편의시설(음식점, 화장실, 매표소, 안내소, 휴지통 등), 시
티투어 버스, 관광교통 등 관광지 내의 모든 시설과 서비스를 포함하지만,

1　앞으로는 관광개발이라는 용어가 관광 커뮤니케이션으로 대체될 것이다. 왜냐하면 관광개발은
　하드웨어 개발 위주의 시대에 주로 사용된 용어여서 현재의 콘텐츠, 소프트웨어 시대에는 부적
　절한 이미지를 가지고 있기 때문이다. 물론 관광개발 영역 안에 하드웨어와 소프트웨어, 그리
　고 휴먼웨어 개발까지 포함시켜 생각할 수 있지만 4차산업혁명을 마주한 시점에서는 전방위적
　으로 융·복합될 수 있는 관광 커뮤니케이션이란 용어가 더 타당할 것이다.
2　Clare A. Gunn(1979), "Tourism Planning", New York: Crane, Russak & Company, Inc.

협의적 정보 전달 매체 관점에서 보면 지도, 안내판, 표지판, 안내책자, 해설사, 재현배우, 애플리케이션 등 관광정보 전달을 위한 커뮤니케이션 매체 등이 있다.

관광 커뮤니케이션의 주체인 송신자는 기초지자체 또는 광역지자체 등의 지역과 도시, 마을 등은 물론이고, 기관과 단체, 기업 또는 특정 제품, 그리고 개인도 해당된다. 관광 커뮤니케이션의 대상은 관광모자론으로 설명한 바와 같이 자연환경, 전통, 역사문화, 창조문화, 생활문화, 산업자원 등 인간에게 존재의 의미가 있는 지구 상의 모든 영역을 포함한다. 즉 지역과 도시, 마을과 단체, 기관과 기업, 개인 모두가 관광 커뮤니케이션의 주체이고 대상이 될 수도 있다.

(2) 관광 커뮤니케이션 과정의 성과와 결과

체험 프로그램, 축제 등 광의의 관광 커뮤니케이션processing을 통해 얻어지는 성과output는 관광객의 오감을 통해 지각된 탈일상성이고, 이로 인해 진정성을 보여 주는 행동을 하게 되면서 일상회복과 행복감을 느끼게 된다(결과, outcome). 한편 관광 커뮤니케이션의 주체인 송신자는 관광객의 탈일상성 지각과 진정성 표현을 유도하여 커뮤니케이션의 주체나 대상에 대한 관광객의 태도 변화와 긍정적인 행동을 끌어내게 된다. 또한 관광객은 안내책자, 지도, 안내판과 같은 좁은 의미의 관광 커뮤니케이션을 통해 관광대상의 가치와 의미를 쉽고 재미있게 이해하고(성과), 커뮤니케이션 주체나 대상에 대해 보다 긍정적이고 우호적인 태도를 갖게 된다(결과).

넓은 의미에서의 관광 커뮤케이션이 관광객으로부터 탈일상성 지각과 진정성의 표현을 끌어내는 설득 과정이라면 좁은 의미에서의 관광 커뮤니케이션은 정보 전달을 통해 관광객에게 대상을 이해시키는 과정이라고 할

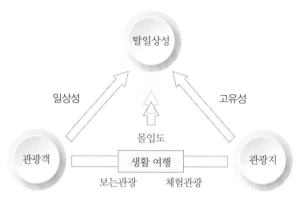

그림 IV-1_ 관광 커뮤니케이션의 효과

수 있다. 그러나 지도, 안내책자, 안내판 등을 이용한 정보 전달도 일상적인 방식이 아닌 다른 형태와 소스를 통해 행해진다면 탈일상성이 부가되어 더욱 효과적인 설득을 유발할 수 있다.

일반 커뮤니케이션과 달리 관광 커뮤니케이션에서는 정보 전달을 위한 지도와 안내판 등의 커뮤니케이션 매체도 관광경험의 일부로 탈일상성을 지각할 수 있도록 색다른 형태와 방식으로 설득하려는 시도[3]가 필요하다. 그렇게 해야 관광객 차원에서 관광 커뮤니케이션의 최종 결과인 일상회복이 극대화되고, 이로 인해 커뮤니케이션 주체 또는 대상에 대한 태도 변화와 행동 의도가 지속가능해진다.

---

3 홍성주(2016, 경기대학교 석사학위 논문)가 개발해 커뮤니케이션 효과를 측정한 수원화성 행궁의 안내책자는 기존 안내 브로셔와는 달리 해설 주체가 사도세자이고 표현 방식도 재미를 더해 웹툰 형식으로 제작되었다.

(3) 관광 커뮤니케이션의 의의

관광 커뮤니케이션 개념을 기존의 관광개발 개념에 더하면 다음과 같은 변화를 가지고 올 수 있다.

첫째, 관광 커뮤니케이션은 일반 커뮤니케이션보다 태도변화라는 목표뿐만 아니라 설득과정의 경험도 중요시하는 개념이다. 따라서 관광 커뮤니케이션에서 설득과정processing은 오감체험을 통해 관광경험이라는 산출output을 창출하고, 태도변화라는 결과outcome를 초래한다. 그러므로 관광 모자론으로 설명한 바와 같이 우리 생활의 모든 영역이 관광 커뮤니케이션 대상이 될 수 있으며, 그 결과 관광 대상에 대한 태도변화는 이미지 제고나 브랜딩을 수반할 수 있다. 따라서 기존 관광상품의 관리지표가 만족도만을 보여준다면, 관광 커뮤니케이션의 관리지표는 관광경험의 고도화와 태도변화를 구분해서 파악하는 것이다.

둘째, 공급자와 수요자 모두가 관광 커뮤니케이션의 설득과정에 영향을 미칠 수 있다. 그러므로 관광 커뮤니케이션은 수요자의 니즈에 더 의존적이며, 따라서 공급자는 마케팅 마인드를 반드시 갖추어야 한다. 관광 커뮤니케이션의 영향 요인 세 가지 중 수요자의 일상성 파악이 중요한 이유가 여기에 있다(그림 Ⅳ-1 참조).

셋째, 관광 욕구에 부응하기 위해서는 관광 커뮤니케이션을 위한 메시지의 내용뿐만 아니라 전달 방식도 보다 감성적이어야 한다. 관광 욕구의 밑바탕에는 재미있고 신기하며 일탈적인 자극을 기대하고 있으므로 이를 적극적으로 수용하기 위해 관광 커뮤니케이션은 감성적일 수밖에 없다. 비록 커뮤니케이션 대상이 사실적 표현이 요구되는 역사적 사건이나 자연현상일지라도 관광 커뮤니케이션의 경우에는 태도변화의 목표를 낮추는 한이 있더라도 감성적 가치에 호소해야 한다.

넷째, 최근에 더욱 효과적인 마케팅 요소로 각광받는 체험에 대한 관광 커뮤니케이션도 현장체험을 바탕으로 한 설득 과정이 가장 중요하므로, 방문한 장소의 고유성에 근거한 관광 커뮤니케이션을 통해 방문자들은 탈일상성을 느끼며 마음을 열게 된다.

다섯째, 관광 커뮤니케이션에서 설득 과정에 관련되는 영향 요인뿐만 아니라 수요자의 일상성, 즉 수요자의 관광 욕구나 참여 동기 등에 따라 태도 변화의 정도가 달라질 수 있다. 그러므로 시장 세분화가 필요하며, 시장에 따라 차별적인 커뮤니케이션 전략이 필요하다.

여섯째, 관광객이 관광 대상에 몰입하는 정도도 커뮤니케이션 효과에 영향을 미칠 수 있다. 과거의 보는관광과 최근의 체험관광은 동일한 관광 대상을 마주하더라도 몰입도가 다르므로 커뮤니케이션 효과가 다를 수밖에 없다. 더욱이 미래의 관광 패턴인 현지인되기 생활여행은 단순체험보다는 생활인이 되어 직접 겪는 체험을 강조하므로 커뮤니케이션 효과는 더욱 커질 수밖에 없다. 기존의 체험관광이 목욕탕에 발만 살짝 담그는 행위라면, 생활여행은 목까지 푹 담그는 행위라고 할 수 있다.

(4) AIDA 모델

일반 커뮤니케이션 이론 중 관광 커뮤니케이션과 가장 밀접한 이론은 AIDA 모델이다. AIDA는 Aware(인지), Interest(관심), Desire(의향), Action(행동)으로 연결되는 4단계 과정으로, Action이 나타나기 위해서는 반드시 Aware와 Interest, 그리고 Desire의 과정을 거쳐야 된다는 이론이다. 지금까지 관광 콘텐츠나 관광상품의 개발은 이러한 수요자의 인식 변화 단계를 무시하고 구매나 재구매, 보존 행동 등 관련 행동으로 유도하려는 노력만 해왔다. 특히 유산관광에서는 문화유산의 고유한 가치를 중히 여기는 공급자의 생각대로 보존 행동이나 가치 공감을 기대하는 경향이 있었다.

그렇지만 과연 요즘 문화유산을 방문하는 사람들 중 유산 답사 여행이 주목적인 사람이 얼마나 되고, 또 그 사람들 중 해당 유산에 대해 지속적으로 관심을 가질 사람은 얼마나 될까? 보다 많은 사람들이 특정 문화유산에 대해 알고 지속적으로 관심을 가지는 우호적인 태도를 형성하려면 시간이 걸리더라도 AIDA 모델의 과정을 거쳐야 한다. 특히 미래의 수요자인 청소년들이 문화유산에 관심을 갖게 하려면 그들이 인지적이기보다는 감성적으로 문화유산에 다가서도록 해야 한다.

카트라이더는 청소년들에게 한때 인기 있는 게임이었다. 만일 수원시가 당시 게임회사와 협조해 화성 성곽을 카트라이더 트랙으로 활용하도록 하고, 주요 지점마다 동북각루, 화홍문, 봉돈 등 실제 지명과 이미지를 살려 놓았다면 많은 청소년들이 수원화성을 쉽게 접할 수 있었을 것이다. 이들이 혹시라도 수원화성을 방문하였을 때, 인센티브로 게임 관련 아이템을 살 수 있는 포인트를 제공하여 온라인과 오프라인에서 수원화성을 연계하도록 하는 파트너십도 가능했을 것이다. 이러한 시도가 바로 AIDA 모델에 근거해 인지와 관심을 유도한 후 결과적으로 세계문화유산인 수원화성에 대한 고유 가치도 터득할 수 있도록 하는 관광 커뮤니케이션 기술의 하나이다. 만일 인지와 관심의 단계를 거치지 않는다면 고유 가치의 이해와 보존에 관한 생각을 기대하기 어렵기 때문에, AIDA 모델이 관광 커뮤니케이션에서 중요하게 다루어져야만 한다.

청소년들 대부분은 해설가의 설명이나 안내판보다는 수원화성의 뒤주체험과 같이 신기하고 유별난 체험을 통해서 세계문화유산 화성을 기억하게 된다. 그리고 수원화성을 기억하고 있어야 더 구체적인 이해와 공감의 단계로 진입할 수 있다. 그러므로 AIDA 모델의 인지와 관심이야말로 관광 커뮤니케이션에서 결코 간과해서는 안되는 설득 과정 중 선행 단계인 것이다.

2. 관광 커뮤니케이션 기술

(1) 광의의 이용 촉진 관광 커뮤니케이션

수원화성은 세계문화유산으로 등재된 관광명소이다. 이곳을 방문하는 사람들은 연간 150만 명 정도에 이르며, 특히 청소년 단체 방문객들이나 가족단위의 방문객들이 주를 이루고 있다. 수원시는 수원화성사업소를 통해 성곽 내 주요 건축물 복원과 성곽 관리를 담당하게 하고 있으며, 수원문화재단을 통해 화성 마케팅과 문화유산 관광 활성화를 도모하고 있다.

1) 수원화성 퀴즈투어 애플리케이션

수원화성 관광객들의 방문 목적은 수원화성 관리자들이 기대했던 것과는 달리 70% 이상이 관광이고, 단지 15% 정도만이 역사유적 탐방인 것으로 나타났다.[4]

세계분화유산인 수원화성은 수원시의 자랑거리였으므로 모든 안내판이나 지도, 안내책자에 수원화성의 역사문화적 가치를 가능한 한 자세히 담아서 제작했다. 그리고 이와 같이 역사적 사실이나 문화적 가치에 관해 정보 전달 위주로 제작한 것들이 과연 커뮤니케이션 차원에서 방문객들에게 어떻게 받아들여졌는지 궁금했을 것이다.

---

4 2016년 수원시의회의 요청으로 필자가 연구 책임자로 수행한 '수원시 관광상품 개발' 연구에서 시행한 수원화성 방문객 대상 설문조사(유효 표본 400매)에 따르면 73%가 관광 목적이고, 단지 15% 정도만이 역사 탐방, 교육 목적 등으로 나타났다.

그림 Ⅳ-2_ 세계문화유산 수원화성

그림 Ⅳ-3_ 수원화성의 청소년 방문객

　수원화성은 수도권에 위치하고 있어 비교적 찾기 쉽고, 아이들에게도 유익하며, 상대적으로 비용이 적게 드는 관광지이기 때문에 가족동반 방문객들에게 인기가 높을 수밖에 없다. 방문객들이 관광을 마친 후 과연 수원화성이 어떠했는가 물었을 때, 수원시는 그들이 "많이 배웠다"라는 대답을 원했을 것이다. 왜냐하면 수원시가 수원화성의 역사적 가치를 표현하기 위해 노력을 많이 했기 때문이다. 그래서 실제로 관광객들 역시 수원시의 기대대로 "많이 배우고 간다"고 말을 했다. 그런데 이들의 답변을 유의해서 해석해야 한다. 그들은 많이 배웠기 때문에 굳이 다시 찾을 필요가 없다는 표현을 그렇게 하고 있는 것이다.

　관광에 있어서 재방문 여부는 체류시간, 객단가와 함께 그 장소가 관광지로서 성공적인지를 가르는 중요한 지표이다. 수원화성을 방문한 관광객들 대부분이 다시 올 필요를 느끼지 못한다면 수원화성은 관광명소라 할 수 없다. 엄(S. Um)[5]에 의하면 관광지 개장 후 연간 방문객 수는 개장 후 2~3년 동안에는 최초 방문객 수만으로 갈음되며, 그 이후에는 재방문객 수의 합으로 산출된다고 한다. 즉, 3년 안에 한 번 와볼 사람들이 다 왔다가고 나면 최초 방문객 수는 감소할 수밖에 없으며, 이후 방문객 수가 증가하기 위해서는 재방문객 수의 증가에 의존할 수밖에 없다는 주장이다. 수원화성 방문객 수가 정체되어 있는 원인도 바로 수원시의 이러한 정보전달, 가치 설득 차원의 커뮤니케이션에 있다고 판단된다.

　실제로 수원화성을 방문한 청소년들은 역사적 사실 중심의 안내와 해설에는 흥미를 느끼거나 집중하지 못했다. 이들의 관심사는 역사적 사실이

5　S. Um (1997/8), "Estimating Annual Visitation of Initial Visitors and Revisitors to Amusement Parks: An Application of Bass' Model of the Diffusion Process to Tourism Settings", Asia Pacific Journal of Tourism Research, V.2(1).

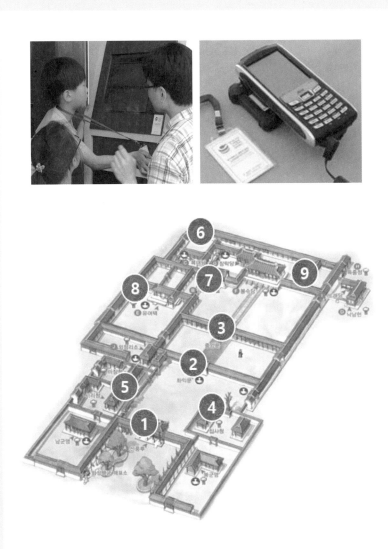

그림 Ⅳ-4_ U-관광 서비스 '나 혼자 할 수 있어요, 스탬프랠리'

나 문화경관보다는 평소 즐기던 컴퓨터 게임인 것이다. 그래서 모처럼 나들이 나온 청소년들에게 재미도 부여하면서 수원화성에 대한 관심을 끌 수 있도록 개발된 수요자 친화형 관광 커뮤니케이션 매체가 2011년 삼성 갤럭시 스마트폰 출시와 더불어 개발된 스마트폰 기반 게임형 애플리케이션인 '화성행궁'[6]이다.

스마트폰 애플리케이션 '화성행궁'을 개발하기 위해 경기도가 경기대학교와 파트너십으로 설립한 지역협력연구센터는 수년 간 연구를 하였으며 1단계 연구 결과가 바로 '나 혼자 할 수 있어요, 화성행궁 스탬프랠리' 프로그램의 구현이다. 2009년 5월 23일(토)과 24일(일) 양일 간 메시 네트워크 기반으로 화성행궁 내 9개소에 RFID 리더기를 설치하고 부모를 동반한 아이들 445명에게 RFID 목걸이를 착용하게 하여 입구에 설치한 키오스크 화면을 통해 부모와 떨어져 이동하여도 위치를 파악할 수 있도록 유비쿼터스(U) 관광 서비스 환경 시스템을 갖추었다. 화성행궁 체험 프로그램이자 부모와 떨어져 아이들 혼자서 수행할 수 있는 스탬프랠리가 시작된 것이다.

해당 실험 기간 동안 출입문인 화성행궁 신풍루에 설치된 리더기에 감지된 태깅 수는 2,104회, 즉 1,052명으로 나타났고, 중앙에 위치한 좌익문이

---

6 관광 게임 애플리케이션 '화성행궁'은 경기도와 경기대학교의 연구비 지원을 받은 경기대학교 지역협력연구센터(GRRC)에서 필자를 포함한 연구진과 IT기술개발업체인 (주)유비게이트사가 공동으로 LBS(location based service: 위치 기반 서비스)를 활용해 스마트폰에서 이용 가능하도록 개발한 체험형 관광프로그램으로, 수원화성과 같은 문화유산 관광지에서는 국내 최초로 적용되는 재미와 학습이 결합된 스마트폰 기반 관광 서비스이다. 스마트폰에서 해당 애플리케이션의 투어 모드를 실행하면 화성행궁 내에서 자신과 동반자의 위치 및 이동 경로를 알 수 있다. 또한 화성행궁 관람 중 미션이 숨겨져 있는 위치에 도착하면 O×게임과 틀린그림찾기 등 돌발퀴즈와 예습퀴즈를 즐길 수 있으며, 화성행궁에서 개최되는 이벤트 정보는 물론 수원시민의 사랑을 받고 있는 음식점 정보도 접할 수 있다. 해당 애플리케이션은 안드로이드 마켓과 T스토어에서 무료로 다운로드하여 설치할 수 있어 문화유산 관광지가 즐겁고 풍성한 체험을 즐길 수 있는 곳으로 인식하게 하는 데 중요한 역할을 할 것으로 기대하면서 수원문화재단에 기부하였으나 현재는 서비스가 제공되고 있지 않은 상태이다.

그림 Ⅳ-5_ 스마트폰 관광 애플리케이션 '화성행궁'과 포스터

가장 빈번하게 통과하는 지점인 반면 신풍루에 들어서자마자 바로 왼쪽에 위치한 비장청이 가장 안쪽에 위치한 행궁 뒤뜰보다 방문객 출입이 더 적은 곳으로 나타났다. 조사 기간 동안 화성행궁 내에 체류한 시간은 30~90분이 전체의 72%를 차지하는 것으로 나타났다. 실험 후 아이들과 부모들의 반응을 설문조사(257부)를 통해 분석한 결과, 동반한 아이들의 만족 여부가 부모들의 U-관광 서비스 만족에 영향을 미칠 뿐만 아니라, 궁극적으로 화성행궁의 전체 방문 서비스 만족에 영향을 미치는 것으로 나타났다.[7]

이와 같은 유비쿼터스 관광 서비스 시행을 통해 얻을 수 있었던 소득은 다음과 같다. 첫째, 아이들에게 문화유산이 신나고 재미있는 장소라는 인식 변화를 도모할 수 있었고, 둘째, 수집된 데이터를 통해 방문객의 이동 경로와 체류시간을 파악할 수 있어서 관리 운영의 효율성을 높일 수 있었으며, 셋째, 아이들의 만족도가 부모의 만족으로 이어져 전체적으로 화성행궁 서비스의 만족도를 높이는 데 기여할 수 있었다는 것이다.

이후 유비쿼터스 관광 서비스와 관련된 선행 연구를 바탕으로 스마트폰을 기반으로 하는 관광 애플리케이션이 탄생하게 되었다. 관광 애플리케이션을 다운로드하여 사용한 적이 있는 10세 이상의 자녀와 부모를 대상으로 3일 동안(2010년 5월 29일, 6월 13일, 7월 10일) 설문조사[8]를 시행한 결과 배움, 재미, 일탈감, 유대감, 신기함 등 모든 체험 영역에서 일반적인 체험활동(스탬프랠리, 한복 체험, 뒤주 체험, 도자기 체험, 투호 체험 등)보다 퀴즈 투어 스마트폰 애플리케이션에 대한 지각 정도가 통계적으로 유의미하게

7 강민애(2009) "문화유산 관광지의 U-관광 서비스가 서비스 품질과 만족도에 미치는 영향", 경기대학교 대학원 석사학위 논문(지도교수 엄서호)

8 김소라(2010) "문화유산 관광지 게임형 U-관광 서비스의 체험 특성에 관한 연구", 경기대학교 대학원 석사학위 논문(지도교수 엄서호)

큰 것으로 나타났다. 또한 체험 만족에 미치는 상대적인 영향력 측면에서 보면 일반 체험에서는 일탈감이 가장 크게 체험 만족에 영향을 미치는 반면, 퀴즈형 애플리케이션에서는 배움이 가장 크게 체험 만족에 영향을 미치는 것으로 나타났다. 이러한 사실은 어린이들이 좋아하지 않는 배움 영역도 그들이 선호하는 매체와 결합하면 선호하는 형태가 될 수 있다는 점을 시사하고 있다. 이것이 바로 에듀테인먼트이고, 우리나라의 문화유산 관광 커뮤니케이션에서 간과해서는 안될 점이다. 만일 청소년들이 문화유산을 외면해 버리면 문화유산의 미래는 암울할 것이므로, 앞으로 관광 커뮤니케이션이 가야 할 바를 보여 주는 획기적인 사례라고 할 수 있다. 요약하면, 관광 애플리케이션 '화성행궁'은 관광 커뮤니케이션의 3가지 영향 요인인 일상성과 고유성, 그리고 몰입 정도를 염두에 두고 이용자인 청소년들에게 즐거움과 배움, 탈일상성 지각을 통해 만족도를 높여 태도 변화를 촉진하는 커뮤니케이션 매체[9]였다.

그러나 관광 애플리케이션의 한계점도 다음과 같이 도출해 낼 수 있었다.

첫째, 당시 스마트폰 보급이 한정되어 있어서 부모가 다운로드를 수용해야 했는데, 대부분의 부모들이 관심이 저조하여 이용이 제한될 수 밖에 없었다. 둘째, 야외에서 애플리케이션이 진행되므로 오랫동안 몰입하기 어려운 데다 스마트폰 화면도 잘 보이지 않았고, GPS도 가끔 끊기는 등 지속적인 게임 실행과 집중이 어려울 수밖에 없었다.

현재 GPS와 화면 밝기 등 기술적 문제가 많이 개선되기는 했지만 야외에서 게임형 애플리케이션에 지속적으로 몰입하기 위해서는 가능하면 단

---

9 윤자연(2012) "문화유산 관광지 커뮤니케이션 수단의 태도 변화 분석", 경기대학교 석사학위 논문(지도교수 엄서호)

순하고 임팩트 있게 스마트폰 기반 게임이나 미션을 설정할 필요가 있다. 더욱이 청소년들의 집중력에는 한계가 있으므로 부모와 함께 진행하도록 유도하거나 미션투어가이드(가칭)의 도움이 받도록 하는 것이 필요하다. 스마트폰 애플리케이션 기반의 미션투어를 가이드가 함께 진행하면 일자리 창출에도 기여할 뿐만 아니라, 애플리케이션을 통한 방문자와 가이드의 상호작용을 강화시켜 커뮤니케이션 효과가 커질 수 있다. 물론 다운로딩부터 시작하여 퀴즈투어가 종료될 때까지 획득한 점수에 따라 인센티브를 제공할 수 있다면 문화유산 관광 커뮤니케이션 매체로서 애플리케이션 활용도를 높일 수 있을 것이다.

2) 밤빛 품은 성곽도시, 수원 야행

문화재청이 주관하여 선정하는 '문화재 야행' 국가보조금 지원사업[10]은 유산관광 커뮤니케이션의 수준을 한 단계 발전시키는 계기가 되었다. 특히 여름날 야간개장을 통해 수원화성의 아름다움과 수준 높은 체험 프로그램을 연계한 시도는 지금까지 배움 중심이었던 관광콘텐츠를 감성 중심의 관광 콘텐츠로 전환하는 획기적인 계기가 되었다. 앞서 지적한 대로 수원화성 방문객의 70% 이상이 나들이 목적의 관광객임에도 불구하고 세계문화유산의 가치에 몰입해 교육과 배움 위주의 콘텐츠 제공에만 관심을 가졌던 수원시는 문화재청의 '문화재 야행' 사업을 계기로 젊은이들과 여성들이 몰려온 것은 여름 밤의 낭만과 성곽의 아름다움이 절묘하게 조화된 결과라

---

10 문화재청 '문화재 야행' 국가보조금 지원사업은 유산관광 커뮤니케이션과 관련해 상당히 인기가 있는 편이어서 많은 지자체들이 사업에 선정되기 위해 전력투구하고 있다. 사업 선정은 집객 효과성, 문화유산과의 연계성, 가치창출 가능성을 포함한 콘텐츠 우수성과 사업 홍보(홍보 마케팅과 지역 역량/네트워킹), 사업 발전성(지자체 사업 이해도와 추진 의지)을 평가하여 결정된다.

그림 IV-6_ 성공적 관광 커뮤니케이션 사례인 '수원 야행'

는 점을 알게 되었고, 결과적으로 공급자 중심이 아니라 수요자 중심의 관광 커뮤니케이션을 통해 더 많은 사람들이 세계문화유산인 수원화성에 관심을 갖게 되었다.

그러나 야간 경관을 연출할 때에는 꼭 필요한 곳에만 적절하게 사용해야 한다는 것을 명심해야 한다. 즉, 여백의 미와 같이 야간 경관을 연출할 때에도 절제할 필요가 있다. 화성행궁 내의 봉수당에서 거행된 홀로그램 융·복합 공연 '빛의 산책'은 보기에는 좋았으나 화성이나 행궁에 담겨진 의미를 전달하는 메시지가 별로 없어서 그냥 엔터테인먼트형 퍼포먼스로 할지, 아니면 연기를 생략하고 홀로그램만으로 의미를 전달할지를 선택하는 것이 가성비 면에서 유리하다고 판단된다.

수원화성의 아름다운 야간경관을 통해 감성적 체험을 경험할 수도 있지만 재미, 맛, 이색적임, 휴식과 연관시킬 수도 있다. 수원화성의 통닭거리를 공방거리와 연계해 수원야행의 메인스트리트로 부각시키면 맛과 재미가 더해져 더욱 수준 높은 감동이 전해질 수 있을 것이다. 그러나 수원화성 야행은 뭐니뭐니해도 근자열 원자래를 추구하는 수원 사람들의 여가문화 발표장으로 기능할 때 화룡점정을 찍을 수 있을 것이다. 아직까지 수원 시민들이 참여하는 콘텐츠는 다소 부족하지만, 수원시의 특성상 다양한 주민 콘텐츠가 이미 존재하므로 앞으로 자연스럽게 이를 보여 주는 시도가 필요하다.

수원전통문화관에서 진행하는 '조선왕실의 보양식'과 '조선왕실의 디저트' 프로그램은 실제로 방문자들이 한옥의 예스러운 경관 속에서 음식을 체험하면서 공연도 감상하고 소통한다는 점에서 오감을 활용한 가장 훌륭한 프로그램이다. 특히 사전예약을 통해 체험객 수를 제한하여 기대와 몰입을 이끌어낼 수 있었고, 향후 수원 야행의 대표적인 프로그램으로 발전

가능한 잠재력을 확인할 수 있었다.

수원 야행을 통해 한여름밤의 꿈을 꾼 것같은 느낌을 받은 것은 우선적으로 문화유산의 야간 경관 연출 때문이지만, 방문객들의 여유 있는 발걸음에서도 시작되었다고 볼 수 있다. 방문객들이 구체적인 목적을 가지고 왔다기보다는 편한 차림, 편안한 마음으로 마실 다니러 오듯이 방문한 여유 때문에 수원화성의 아름다움이 더욱 드러날 수 있었다.

메인 팸플릿에 소개된 수원 야행 스탬프투어는 대다수의 어린이들이 열심히 참여하는 인기 있는 체험 프로그램 중 하나이다. 그러나 참여자들의 열성에 비해 스탬프를 다 찍어온 참여자들에게 제공되는 상품이 너무 약소한 것이 문제가 되었는데, 참여도가 높을수록 기대가 높다는 점을 고려하여 한정된 예산이지만 현재의 선물 이외에 경품권을 추첨하는 방법을 활용하면 어떨까 하는 생각이다.

수원화성 전역에서 펼쳐지는 공연 및 체험 프로그램의 즉각적인 소개와 이용 유도를 위해 각 주차장별로 인접한 장소에서 제공되는 프로그램을 LED 전광판을 통해 소개하고 진행 현황도 실시간으로 공개하는 것이 관광객 분산을 통한 이용 활성화에 필요하다고 생각된다.

수원 야행의 메인 축인 화성행궁-화성박물관-화홍문-장안문-수원전통문화관-아이파크미술관의 보행자 동선 확보를 위해 기존의 1번국도보다는 수원 천변과 행궁채 게스트하우스 앞길을 제1테마 보행로로 구축하여 동선을 연장시키고, 이후 행궁과 공방거리, 팔달문과 시장, 통닭거리, 화성박물관을 연계하는 제2테마 보행로를 구축할 필요가 있다. 관광은 결국 동선이므로 각각의 어트랙션을 홍보하고 강조하는 것보다는 이들을 묶는 보행자 동선을 주차장과 연계해 강조하는 것이 수요자 눈높이에 맞추는 전략이 될 수 있다.

결론적으로 수원 야행은 이성적 배움에만 의존하던 기존의 커뮤니케이션 방식에서 야간 수원화성의 아름다움을 바탕으로 한 감성적 체험을 강조하는 것으로 전환하여 많은 사람들의 공감을 얻어냈다는 데 의미가 있다.

(2) 협의의 이용 촉진 관광 커뮤니케이션

1) 수원화성 문화관광재현배우

2017년 수원 야행 기간 중 수원문화재단 화성공연팀이 주관하고 공인식 감독에 의해 공연된 이동형 프로그램 '조선을 만나다'의 '순라군의 성곽 순시와 성안 사람들'은 다음과 같은 이유에서 문화유산 관광 콘텐츠의 선진화 방향을 제시한 새로운 관광 커뮤니케이션 시도로 평가된다.

첫째, 행궁 광장에서 시행된 사또와 군졸팀의 곤장 때리기 공연은 방문객과 연기하면서 소통하고 한편으로 '부모님 앞에서는 모두 죄인이다'라는 '효' 메시지도 전달하는 균형 잡힌 시도로, 흥미 중심의 민속촌의 조선 캐릭터와는 다른 접근이었다.

둘째, 재현배우를 주민 참여 차원에서 수원 시민 특히 젊은이들의 자발적 참여를 이끌어낸 것은 좋은 시도로 평가된다. 이는 기존의 학습 위주의 문화관광해설사와 차별되는 방문자 눈높이에 맞춘 에듀테인먼트형 관광해설로, 배움보다는 감성적 체험을 유발하여 유산관광에 대한 이해를 증진시킨다는 면에서 의미가 있다. 준비 기간이 짧아서 공개 응모를 거치지 못한 점이 아쉬우나, 수원 시내의 연기전문 입시학원을 대상으로도 재현배우를 모집하여 참여를 이끌어낸 것은 젊은층의 관심을 끌어냈다는 측면에서 긍정적이다.

셋째, 재현배우 시스템은 젊은층이 선호하는 성취감, 존재감 중심의 여가문화형 일자리로, 노동 가치 중심의 기존 생계형 일자리의 부족한 점을

그림 Ⅳ-7_ 수원화성의 재현배우들

보완할 수 있다. 따라서 이번 수원 야행의 문화관광재현배우 활용은 정부가 강조하는 일자리 창출의 새로운 방향을 제시하고 있다고도 볼 수 있다. 특히 재현배우들에게 그들의 의미와 가치, 그리고 행동 방침과 방문자 니즈에 관해 짧은 시간이나마 전문가의 사전 설명 기회가 주어진 점은 바람직한 시도였다.

아쉬웠던 점은 수원 야행이 첫해인 만큼 재현배우 교육에 대한 사전 준비가 미흡해서 재현배우 자신들의 준비 시간이 부족했다는 점, 그리고 그들은 '성안 사람들과 순라군'이라는 공연의 연기자이기 전에 세계문화유산인 수원화성의 가치를 전달하는 해설자라는 점을 인식한 메시지와 시나리오 준비가 부족했다는 점을 지적할 수 있다.[11] 그러므로 앞으로는 에듀테인먼트적 요소를 재현배우에게 가미하기 위한 교육 프로그램을 체계적으로 준비하는 것이 필요하다.

재현배우란 관광 현장의 고유성에 근거한 의상과 분장으로 연출된 배역으로, 재미있고 실감나는 연기를 통해 방문객과 상호 소통하며 메시지를 전달하여 관광자원의 가치를 이해시키고 보존에 대한 공감을 확산시키는 데 기여하는 관광 커뮤니케이션 매체이다. 재현배우는 세 가지 요소 즉 ① 연기, 코스튬, ② 메시지, ③ 상호 소통의 요소로 구성된다. 문화관광해설사가 연출이 배제된 메시지나 정보 전달 중심의 매체이고, 관광 현장에서의 각종 공연이 코스튬으로 연출된 배역 중심의 일방향 매체였다면, 재현배우의 원조격인 한국민속촌의 거지알바는 메시지보다는 재미 위주의 양방향 소통 중심의 매체였고, 반면에 재현배우는 세 가지 요소가 적절히 배

---

11 이욱(2018) "커뮤니케이션 매체로서 재현배우가 유산관광지 체험 속성과 체험 만족, 태도 변화에 미치는 영향", 경기대학교 대학원 석사학위 논문(지도교수: 엄서호).

그림 Ⅳ-8_ 경복궁과 전주 한옥마을의 '나도 재현배우' 적용 가능성

합된 관광 커뮤니케이션 매체라고 할 수 있다.

문화관광재현배우는 시행 단계에 따라 세 가지 유형으로 분류된다.

첫 번째 유형은 '수원 야행' 기간 중의 재현배우와 같이 소정의 교육기간을 마친 후 일정한 배역을 받아 관광 현장에서 활동하는 전문 재현배우이다. 이들은 무엇보다도 메시지와 양방향 소통에 기반을 두고 배역을 소화할 수 있는 전문성이 필요하다. 한국민속촌에서 활동하는 거지, 화공 등의 재현배우들은 한국민속촌을 '민속마을'에서 '웰컴투 조선' 테마파크로 전환시킨 장본인이었지만, 메시지보다는 단순한 재미 위주로 연출됨으로 인해 전문성이 미흡하였다. '수원 야행' 기간 중 '순라군과 성안 사람들' 배역을 열연한 재현배우도 준비 기간이 부족해서 전문 재현배우라 부를 만큼 전문성을 갖추지는 못했지만, 수원화성의 가치를 전달하고자 하는 커뮤니케이션 매체로 출발했다는 점에서는 전문 재현배우의 시초라 할 수 있다.

두 번째 유형의 재현배우는 '나도 재현배우'이다. 요즈음 문화유산 관광지에서는 한복을 대여해 입고 다니는 젊은이들을 자주 볼 수 있다. 서울의 경복궁 주변에서는 한복을 입은 외국인도 종종 눈에 띄는데, 이들의 모습을 볼 때마다 한복 착용을 통한 체험관광이 자리잡고 있다는 것을 알 수 있다. 한복 착용을 통해 관광 대상인 문화유산의 고유성(경관미)에 보다 적극적으로 조화되어 탈일상성이 고조될 수 있다면 이들의 참여 의지를 바탕으로 일정 시간 동안 현장이나 인터넷 교육에 참가하도록 유도하여 한복 착용과 함께 단순한 메시지도 전달하는 소정의 배역을 제공하여 '나도 재현배우'의 역할을 담당하게 할 수 있다. 이는 생활여행과 관련해서 이미 언급한 대로 현지인되기 차원으로 몰입 수준을 올린 것과 같은 형태로, 관광객의 탈일상성을 극대화하여 진정한 자기(진정성)를 표현할 수 있도록 하는 계기가 될 뿐만 아니라 '나도 재현배우'와 조우하는 일반 관광객들에게 문

그림 Ⅳ-9_ 화성어차와 스탭 재현배우 적용 가능성

화유산의 고유성 지각을 촉진하는 계기를 마련해 줄 수도 있을 것이다.

세 번째 유형의 재현배우는 시행 단계상 가장 마지막 단계인 '스탭 재현배우'이다. 스탭 재현배우의 원조는 디즈니월드의 셔틀버스 운전수와 청소부들이다. 이들은 소정의 업무를 수행하는 종사원인 동시에 방문객들에게는 즐거움과 친절을 베푸는 캐스트로 활동(배역을 연기)하고 있다. 수원 야행 기간 중에 스탭 재현배우를 적용한다면 가장 방문객들이 선호하는 시설 중 하나인 화성어차에 배치하는 것이 좋다. 그림 IV-9와 같이 현재 화성어차에 탑승하는 안전도우미를 소정의 교육을 거쳐 조선시대 순라군 의상과 분장으로 연출된 배역을 부여하여 탑승객들의 안전을 도모할 뿐만 아니라, 일정 구간에는 수원화성과 관련된 메시지를 연기와 함께 전달하게 한다면 바로 스탭 재현배우라 규정할 수 있을 것이다.[12]

화성어차는 수원 야행 기간 중에는 물론 평소에도 많은 관광객들이 가장 선호하는 아이템이었다. 그러나 화성어차를 단지 관광교통수단 이외에 타임캡슐이라는 광의의 관광 커뮤니케이션 매체로 간주하고, 이곳에 협의의 관광 커뮤니케이션 매체인 스탭 재현배우와 함께 전문 재현배우들도 탑승시켜 200년 전 이야기를 들려 주는 퍼포먼스가 공연된다면 수원화성 경관만을 구경하며 지나치는 탑승객들에게 큰 의미를 제공하는 공간이 될 것이다.

화성어차에 재현배우를 배치하는 것이 어려우면 적어도 문화관광해설사가 동승해 설명하는 것도 가능하지만 현재까지 이러한 접근이 전혀 고려되지 않고 있는 이유는 바로 공급자 입장에서 이성적 접근의 가치 전달만을

12 경기대학교 관광개발학과(2015), "수원시 관광상품 개발에 관한 연구", 수원시의회 발주(연구책임자 엄서호 교수)

생각해 왔지 수요자 눈높이에 맞춘 감성적 접근의 커뮤니케이션을 고려하지 않았기 때문이다. 수원 야행의 성공적 개최를 통해 수원화성 방문객의 눈높이를 알았다면, 평소 수원화성 방문객들이 가장 선호하는 화성어차에 재현배우는 차치하고 우선적으로 문화관광해설사라도 배치하는 것이 마땅하다.

수원 야행을 통해 확인된 재현배우의 역할은 향후 수원화성 전역에 걸쳐 확산될 필요성을 확인시켜 주었다는 점에서 괄목할 만한 성과이다. 수원 야행은 3일 간의 이벤트식 시행으로부터 성수기 매주 토요일 개최하는 정기공연으로 발전할 필요가 있다. 여기서 중요한 것은 지속성을 유지하기 위해 비용이 많이 드는 프로그램을 과감히 생략할 필요가 있다는 것이다, 물론 가장 없어서는 안될 요소는 바로 '순라군과 성안 사람들'을 공연하는 재현배우이며, 이는 1999년부터 경기대학교 관광종합연구소가 양성해 배출한 수원화성 관광지해설가를 모델로 문화관광해설사가 탄생했듯이 미래 지향적 유산관광 커뮤니케이션을 위해 향후 문화관광 재현배우가 탄생할 가능성을 키운 시도였다.

수원야행 기간 중 활약한 재현배우의 또 다른 의미는 여가문화형 일자리 창출에서도 찾을 수 있다. 정부가 일자리 창출에 진력하고 있지만 모두 생계형 일자리에 한정된 측면이 있다. 이번 수원 야행 기간 중 사또 배역으로 활약이 컸던 사람은 본래 컴퓨터 수리 기술자인데 야행 기간 중 재현배우로 참여하면서 성취감과 존재감을 느낄 수 있었다고 힘주어 말한다. 향후 4차산업혁명 시대에 생계형 일자리는 AI로 인해 감축될 수밖에 없으며 또한 지금의 젊은 세대는 본인이 원하지 않는 직종에 전적으로 매달리는 것도 원하지 않는 경향이 있으므로 생계형 직업은 수요와 공급면에서 특정인이 점유하기보다는 여러 사람이 공유하는 체계로 발전될 가능성이 있다. 그러므로 여가시간이 더욱 많아지는 세태 속에서, 생계형 직업으로부터 성취감과 존재감을 얻는 사람들보다는 문화관광재현배우와 같은 여가문화형 일을 통해서 성취감과 존재감을 얻는 사람들이 더 많아질 수밖에 없다. 유산관광지에서 근무하는 매표원, 주차관리요원, 청소원 등 단순기능직이 문화관광 재현배우 배역 1, 배역 2, 배역 3이라는 여가문화형 일자리로 전환될 때 유산관광 선진화(커뮤니케이션 증진)와 활성화(만족도 제고)는 물론이고, 젊은층의 고용 또한 늘어날 수밖에 없다.[13]

문화관광해설사 제도를 기획할 때 고령화시대의 도래는 간과되었으므로 자원봉사자 개념으로 시작될 수밖에 없었다. 그러나 제도가 창설된 지 20년이 다 되어가는 현시점에서 문화관광해설사를 자원봉사자만으로 대우하고 관리하기에는 문제가 있다. 고령화시대에 문화관광해설사는 역량과 노력, 그리고 근로시간 측면에서 자원봉사라기보다는 분명히 여가문화형 일자리이다. 최근 시행되는 최저임금 관점에서 보아도 그들의 일당은 자원봉사자로서 일당 5만 원 정도의 평균수당으로는 매우 미흡하다. 이제 젊은이들이 선호하고 다수가 참여하는 재현배우를 제도권 안에서 문화관광 재현배우로 수용하여 문화관광해설사와 함께 전 세대를 아우르는 대표적인

---

13 국립생태원 방문자센터에서 만난 셔틀버스 운전기사는 방문객들 중 특히 어린이들을 친절하고 따뜻하게 맞아 주었다. 이 운전기사가 이전 매표소 앞에서 만난 셔틀버스 운전기사와 달리 더 친절하게 느껴졌던 이유 중 하나는 젊음이라고 생각한다. 나이든 분들 입장에서 셔틀버스 운전은 그리 어려운 일은 아니다. 그러나 감성체험을 지향하는 국립생태원에서 셔틀버스 운전기사는 단순 운전자라기보다는 리셉셔니스트로 국립생태원 서비스를 대표하는 얼굴이다. 그러므로 더욱 밝고 환한 얼굴로 방문객을 맞아야 한다. 단순생계형 일자리로 노년층에게 제공되었을 때 그들에게서 이러한 환대를 기대하기는 체력적으로 어렵다. 반면, 젊은층은 이러한 단순기능직 일자리를 원하지도 않는다. 이러한 문제는 재현배우를 이 자리에 고용하면 자연스럽게 해결될 수 있다. 왜냐하면 여가문화형 일자리만이 젊은층을 끌어들일 수 있고 체력적으로 부담이 덜해야만 인내와 미소가 나올 수 있기 때문이다. 경복궁 수문장에서나 민속촌 거지알바에서 이미 젊은층의 적극적인 참여를 통해 재현배우의 매력이 빛을 발하고 있다. 이미 여가문화형 일자리로 그 영향력이 입증된 재현배우를 전국의 문화유산에 확산시키자는 것이다.

여가문화형 일자리로 간주하고 그 가치가 인정되기를 기대한다.

2) 수원화성 안내판 디자인 시안

안내책자, 안내판, 지도 등은 가장 전형적인 협의의 관광 커뮤니케이션 매체이다. 이 중 안내판은 문화유산 관광지에서 가장 쉽게 접할 수 있는 매체인데, 주로 문화유산의 이력이나 관련 인물에 대한 소개를 텍스트 형식으로 표현한 것이 대부분이다. 불과 몇 년 전까지만 해도 하얀색 안내판에 한자를 가득 섞어가며 문화유산을 설명하고 있어 나들이형 방문객이 읽어내기에 부담을 주었던 것도 사실이다. 그런데 관광 커뮤니케이션의 목표가 가치 전달과 공감대 형성이라 할 때 답사형 방문객들보다 나들이형 방문객이 다수인 문화유산 관광지에서는 정교화 가능성 모델elaboration likelihood model에 근거하여 중심 경로를 통해 정보 처리되는 텍스트보다는 주변 경로를 통해 지각되도록 그림과 이미지를 활용해 소개하는 것이 더욱 효과적이다.

김주연, 홍성주와 엄서호(2016)[14]는 수원화성 행궁 내의 주요 관광 포인트인 봉수당 앞에 위치한 안내판의 문제점을 파악하고, 이를 개선하기 위해 새로운 형식의 안내판을 제작한 후 유사 실험을 통해 반응을 관찰한 바 있다.

화성행궁 봉수당 앞에 있는 안내판은 경관을 훼손할 수 있다는 이유로 방문자의 동선에서 벗어난 곳에 위치하는 바람에 자연적으로 이용성도 떨어지고 내용도 재미가 없어 눈길을 끌지 못하였다. 콘텐츠 전달 면에서도

---

14 김주연, 홍성주, 엄서호(2016) "화성행궁의 관광안내판 개선 방안으로서 이동식 안내판 적용", 제79차 한국관광학회 남도국제학술발표회 발표논문집, pp.39-46.

과거보다 많이 단순해지긴 했지만 그림과 이미지보다는 텍스트 중심이기 때문에 공감대가 떨어졌다. 이러한 여러 가지 문제를 해결하기 위해 체험성과 주목성, 전달성과 이동성을 강화한 이동식 안내판을 설치한 후 방문객의 반응을 조사하였다.

관광 커뮤니케이션 매체인 이동식 안내판은 첫째, 기존 안내판의 위치 문제를 해결하기 위해 이동식으로 제작되었으며, 둘째, 기존 안내판이 텍스트 중심의 사실 설명 위주였으나 이를 4컷 만화 형식의 이미지 중심으로 바꾸어 전달성을 개선하였다. 셋째, 주목성과 체험성을 강화하기 위해 당시 유행 중이었던 영화 '사도'의 얼굴을 안내판에 결합시켜 포토존으로 이용될 수 있도록 하였다. 청소년을 동반한 가족방문객들이 대부분인 수원화성 행궁에서 방문객들의 이해와 활용도를 높이기 위해 제작된 이동식 스토리 안내판은 기존의 고정식 설명 안내판보다 활용도가 거의 두 배나 높은 65%인 것으로 조사되었다. 물론 표본수가 집단별로 20매 밖에 안되었지만 이해도의 평균점수 차이도 통계적으로 의미 있게 높게 나타났다.

수원화성 행궁 안내판 개선 연구는 협의의 관광 커뮤니케이션 매체 개발에 있어서 여러 가지를 시사하고 있다. 첫째, 보다 알기 쉽고 이해하기 쉽게 에듀테인먼트형 콘텐츠를 제공해야 하며, 둘째, 재미와 주목성을 강화하기 위해 체험 요소를 가미해서 전달해야 한다는 점이다. 이와 같은 시사점은 가장 대표적인 관광 커뮤니케이션 매체인 관광지도의 메시지 개발과 디자인에도 적용해야 한다.

3) 수원화성 행궁 관광지도 디자인 시안

수원화성은 다양한 스토리를 가지고 있는 콘텐츠의 보물창고이다. 그런데 이제까지의 수원화성을 소개하는 안내판, 안내책자, 그리고 각종 지도들은 전부 다양한 콘텐츠를 될 수 있는대로 많이 알려 주는 데 중점을 두었다. 앞서 언급한 봉수당 안내판은 다른 세계문화유산 사례를 참고해 혁신적으로 단순화되었지만 지도나 안내책자는 너무 많은 내용으로 가득 채워져 있다. 특히 무료로 배포되는 관광안내지도는 방문객들 거의가 보게 되므로 지도 안에 그들이 필요한 모든 정보를 다 제공하려고 하고 있다. 한 장의 종합안내지도에 관광지나 식당, 기념품 가게의 위치는 물론이고 각 관광지에 대한 간단한 소개까지 넣다 보니 오히려 필요로 하는 내용이 눈에 잘 띄지 않을 뿐만 아니라 정보의 깊이도 없게 된다.

최근에 지도는 맵map과 매거진magazine이 합쳐진 매퍼진mapazine의 형태로 바뀌고 있다. 즉, 위치 소개 중심의 맵과 콘텐츠 소개 중심의 매거진을 합하여 매퍼진이 되면서 종합안내지도의 역할보다는 주요 관광지의 관광안내책자를 대신하는 경향이 강하다. 또한 관광안내책자는 세분화하여 차별화되게 만들어지는 경향이 있는데, 가장 흔한 사례가 외국인용과 내국인용의 구분이며, 이외에도 전문가용이나 일반 방문객용으로 세분화되기도 한다.

관광 커뮤니케이션에서 강조하는 가치 이해와 공감도 증진을 위해서는 나들이형 방문객과 답사형 방문객으로 세분화할 필요가 있다. 수원화성 방문객의 70% 이상이 나들이형 방문객이므로 방문 집단별로 차별화되지 못한 관광지도를 이제부터라도 세분화해서 제공할 필요가 있다. 특히 나들이형 방문객들은 대부분 어린이들을 동반하므로 이들을 위한 관광지도는 AIDA 모형의 인지와 관심 증대를 목표로 제작되어야 한다. 이들이 문화유산을 알고 관심을 가져야 문화유산의 미래가 보장되는 것이다. 관광 커뮤니케이션이 공급자가 아닌 수요자 중심이 되어야 하는 이유가 바로 이 때문이다.

홍성주(2016)[15]는 수원화성 행궁의 관광안내지도를 교육형과 흥미형으로 나누어 스토리텔링 기법으로 지도를 제작하였다. 그리고 방문객들의 평가를 유사 실험 설계 방법에 의해 조사하여 이용 집단별로 방문 전후의 이해도가 어떻게 달라지는가를 연구하였다.

수원화성 행궁의 관광안내지도를 별도로 제작하면서 스토리텔링 기법을 활용했는데 첫 번째 포인트는 배울만한 가치를 가지도록 하며, 둘째로, 이해하기 쉽게 하고, 셋째, 흥미를 유발하고, 넷째로 감성에 호소하고, 다섯째로 테마를 부여하면서, 여섯째로 고유성을 보장할 수 있도록[16] 하였다.

관광안내지도가 스토리텔링 요소를 포함하도록 하기 위해 구체적으로는 다음과 같은 형식으로 제작되었다. 첫째, 만화 형식의 그림 이미지를 사용하였다. 특히 흥미형 지도에는 대화 형식을 많이 사용했고, 교육형 지도에는 과거 방식대로 설명 형식을 사용했다. 둘째, 흥미형 지도에서는 사도세자를 이야기 전달 주체로 등장시켜 사도세자의 관점에서 행궁 곳곳을 이야기하도록 하였다. 물론 교육형 지도에도 사도세자 캐릭터가 등장하지만 교육형 지도에서는 이야기를 진행하는 주체가 아니라 단지 그림으로만 소개되었다. 셋째, 흥미형 지도는 그림 위주로 구성되었고, 메시지는 대화 형식의 만화로 소개되고 있으며, 정보는 간접적으로 전하고 있으나, 교육형 지도에서는 그림과 사진이 포함된 텍스트 중심으로 직접 설명되었다.

수원화성 방문객들이 관광안내지도를 이용하고 나서 이용 전과 이해의 차이를 알아보기 위해 설문조사를 실시하였다. 유사 실험 방식에 근거

---

15 홍성주(2016) "스토리텔링 유형에 따른 관광안내지도 이용 전후 이해도 및 태도 변화 차이", 경기대학교 석사학위 논문(지도교수 엄서호)
16 너무 흥미와 테마를 좇으면서 상업성까지 고려하다 보면 고유성을 훼손하기 쉬우므로 이를 유념해야 한다.

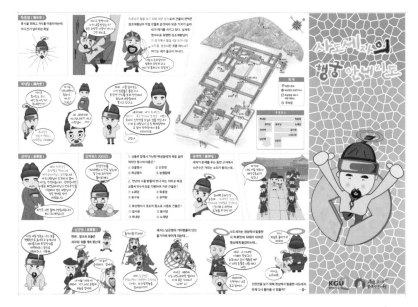

그림 IV-10_ 흥미형 관광안내지도

그림 IV-11_ 교육형 관광안내지도

해 2016년 10월 4일부터 16일까지 드라마 촬영이 있는 하루를 제외하고 12일 동안 행궁 내에서 자기기입식 설문지를 배포하였다. 흥미형 안내지도를 제공한 집단은 A집단, 교육형 안내지도를 제공한 집단은 B집단, 그리고 아무것도 제공하지 않은 집단을 C집단으로 구분한 다음 30분 간격으로 방문객을 A, B, C 집단으로 임의 배치하였다. 수원문화재단의 협조를 얻어 행궁에 입장하면서 사전조사 설문지 392부, 퇴장하면서 사후조사 설문지 292부를 회수하였다. 회수된 설문지 중 불성실하게 작성된 것을 제외하고 교육형 집단 90명, 흥미형 집단 91명, 무처리 집단 95명의 합계 276명 표본을 분석에 사용하였다.

추출된 표본의 외생변수 영향을 최소화하기 위한 방법으로 연령대별, 성별, 관여도별(평균 이상과 이하)로 각 집단별 짝짓기를 시행하였으며, 결국 29세 이하, 30~49세, 50세 이상의 연령대, 남녀, 관여도 이상/이하의 구성 비율을 A, B, C 세 집단 모두 동일하게 하는 표본 수 73명을 통계분석 대상으로 최종 확정하였다.

통계의 분석 결과 사전조사에 있어서 화성행궁에 대한 이해도는 교육형(A), 흥미형(B), 무처리형(C) 간에 통계적으로 유의미한 차이가 없으므로 각 집단의 행궁에 관한 사전 이해도 차이는 없는 것으로 나타나 유사 실험의 기본 조건을 확보하였다. 그런데 실험 후(지도 이용 후) 각 집단별로 화성행궁에 관한 이해도의 평균 차이를 조사하였더니 통계적으로 유의미하게 나타났다. 예상대로 흥미형 집단의 이해도(6.70)가 가장 높았고, 두 번째가 교육형(5.49), 그리고 마지막이 무처리 집단(4.21)으로 사후 검정 결과 서로 유의미한 차이를 보였다. 그러나 사후 태도를 비교해 본 결과는 각 집단별로 유의미한 차이가 없는 것으로 나타났다. 결국 스토리텔링 지도 제작에 의한 관광 커뮤니케이션 결과 이해도는 증진시키는 것으로 입증되었으나 태도 변화까지는 이르지 못하는 것으로 나타났다.

사실상 태도 변화는 AIDA 모델에 근거할 때 처음 두 단계인 인지Aware 와 관심Interest의 단계를 지난 의향Desire이나 행동Action의 단계에 해당되므로, 지도보다는 생활여행과 같은 다른 유형의 관광 커뮤니케이션이 필요하다고 판단된다. 그러나 행동 단계로 유도하기 위해서는 반드시 인지와 관심 단계를 거쳐야 가능하므로 이번 관광 커뮤니케이션 매체로서 관광안내지도 개발은 매우 유의미하다고 생각된다. 그러나 이번 연구에서도 이해도 차이에 있어서 스토리텔링 유형 즉 흥미형과 교육형 여부에 따른 관여도 변수[17]의 상호작용 여부를 분석한 결과 유의미하지 않은 것으로 나타났으나 태도의 차이에서는 스토리텔링 유형과 관여도 변수의 상호작용이 통계적으로 유의미한 것으로 나타났다. 다시 말해서, 전체적으로 안내지도 유형별로 태도 차이는 유의미하지 않았으나 관여도를 기준으로 관여도가 낮은 집단과 높은 집단으로 구분할 경우, 저관여 집단에서 흥미형 지도를 통해 더 크게 긍정적 태도를 보이며, 고관여 집단에서는 교육형 지도를 통해 더 크게 긍정적 태도를 보인다는 것을 발견하였다. 결국 방문 목적이 나들이형인가 답사형인가에 따라 집단별로 관여도가 다르므로 이를 세분화하여 관광 커뮤니케이션을 구사하는 것이 이해도와 긍정적 태도 증진에 필요하다는 결론에 이를 수 있다.

---

17 여기서 관여도는 응답자의 화성 행궁 방문에 대한 관심, 흥미, 의미, 중요도, 유익 등 13가지 항목을 5점 리커트 척도로 측정하였다.

3. 관광 커뮤니케이션과 스토리텔링

(1) 관광 커뮤니케이션 기획 과정 속의 스토리텔링

디지털시대가 도래하면서 콘텐츠의 중요성이 부각되어 스토리텔링이 강조되기 시작했다. 따라서 관광콘텐츠 개발 부문에도 스토리텔링을 아는 문학 전공자들이 적극적으로 참여하게 되었다. 그러나 스토리텔링이 문학의 주요 기법인 것은 맞지만, 스토리텔링의 완성은 사람들이 스토리텔링된 상품을 알게 되어 구매하고 소비하면서 담아가도록 하는 상품화 전체 과정까지 생각하며 접근할 문제여서 스토리story 발굴과 매체 전달tell을 통한 상호작용ing 에만 초점을 맞추려는 문학 전공자들의 시각은 다소 아쉬운 점이 있다.

실제로 관광 분야에서는 이미 관광자원화와 상품화 과정을 통해 스토리를 발굴하고 수요자 니즈에 맞추어 상품화하여 구매하도록 홍보하여 관광객들이 직접 현장에 와서 소비한 후에 추억도 한 보따리 싸가게 하는 관광경험 창출 과정을 관리하기 때문에 스토리 발굴을 중심으로 매체 선택과 전달 기술을 강조하는 것은 그리 놀라운 일이 아니었다. 단지 지금까지 훌륭한 스토리를 가지고 있음에도 현장에서 적합한 매체를 활용한 생생한 전달, 즉 'tell'에 소홀한 경우나 마땅한 'story'를 발굴하지 못하고 단편적인 정보 전달에만 매달리고 있는 경우, 그리고 상대방과 상호작용을 유발하는 'ing'가 미흡한 경우에는 스토리텔링의 강조가 지나치지 않다고 생각된다.

스토리텔링은 관광 커뮤니케이션의 가장 중요한 단계인 메시지 발굴, 매체 선택과 양방향 전달 과정을 포함하는 중요한 과정이지만, 사전 홍보나 방문 후 관리 등 스토리텔링 전후 단계와 적절히 조화되지 않으면 실효성이 감소될 수밖에 없다. 스토리텔링은 스토리figure만이 아니고 스토리의 배경과 입지ground를 맥락context 차원에서 바라보는 능력이 우선적으로 필

그림 Ⅳ-13_ 담양 창평슬로시티마을(근원성)과 영화 'JSA 공동경비구역' 촬영지인 서천 갈대밭(화제성)

요하다. 또한 스토리텔링의 대상이 되는 수요자의 니즈에 눈높이를 맞추는 기술과 더불어 스토리텔링 자체에 관심을 가지도록 유도하는 기술, 그것을 구매하거나 선택하도록 하는 촉진 기술이 스토리텔링에 앞서 요구되는 기술이다. 스토리텔링이 진행된 이후에 필요한 기술로는 수요자 차원의 스토리텔링 가성비를 높이는 관리 운영 기술, 그리고 집으로 담아간 스토리를 가끔씩 기억하게 하는 회상 기술 또한 스토리텔링을 완성시키기 위해 요구되는 관광 커뮤니케이션 기술이다.

스토리텔링을 관광 커뮤니케이션의 메인 단계로 포함하면서 구성된 관광 커뮤니케이션 기획 과정은 다음과 같이 기술될 수 있다.[18]

1) 스토리를 찾아라: 명소 마케팅의 여건 분석

관광 커뮤니케이션의 스토리는 명소 마케팅 자원성 찾기의 4가지 유형(엄서호, 2016)에 근거하여 발굴된다. 첫째가 근원성, 즉 나름대로의 존재 이유를 찾아내는 것이다. 예를 들면, 가옥, 담, 골목길 등 옛스러운 마을 경관을 그대로 이용한 담양 창평슬로시티의 경우가 바로 근원성이다. 둘째는 화제성, 즉 이미 다른 사람들의 입에 오르내렸거나 관심을 받았던 소재를 찾아낸다. 영화나 드라마 촬영지를 관광지로 조성한 것이 화제성을 스토리텔링한 사례이다.

셋째, 의미성은 임실 치즈마을 내 노인 인력을 활용해 안전하고 재미있는 관광교통수단인 트랙터택시를 스토리텔링한 사례에서 찾을 수 있다.

148 | 149

그림 Ⅳ-13_ 임실 치즈마을의 마을택시(의미성)와 금산 인공폭포(연상성)

넷째, 연상성은 직접적으로 연상되거나 간접적으로 연상되는 상징적 이미지를 찾아내는 것이다. 금산 제원면 인공폭포 조성에 의한 명승 경관 연출이 좋은 사례이다. 이렇게 네 가지 스토리 발굴 유형이 있는데, 스토리의 상품성 즉 범용성을 고려한다면 역시 의미성과 연상성에 근거한 스토리 발굴이 유리하다. 왜냐하면 그것이 근원성과 화제성을 기반으로 할 때보다 훨씬 더 다양하고 수요자 니즈에 부응하는 상품을 개발할 수 있기 때문이다.

2) 타겟 수요자를 설정해 니즈를 분석하라: 명소 마케팅의 시장 분석
스토리텔링을 할 때에는 겨냥하고 있는 수요자들이 원하는 것, 좋아하는 것, 감동하는 것이 무엇인지를 철저히 파악하는 것이 중요하다. 대부분 가족 나들이 형태인 방문객들에게 수원화성의 세계문화유산적 가치만을 최대한 상세히 전달하려는 스토리텔링은 적절하지 않다. 수요자의 눈높이로 볼 때 그러한 스토리텔링은 부담스러울 수밖에 없다.

　수원화성의 경우 나들이형 방문객들이 가장 많이 찾는 화성어차를 기반으로 하는 스토리텔링 전략이 필요하다. 현재의 화성어차는 그냥 관광교통수단의 기능만 담당하며 지도와 설명기기가 비치되어 있어 대부분의 탑승객들이 관심을 보이지 않고 있다. 이러한 경우 문화관광해설사나 문화관광재현배우야말로 수요자 눈높이에 맞춘 적합한 스토리텔링 매체가 될 수 있다. AIDA 모형에 근거해 먼저 인지하고 관심을 갖게 하는 스토리텔링과 관여하여 행동하게 하는 스토리텔링과는 분명히 차이가 있다.

　일반 방문자만이 수요자가 아니라 스토리텔링을 주도하는 해설가나 재현배우도 수요자이다. 이러한 집단을 이용자 집단과 구별하여 참여자라고 호칭하고자 한다. 그리고 그러한 참여자들의 니즈를 파악하여 최적의 스토리텔링을 구사하도록 만드는 것도 매우 중요하다. 현재의 문화관광해설

사를 단지 자원봉사자로 취급하기보다는 고령화시대에 장년층을 위한 여가문화형 일자리로 접근하는 것이 보다 참여자 지향적이며, 결국 그들의 만족감을 증대시키고 아울러 스토리텔링의 효과를 증폭시키는 결과를 가져올 것이다.

3) 수요자 니즈 차원에서 스토리텔링을 비교 분석하고 차별화하라: 명소 마케팅의 포지셔닝 컨셉 설정에 해당

요즘 젊은층의 핫 플레이스로 등장하기 위해서는 6가지 니즈 즉 심미적 니즈, 이색적 니즈(재미 포함), 미각적 니즈, 가성비, 릴랙스를 충족시켜야 한다. 모두 한꺼번에 충족시키기는 어렵지만 대부분을 수용하면서 스토리텔링을 해야 호응을 얻을 수 있다. 다시 말해서 니즈를 고려하여 스토리를 발굴해야 하는 것은 물론이고, 텔링 과정에 이러한 니즈를 믹스시켜야 성공할 수 있다. 장수군의 '한우랑 사과랑 축제'는 다른 축제와 달리 스토리(한우와 사과)와 텔링(축제 체험)에 미각적 요소와 재미 요소를 믹스한 사례라고 할 수 있다. 그러나 한우와 사과라는 요소를 단지 함께한다는 차원이 아닌 유기적인 관계로 수요자가 인지하게 하려면 보다 적극적인 슬로건 개발이 필요하다. '사과 먹은 한우'와 '한우 먹은 사과'를 축제 슬로건으로 사용한다면 사과를 사료로 먹여 건강한 한우와 한우 배설물을 거름으로 재배된 사과를 모두 돋보이게 하는 스토리텔링으로, 다른 사과축제와 확실하게 차별화될 수 있는 포지셔닝 전략이 될 것이다.

　이 과정이 스토리텔링의 가장 중요한 단계이며, 관광 커뮤니케이션 전체 과정으로 보아도 가장 중요한 단계이다. 수요자 니즈와 발굴된 스토리를 체계적으로 믹스하여 텔링하기 위해서는 수요자의 추구 편익, 스토리(자원성) 매트릭스의 활용이 필요하다. 추구 편익sought benefits이란 수요자가 소비나

구매 대상을 통해 해결하고자 하는 니즈가 보다 구체적으로 표현된 이익을 지칭한다. 음료의 예를 들면, 갈증 해소, 상쾌함, 다이어트, 자연성 등이 추구 편익이다. 추구 편익은 제품 속성과 연결되는데, 다이어트 추구 편익과 관련된 제품 속성으로는 저지방, 저당, 저칼로리 등을 들 수 있다.

관광 커뮤니케이션에서 수요자 추구 편익은 구체적으로 정서적hedonic 니즈와 실용적utilitarian 니즈 관련 편익으로 크게 구분된다.[19] 정서적 니즈에는 앞서 언급한 심미적 니즈, 이색적 니즈, 미각적 니즈, 재미, 릴랙스에 부가해 유대감 등의 편익이 포함되고, 실용적 니즈에는 비용(금전적 비용, 노력, 기회 비용 등), 배움, 접근성, 이용성, 유행 등의 편익이 포함된다. 이러한 편익들을 스토리텔링의 대상이 된 문화유산, 관광자원, 인물 등에서 4가지, 즉 근원성, 화제성, 연상성, 의미성과 짝지어 도출된 스토리를 어떤 매체를 통해 상호 교감되게 전달할 것인가를 찾아 보는 것이 바로 스토리텔링이다.

스토리텔링 매체는 우선적으로 광의의 이용 촉진 커뮤니케이션 매체와 협의의 이용 촉진 커뮤니케이션 매체로 구분된다. 앞서 언급한 대로 광의의 커뮤니케이션 매체는 각종 체험 프로그램, 이벤트, 향토음식, 미션형 관광 애플리케이션 등이며, 협의의 이용 촉진 커뮤니케이션 매체는 문화관광해설사, 재현배우, 지도, 안내판, 안내책자 등이다. 이와 같은 특정 장소나 지역의 경우와는 달리 단일 제품은 매트릭스를 통한 추구 편익과 스토리(자원성)가 결합하여 제품 속성을 통해 스토리텔링된다.

포지셔닝이란 스토리텔링될 대상이 추구 편익을 놓고 다른 대상과 어떻

---

19 Assael, H(1998), "Consumer Behavior and Marketing Action(6th Ed.)," South-Western College Publishing, pp.80-83.

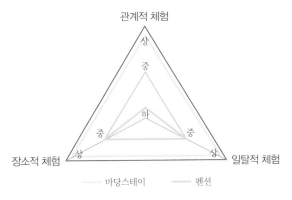

그림 Ⅳ-14_ 마당스테이의 포지셔닝 방향(펜션과 비교)

게 차별화되는지를 보여 주는 것이다. 예를 들면 기존의 펜션과 마당스테이(농가 마당 캠핑과 아침식사)의 차별화는 그림 Ⅳ-14와 같이 마당스테이의 포지셔닝 속에서 드러나고 있다. 마당스테이는 수요자 추구 편익인 장소체험(계절, 경관, 음식, 활동 등)과 관계체험(현지 주민, 다른 여행자, 동반자 관계), 일탈체험(신기함, 스트레스 해소, 탈문명 등) 차원에서 기존 펜션과 전혀 다른 포지셔닝을 추구하고 있다. 특히 현지 주민과의 관계체험에서는 집주인과의 농촌체험활동, 아침식사와 화장실 공동 사용 등으로 인해 기존 펜션이 따라올 수 없을 만큼의 차별성을 보이고 있다. 또한 일탈체험의 경우에도 단순히 펜션에 놀러온 것보다는 농촌생활을 체험하고자 하는 생활여행에서 일탈체험이 더 강하게 느껴질 수밖에 없다.

4) 스토리텔링에 참여토록 패키징하라: 명소 마케팅 마케팅 믹스

스토리텔링이 차별화되고 수요자 니즈에 부응한다고 해도 수요자들이 모르면 참여할 수 없다. 스토리텔링을 알리는 가장 손쉬운 방법은 젊은층의 SNS

를 활용하는 것이다. 따라서 비교적 짧은 시간 안에 SNS를 통해 확산시키려면 스토리텔링 자체가 젊은층의 니즈에 부응해야 함은 두말할 것도 없다.

많은 사람들이 스토리텔링 대상에 대해 인지하고 있더라도 실제로 참여나 구매 행동으로 옮기는 데에는 또 다른 노력이 필요하다. 스토리텔링에 참여하게 하는 가장 유효한 방법이 명소 마케팅 4가지 시장 찾기 방법이라 할 수 있다(엄서호, 2016).

첫째가 자원적 시장을 공략하는 방법인데, 자원적 시장이란 이미 스토리나 스토링텔링 대상에 대해 알고 있는 집단이나 연고가 있는 사람들을 포함한다. 예를 들면 김해시가 가야문화제 기간 중 수도권 시장을 공략하여 방문객을 유치하려고 할 경우, 자원적 시장 중 하나는 수도권에 거주하는 김해 김씨가 될 수 있다.

둘째가 지나가는 시장 찾기 방법이다. 예를 들면, 지역의 특산품을 스토리텔링할 때 가장 쉽게 지나가는 시장이 지역 내에 있는 고속도로 휴게소일 것이다. 휴게소에서 지역의 특산품을 스토리텔링하면 비교적 쉽게 목적을 달성할 수 있다. 금산군의 인삼전시관은 고속도로 휴게소에 위치해 많은 사람들에게 스토리텔링한 커뮤니케이션 성공사례이다.

셋째, 시장을 찾아나서는 방법이다. 지역 특산품의 스토리텔링 사례를 들면 이미 해당 지역에서 가장 많은 방문객들이 찾고 있는 관광지나 축제장에서 스토리텔링을 시행하는 것이 바로 시장찾기이다. 예를 들면 2017년 농림축산식품부 6차산업화지구로 선정된 곡성 멜론지구에 대한 스토리텔링을 할 곳으로, 곡성군에서 연간 120만 명 이상 방문하는 곡성 기차마을에 멜론 체험 유통센터가 들어서도록 결정한 것은 바로 시장을 찾아나선 관광 커뮤니케이션의 사례이다.

넷째로 복합 시장을 찾아내는 것이다. 다시 말해서 지역 내 유명 식당에

그림 Ⅳ-15_ 가야문화제와 유명 식당 앞의 농산물 가판대

샵인샵shop in shop 개념을 적용하여 유명 식당이 지역 특산품 스토리텔링의 주체가 되는 것이다. 역시 2017년에 농림축산식품부에서 선정한 영월 장류 6차산업화지구 조성 계획에 관내 보리밥집, 매운탕집, 곤드레밥집 등의 외식업체를 대상으로 영월 장류 사용인증제를 포함하도록 한 것이 바로 이러한 사례에 해당한다. 다시 말해 관내 보리밥집이 영월 장류로 인증받은 된장을 사용하면 이곳을 찾은 이용객들에게 영월 장류의 홍보관이 될 수 있다는 의미이다. 곤드레밥집은 간장 인증을, 매운탕집은 고추장 인증을 받음으로 인해 영월군의 주요 음식점들이 영월 장류의 스토리텔링 공간이 되는 것이다.

스토리텔링을 패키징하려면 명소 마케팅의 마케팅 4P(product, price, place, promotion) 믹스가 요구된다. 널리 알리는 것이 promotion이고, 스토리텔링된 대상을 수요자에게 제공하는 것이 product, 적절한 가격을 매기는 것이 price이다. 또한 스토리텔링의 예약, 운영 스케줄, 리셉션 등 이용성availability 관련 사항과 스토리텔링 장소로의 접근 도로, 안내 표지, 주차 등과 접근성accessibility을 모두 포함해 제품이 소비자에게 전달되는 전 과정을 관광 커뮤니케이션에서는 place라 규정한다. 관광 분야에서는 스토리텔링 자체만 중요한 것이 아니라, 스토리텔링 전후 과정을 커뮤니케이션이라는 관광자원화, 상품화 등 전체 과정으로 접근해야 하는 이유가 바로 4P 믹스가 필요하기 때문이다.

5) 스토리텔링을 스토리를 담아가게 할 정도로 하라

관광 커뮤니케이션에서 스토리텔링이 중요한 단계인 것은 스토리텔링의 목적과 과정이 관광 커뮤니케이션과 중복되기 때문이다. 그럼에도 스토리텔링은 관광 커뮤니케이션 과정 중 하나일 뿐으로, 앞뒤 커뮤니케이션 과정과

적절히 조화되어야 효과가 커진다. 제일 중요한 스토리텔링 요소는 스토리(메시지) 전달 매체의 선택이며, 두 번째로는 상호작용을 유발하는 전달 기술이다. 수원 야행 기간 중 선보인 문화관광재현배우는 비록 스토리 발굴에 의미성이 더해지지 못했지만 여름밤 나들이객에게는 차별화된 효과적인 스토리 전달 매체였고, 의상과 연기로 무장하여 예상보다 적극적인 호응을 유발한 텔링 수단이었다. 스토리텔링의 목표 달성 여부는 상호작용의 정도와 스토리 이해도, 그리고 대상에 대한 태도 변화로 평가될 수 있으나, 스토리텔링 대상의 고유성을 훼손하거나 지나치게 스토리텔링 수요자의 감성에만 호소하면 본래의 목적과 어긋날 수 있다는 점도 간과해서는 안 된다.

일반적인 스토리텔링에서는 스토리를 적절한 매체를 통해 흥미롭고 유익하게 전달하면서 적극적인 호응을 이끌어내는 것이 기본이지만, 관광 욕구를 유발시키기 위한 관광 커뮤니케이션의 과정에서는 전달된 스토리를 마음 깊이 담아가도록 할 정도로 탈일상성을 강하게 느끼게 해야 한다. 앞서 언급한 대로 관광 커뮤니케이션의 목표는 현장에서의 가치 이해와 공감대 형성, 태도 변화인데, 이를 성취하게 하는 힘은 방문자들이 얼마만큼 관광 커뮤니케이션을 통해 탈일상성을 느끼는가에 달려 있다. 일반적인 스토리텔링과 관광 커뮤니케이션 과정의 일부로서 스토리텔링의 차이가 여기에 있다. 후자는 관광의 과정이기 때문에 스토리텔링을 통해 탈일상성 제고도 함께 고려해야 하며, 스토리텔링 하나만으로 탈일상성이 강화된다기 보다는 방문자의 일상성과 방문지의 고유성도 함께 결합되어 영향을 준다는 것이다. 결국 탈일상성 강화를 위한 스토리텔링은 앞에서 언급한 그림 Ⅳ-1과 같이 몰입도, 일상성, 고유성 등 세 가지 차원에서 시도될 수 있다.

첫째, 관광객의 단순 스토리텔링 참여가 아니라 오감을 동반한 체험형

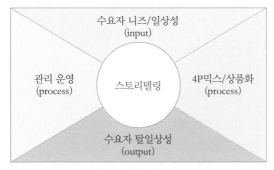

그림 Ⅳ-16_ 관광 커뮤니케이션과 스토리텔링의 관계

스토리텔링 참여나, 보다 더 적극적으로 현지인이 되어 스토리 속으로 들어가는 생활여행 참여를 통해 몰입도를 증대시킬 필요가 있다. 생활여행이라는 스토리텔링 매체가 더욱 탈일상성을 증대시킬 수밖에 없는 이유는 단순 방문자의 오감 체험뿐만 아니라 현지 주민과의 관계체험, 장소체험, 일탈체험이 한번에 다 가능하기 때문이다. 다시 말해서 생활여행은 스토리 속으로 들어가는 3차원적이고 종합적인 리얼리티 스토리텔링이다.

둘째, 스토리 발굴과 텔링이 반드시 인물이나 유물, 또는 장소의 고유성에 기반하도록 해야 한다.

셋째, 관광객의 일상성을 잘 고려하여 그들의 일상성과 연계되어 스토리텔링을 해야 한다.[20] 일상권 내 활동과 관련이 있는 스토리텔링일수록

20 Core and Balance Model of Family Leisure Functioning 모델에 의하면 평소 일상권 내 가드닝, 독서, TV 시청, 산책 등을 가족 여가생활의 코어라 보고 해외여행, 가족여행 등 일상권 밖의 아웃도어 레크레이션을 가족 여가생활의 밸런스라고 할 때 코어 여가활동은 가족의 응집력 향상에 기여하며, 밸런스 여가활동은 가족의 적응력 향상에 기여한다는 학설이다.

관광객은 더욱 탈일상성을 느끼게 되며, 결국 그 스토리를 집으로 담아가 지고 가게 될 것이다.

6) 담아간 스토리를 자주 기억나게 하라

자연형 관광지가 재방문이 잘 이루어지는 이유는 당시 현장에서 느꼈던 심 미적 체험의 강도뿐만이 아니라, 이전에 경험했던 심미적 체험이 일상 생 활권에서도 계절 변화를 통해 강하게 회상되기 때문이다. 즉, 설악산 울산 바위의 단풍을 보며 느꼈던 느낌이 가을에 가로수 단풍이 물들 때마다 더 욱 강하게 기억되곤 하는 것이다. 관광 현장에서의 스토리텔링이 탈일상 성 때문에 강하게 지각되어 장기 기억 장치 속에 담겨 있다 하더라도 자주 회상될 수 있도록 자극을 주지 않으면 재방문하고자 하는 생각이 들지는 않을 것이다. 이렇게 기억된 스토리를 회상시키는 것도 관광 커뮤니케이 션에서 지향해야 할 바이며, 협의의 스토리텔링에서는 전혀 고려되지 않 고 있는 점이다. 일상성과 관련된 요소를 탈일상성을 가미해 스토리텔링 하는 접근이 일상생활 중 회상빈도를 높이는 기술이다.

(2) 남원 달오름마을 팜파티 커뮤니케이션 기술[21]

1) 팜파티 커뮤니케이션 배경

팜파티farm party는 기존의 농촌관광이 불특정한 타겟을 대상으로 먹거리와 영농체험 등 차별성이 없는 프로그램을 운영하고 있는 것과는 달리 농촌보

---

21 한국농촌공사가 2016년 9월 26일 전문가 회의를 시작으로 팜farm을 이용한 농촌 관광상품 다 양화를 위해 추진하는 '팜파티 현장 코칭 및 시범 운영 사업' 과정에 참여하면서 논의된 사항과 결과를 기술하고자 한다. 팜파티 중 팜MT는 필자와 명소 IMC의 황길식 대표가 주도하여 경기 대학교 관광개발학과 학생들의 도움으로 기획, 시행되었다.

다는 농장을 상품화할 수 있는 관광상품으로 개발하고자 하는 배경에서 출발하였다. 일반적으로 팜파티는 농장을 의미하는 팜farm과 파티party가 합쳐져서 만들어진 용어로, 농장주가 수요자를 초청해 농촌문화와 농산물을 테마로 다양한 체험과 먹거리, 공연, 농산물 정보 제공과 판매 등을 시도하는 누구나 할 수 있는 정형화되지 않은 이벤트를 지칭한다.

기존의 팜파티는 팜웨딩, 기업인 대상 팜연수, 팜스쿨, 그리고 팜캠핑 등도 포함되지만, 일반적으로는 농촌의 다양한 자원을 소재로 농촌을 핫플레이스로 만들고자 하는 특정 타겟을 대상으로 한 제반 행사를 지칭한다. 여기서 중요한 점 두 가지는 타겟 시장과 이벤트 테마(주요 상품)라 볼 수 있다. 즉, 타겟 시장을 다변화함과 동시에 제공되는 서비스와 상품도 다양화하여 농촌의 새로운 매력을 창출하고자 하는 것이다.

팜파티 시범사업 유형을 결정하기 전에 먼저 팜파티의 내용적 범위를 논의해 보자. 팜파티는 문자 그대로 농장, 농촌에서 열리는 파티이므로 첫 번째로 먹거리에 대한 고려가 필요하다. 파티 참가자를 대상으로 농산물 출하 시기에 맞추어 바로 수확한 싱싱한 먹거리를 직접 체험 형태로 조리 과정에 참여하면서 행사가 진행될 때 파티의 형식을 갖추게 된다.

둘째로, 먹거리의 질도 중요하지만 언제 어디서 어떻게 먹을 것인가도 중요한 문제이다. 주로 파티는 저녁에 농촌과 농장의 정취를 가장 잘 느낄 수 있는 야외에서 이루어진다. 이때 파티 참가자들의 몰입도를 높이기 위해 드레스 코드도 설정하고, 저녁식사와 함께 문화공연, 특히 주민들이 참여해 공연하는 프로그램이 제공되면 더욱 감성적인 분위기를 연출할 수 있다.

셋째로, 저녁식사는 바로 숙박과 연계되므로 숙박 장소의 선정도 중요한 요소이다. 팜파티는 보통 버스 한 대 정도의 인원이 참가한다고 볼 때, 40명 정도가 묵을 수 있는 숙박시설이 요구된다. 한 곳에서 모든 인원이 숙박하기 어려울 때에는 마을에 분산시켜 수용하는 방법도 가능하며, 날씨가 좋으면 농가나 농장 마당에서의 캠핑으로 숙박을 대체할 수도 있다.

넷째로, 체험활동이나 농산물 정보 소개 및 판매 등 각종 프로그램이 중요한 요소이다. 특히 젊은층을 대상으로 팜파티를 진행하면 젊은층의 니즈에 맞추어 SNS에 바로 올릴 수 있을 만큼의 이색적이고 재미있으며 예쁜 경험들을 창출해야만 한다. 특히 비농업 자원을 체험 프로그램화하는 데 힘쓰면 농촌체험 프로그램이 좀 더 다양화될 것이다.

다섯째, 팜파티를 성공적으로 운영하는 데 가장 필요한 것은 적극적 참여 의지가 있는 농촌 마을이나 농장을 찾는 것이다. 기존의 농촌체험휴양마을을 대상으로 시범사업을 실시하되, 개별적인 농산업체나 농장도 할 수 있도록 해야 한다. 또한 이미 추진되고 있는 농촌진흥청의 팜파티 사업과 차별화된 내용을 담는 것도 필요하다.

2) 남원 달오름마을 1, 2차 사전답사 결과 주민 협의 내용

경기대학교 관광개발학과 학생들이 팜파티의 사업화 가능성을 타진하고 해당 농촌체험휴양마을에도 농촌관광 다변화를 모색할 수 있도록 시범적으로 기획 실행하고자 하는 팜 MT에 대하여 마을 위원장은 그리 달갑지 않은 태도를 보였다. 지금까지 마을을 방문한 대학생들은 대부분 밤늦게까지 술 마시고 고성방가하는 경우가 많아 마을사람들이 좋아하지 않았다고 하였다. 이번 팜 MT는 개별 대학생 그룹과는 달리 학생들이 자체적으로 활동을 기획하고 진행하는 것으로, 지도교수와 대학원생들이 조교로 참여하는 것이라 소란스러울 일은 없을 것이라고 설득하였다.

마을 위원장은 기존의 단체방문객들처럼 마을과 떨어져 방문객들만을 위해 별개로 조성된 체험장에서 프로그램을 진행하기를 원했지만 학생들이 농촌의 진정성을 느끼기 위해서는 마을 한가운데로 들어가 주민들과 접촉하는 것이 마땅하다고 설득하였다. 사실상 지금까지의 농촌체험활동은 마을의 중심에서 벗어나 별도로 마련된 체험장에서 진행되어 왔으므로 마을과 주민의 진정성을 체험하기에는 미흡한 점이 있었다. 마을 중심에 지리산 둘레길 방문자들을 위한 카페와 음식점이 위치하고 있으며 민박도 카페 부근에 흩어져 있으므로 마을 중심 광장을 팜 MT의 주무대로 활용하는 것이 타당하다고 주장하였다(스토리텔링 대상의 고유성을 확보하기 위함).

대학생 MT로 설정하여 시행하되 인원은 대형버스 1대 수용 인원인 40명 이내로 하고, 토요일 아침 일찍 출발해서 오전에 현지에 도착하고 일요일 오전 10시 전에 마을을 떠나는 것이 좋다는 의견을 제시하였다. 마을에 도착하여 점심을 마을의 대표음식인 흥부잔칫상으로 시작할 필요가 있으며, 달오름마을 진입 전에 인월양조장과 지리산센터, 재래시장(3, 8일) 등을 방문하여 주변 맥락을 파악하는 것이 좋을 것으로 논의되었다.

숙박 장소와 식당 겸 폐회식 장소인 방문자센터와의 거리가 1km 정도여서 토요일에 도착할 때에는 차로, 일요일 아침에 귀가할 때에는 둘레길을 걸어서 접근하기로 하였다. 향토식품인 지리산흑돼지 바비큐파티를 특별 이벤트로 결정하고 주민들을 도우미로 활용하기로 하였다. 숙박 장소에 입실 시 다른 숙박 장소로 이동하는 것이 불가함을 통지하였고, 주인과의 관계체험 형성을 위한 활동이 필요하며, 아침식사, 인증샷, 관계형성 등을 위해 자체 진행요원을 선발하고, 기존의 MT와 다른 점을 가이드라인으로 설정해 교육하는 것이 필요하다는 점에 공감하였다.

3) 관광 커뮤니케이션 기획 과정

관광 커뮤니케이션 기획 과정의 도구로서 명소 마케팅에서 필자가 제안하

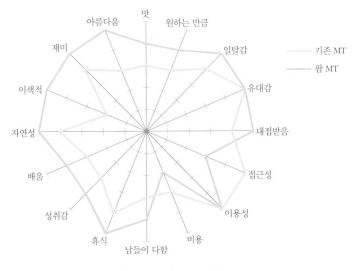

그림 Ⅳ-17_ 팜 MT 포지셔닝 맵

고 있는 추구 편익과 스토리(자원성) 매트릭스를 사용하여 경기대 관광개발학과 3학년 학생들의 체험 프로그램 아이디어를 도출하였다.

　수요자 니즈와 자원성을 교차시킨 매트릭스 브레인스토밍 결과 상기한 바와 같이 대학생들의 감성체험장으로 남원 달오름마을 스토리텔링 스토리(테마)와 매체를 도출하였다.

　학생들을 대상으로 한 매트릭스 브레인스토밍에서 도출된 결과를 바탕으로 대학생들이 생각하는 MT와 팜파티의 차별성을 그림 Ⅳ-17과 같이 포지셔닝 맵으로 표시하였다. 기존 MT에 비해 거리가 멀고 비용도 많이 들지만 유대감 형성에는 비슷한 효과를 줄 것으로 인식하고 있고, 매우 이색적이고 아름답다고 느끼고 있음은 물론 전반적으로 기존 MT보다 우월하다고 평가하고 있었다.

표 IV-1_ 추구 편익과 자원성 매트릭스 결과

욕구	대학생 MT 추구 편익	남원 달오름마을 스토리텔링 자원성 찾기 4요소			
		근원성	화제성	연상성	의미성
감성적 욕구	이색적이다	농촌 마을 경관, 농작물 수확 (사과, 감 따기)	놀부마을 (흥부박속잔치밥, 박조각 보물찾기)	농가 마당에 앉아 판소리 배우기, 농민셰프(복장)	논바닥에서 풍등 날리기
	재미있다	보물찾기와 상품 (몽땅구이)		사일런트 디스코	농가 마당을 축제장으로 활용
	맛있다	농가 아침밥상	몽땅구이 (감자,고구마,옥수수 등 팀별 상품)	지리산 흑돼지 BBQ	막걸리 안주(민박집 김치) 품평회
	아름답다	빨간 사과, 지리산 산촌마을 경관		'달빛 인연을 걷다' 슬로건 채택	논바닥에서 풍등 날리기
	일탈감	마당스테이 (농가 마당 캠핑)	지리산 둘레길 걷기	몸빼바지와 모자 착용, 막걸리 칵테일	풍등에 소원 적기
	유대감	팀별 농가 민박			팀별 보물찾기와 상품
실용적 욕구	배울만하다	농촌생활 체험			마을 청소
	가성비가 좋다	마을 특산물 상품 제공			농어촌공사 일부 지원
	꼭 가볼만한 곳이다	지리산 둘레길 답사			

그러므로 이색적이고 아름다운 곳에서 유대감을 강조하는 "달빛 인연을 걷다"로 슬로건을 정했으며, 소진형 기존 MT와 달리 회복형 MT로 포지셔 닝을 하였다.

추구편익과 스토리 매트릭스 작성을 통해 체험 프로그램 아이디어를 도 출하고, 포지셔닝 맵에 근거하여 기존 MT와의 차별성을 확인한 후, 세부 적인 팜 MT 일정을 계획하였다.

표 IV-2_ 남원 달오름마을 팜 MT 세부 일정

프로그램 제목	진행시간	내용	장소
1일차			
서울캠퍼스 출발	07:30	인원 확인(22명)	서울캠퍼스 낙지마당 앞
수원캠퍼스 도착, 출발	08:30~08:40	인원 확인(13명)	수원캠퍼스 경기탑
수원 - 남원 이동	08:40~12:00	1. 밥버거 배부 및 SNS 활용 공지 2. 팜파티 개요(교수님 설명) 3. 휴게소에서 이름표 및 명찰 배부 4. 팀 정리하고 팀별 담당 민박집 알려주기	
지리산 인월읍 내 양조장 견학	12:00~13:00	구매할 사람은 구매	인월양조장
양조장 - 마을식당 이동	13:00~13:10	1. 흥부잔치밥 설명 2. 점심 후 모이는 시간 공지	
점심식사	13:10~14:10	차에서 내릴 때 몸뻬바지, 모자 등 준비물 가지고 내리기	용계마을 식당
마을식당-민박 이동	14:10~14:30	1. 민박집별 인원 통솔 2. 다음 프로그램 설명	
수상한 민박집	14:30~15:10	1. 몸뻬바지 배포 및 착용 요령 설명 2. 황위원장의 마을 소개 3. 모이는 시간 및 당부 사항 공지	월평마을 마당 너른 집
구 인월마을 이동	15:10~15:30	1. 황위원장의 인도로 이동 2. 몽땅구이 시간에 구울 것 구하는 요령 설명	
달을 품은 사과	15:30~16:00	1. 달을 품은 사과 따기 체험 프로그램 설명 2. 팀별 SNS 사진 올리기 설명	달오름 사과농장
달맞이게임	16:00~16:30	1. 미니 게임 보상 설명 2. 미니 게임 내용 설명	구 인월마을 정자
쪽박 모아 대박 나자	16:30~17:30	1. 보물찾기 프로그램과 진행 시 유의사항 설명 2. 마박(마당스테이) 해당자 선정	구 인월마을 일대
월평마을 이동	17:30~17:40	저녁식사 후 진행 프로그램 설명	
저녁식사	17:40~18:40	농가 맛집에서 저녁식사	농가 맛집
달을 찾는 소리꾼	18:40~19:40	1. 판소리 체험 프로그램 소개 2. 몽땅 구울 거리 가져오기 3. 모이는 시간 공지	
달 아래 몽땅구이	19:40~20:30	1. 심사 요령과 심사위원 소개 2. 민박집 김치 콘테스트 심사 요령	

달과 음악 사이	20:30~21:30	사일런트 디스코와 막걸리 칵테일 파티	마당 너른 집
달에 맘 닿기	21:30~22:00	1. 기상 시간 및 일정 알림 2. 뒷정리 도우미 간택	
취침	22:00~	휴식 및 취침	민박
2일차			
기상	07:00	기상	민박
아침식사	07:00~08:00	아침식사 및 정리	
마당 너른 집 집합	08:00~08:10	1. 지리산 SNS 올려라 및 팀별 이동 설명 2. 모이는 팀 순서대로 지리산 출발	마당 너른 집
나도 갔다 지리산	08:10~08:40	지리산 둘레길 2코스 걷기	둘레길 2코스
집합	08:40~08:50	강당 집합	강당
폐회식 및 사진 촬영	08:50~09:30	폐회식 진행 멘트	해산

4) 팜파티 커뮤니케이션 시행 후 제안

① 기획 관련 사항

대학생을 타깃으로 한 팜 MT의 경우 주요 체험 프로그램은 마을 사무장이나 위원장이 관여하고, 나머지는 기본적인 틀에 맞추어 학생들이 자체적으로 기획 운영하도록 하는 것이 좋다. 물론 다른 팜 MT에서 시행되어 평이 좋았던 프로그램 사례(비용 포함)를 소개해 주는 것도 필요하다. 기본적으로 팜 MT는 대학생이 주가 되겠지만 선생님을 동반할 경우 반 단위의 고등학생이나 동아리 단위도 가능하다. 그러나 참여 인원이 40명을 초과하는 것은 무리가 있다.

팜 MT를 프로그래밍할 때 가장 중요한 것은 젊은이들에게 핫 플레이스가 되기 위한 기본 요건인 맛, 이색적 체험, 재미, 아름다움이 반드시 포함되도록 기획되어야 하며, 너무 프로그램 일색으로 바쁘게 끌고가기보다는 그들만의 휴식시간을 제공하는 것이 바람직하다. 대상지는 거주지에서

그림 IV-18_ 경기대 관광개발학과 남원 달오름마을 팜파티(팜 MT) 현장

최대 2시간 이내에 도착 가능한 거리에 위치한 농촌이나 농장을 검토하는 것이 시간과 비용을 아낄 수 있다. 토요일에 출발하는 1박 2일 프로그램으로 진행하면 아르바이트를 하는 대학생들 때문에 참석이 저조할 수 있으므로 금요일 밤에 출발하는 프로그램도 생각해 볼 필요가 있다. 그러나 두 프로그램 공히 다음날 아침 10시까지는 대상지를 떠나는 것을 목표로 하는 것이 방문객이나 호스트의 입장에서 모두 편리할 것이다.

1박 2일 대학생 팜 MT의 경우 비용이 1인당 3만 원을 초과하면 참석률에 영향을 미칠 우려가 있으므로 시범 사업의 사례를 참고할 때 교통비 등 1인당 소요 비용을 최소화하기 위해 대도시에 인접한 농촌마을부터 시작하는 것이 좋다. 남원 달오름마을 팜 MT에서 선보인 흑돼지 바비큐, 사일런트 디스코, 드레스코드, 몽땅구이 등 비용이 많이 드는 프로그램은 옵션을 마련하거나 대안을 준비하는 것이 좋을 것이다. 기본적으로 민박과 아침식사(B&B)를 원칙으로 하지만 비용을 줄이기 위해 농가마당이나 마을 공터에서 캠핑하고 민가에서 식사하는 마당스테이 형식으로 추진하는 것도 가능하다. 결국 팜 MT의 포지셔닝은 "농촌만의 멋과 맛을 체험하는 회복형 MT"로, 기존의 "몸과 마음이 소진되는 일탈형 MT"와는 차별화되어야 할 것이다.

② 운영 관련 사항

팜 MT를 하려면 대학생들이 주도적으로 기획할 프로그램이 있으므로 사전답사가 반드시 필요하다. 달오름마을 팜 MT의 핵심요소로 맛, 재미, 이색적 체험, 아름다움 면에서 학생들의 만족도 평가 결과가 높게 나타났다. 맛과 관련된 체험활동은 지리산 흑돼지 바비큐, 흥부잔치밥, 민박집에서의 아침식사, 수확한 사과 등이었으며 이색적 체험은 사과따기, 감따기, 사일런트 디스코, 마당스테이 등이었다. 아름다움 요소로는 풍등날리기와 지리산 산촌마을 경관을 지적하였고, 재미 요소는 지리산 둘레길 답사, 사일런트 디스코, 보물찾기를 언급하였다. 이러한 4가지 농촌다움 요소를 농촌여행을 통한 탈일상성 추구 프로그램 형태로 체험하게 되어 전반적으로 만족도가 높게 나올 수 있었다고 판단된다.

팜 MT 운영과 관련해서 가장 중요한 사항은 기존 농촌체험휴양마을의 농촌체험과 달리 농촌 주민과의 관계체험을 위해 마을에서 떨어진 체험장보다는 농촌 마을을 주무대로 시행되어야 하고, 가능하면 주민 참여가 가능하도록 프로그램을 준비해야 한다는 점이다. 이번 시범사업에서 마을 주민들이 요리사 복장으로 바비큐를 요리해 준 점은 단순 참여라 볼 수 있고, 이보다 적극적인 참여를 위한 프로그램 개발이 필요하다(민박집 김치를 막걸리 안주로 비교 평가한 것은 좋으나, 상품을 준비해 민박집 주인들을 참여시켰다면 더 좋은 결과가 있었을 것이다.). 또한 사일런트 디스코에서도 민박집 주인들을 동참시켰다면 관계체험이 더욱 강화될 수 있었을 것이다. 사전답사를 할 때 마을 운영위원장을 포함하여 여러분들이 걱정했던 일부 대학생들의 음주형 민박 행태와는 전혀 다른 창의적이고 생산적인 체험 프로그램을 보여 주게 되어 마을 주민들에게 좋은 인상을 남길 수 있었음은 물론 농촌관광 시장 다변화 방안의 하나로 타당성을 확인할 수 있었다.

③ 홍보 관련 사항

팜 MT는 시범사업을 통해 그 가능성을 타진할 수 있었으나, 아직까지는 목적지로 농촌의 인지도가 떨어지므로 이를 높일 수 있는 적극적인 홍보가 필요한 실정이다. 이를 위해 한국관광학회와 파트너십으로 전국의 관광 관련 학과 재학생을 대상으로 주변 농촌체험휴양마을을 대상으로 정해진 예산 범위 내에서 팜 MT 기획안을 제안하도록 하고(일정 비율 자부담이 반드시 필요함), 일정 수준 이상의 기획안에 실행 예산을 교부한 후 팜 MT 결과를 홍보 동영상으로 만들어 해당 농촌체험휴양마을 웹사이트와 SNS는 물론 유튜브에 올린 후 최종 우승자를 선정하는 '팜 MT 유튜브 동영상 경진대회'를 개최하면 좋을 것이다. 시범사업 결과를 전국 농촌체험휴양마을 대표가 대다수 참석하는 연찬회나 경진대회에서 동영상과 함께 발표하여 공감대를 형성할 수 있으며, 농촌체험휴양마을 사무장 교육 시에 별도의 과목으로 '팜파티를 활용한 농촌관광시장 다변화 방안'을 개설함과 동시에 농산어촌 개발사업의 지역 역량 강화사업 관련 교육 교과목으로 개설될 수 있도록 적극 유도할 필요가 있다.

제V장
유산 영향권
관리 수단으로서 관광 기술

Chapter Reviewer 한숙영 교수

세종사이버대학교 호텔관광경영학과에 재직 중이며, 전공 분야는 유산관광 마케팅이다. 주요 관심 분야는 '유산의 보존과 관리'로, 현재 국제기념물유적협의회(ICOMOS) 이사와 ICOMOS 한국위원회 부위원장으로 활동하고 있다. hanh0402@sjcu.ac.kr

1. 유산 영향권 관리를 위한 이론적 틀

유산 영향권heritage impact zone이란 인류가 남긴 문화유산은 물론 자연유산
으로 인하여 긍정적, 부정적 영향을 받을 수밖에 없는 범위 내의 지역과
마을을 지칭한다. 일반적으로 유산 영향권 안에 있는 마을은 현상 변경 허
가 등 각종 행위의 규제를 받게 되므로 재산상 불이익이 있음에도 불구하
고 해당 유산의 보존이나 활용과 관련된 의사결정 과정에서 지역주민의 편
익은 배제되는 경우가 적지 않다. 더욱이 유산 보존과 활용에 대한 관점이
해당 유산의 유형적 측면에만 한정되어 있어, 오랜 기간 동안 유산의 영향
아래 다른 지역과 차별화되어 형성된 영향권 지역 문화 자체를 주변 정비
라는 명분 하에 심층 연구조사와 보존(아카이빙) 작업 없이 해체하는 경우도
있었다.

고도 보존에 관한 특별법에서는 특별보존지구와 역사문화환경지구를 구
별해 유산 영향권을 설정하고 있으며, 문화재도 문화재구역, 문화재보호

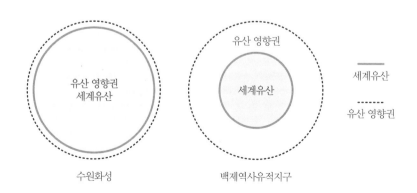

그림 V-1_ 유산과 유산 영향권역 관계 모형

구역, 문화재보존영향검토대상구역으로 나누어 유산 영향권을 규정하고
있다. 그러나 해당 유산의 보존과 관리는 물론 유산의 가치를 더욱 의미
있고 재미있게 전달하기 위하여 영향권 지역문화와 주민을 어떻게 활용할
수 있는지에 관한 논의는 미흡한 실정이다. 필자는 유산 영향권 관리 전략
을 이론적 근거와 함께 세 가지 차원에서 제시하고자 한다. 첫째, 영향권
생활문화의 유산관광 콘텐츠화, 둘째, 영향권 소재 마을의 유산관광 벌통
육성, 그리고 셋째, 영향권 생활문화 차별화 방안이다.

(1) 유산관광의 진정성[1]

유네스코 세계문화유산인 수원화성을 방문하는 사람들(주말에는 주로 가족
단위 방문객들이 많다.)은 도자기 체험, 화성열차 탑승, 무예 24기 관람 등
각종 프로그램을 접하게 되지만, 과연 유산관광의 정수라 할 수 있는 '역사
속으로 빠진 또 다른 나'의 발견이 가능한지는 의문이다. 우리는 '역사 속
으로 빠진 또 다른 나'의 발견을 유산관광을 통한 실존적 진정성이라고 한
다. 모든 방문객이 유산관광을 통해 반드시 실존적 진정성을 느껴야 하는
것은 아니지만, 적어도 원하는 사람은 느낄 수 있어야 유산관광의 목표가
달성되었다고 할 수 있지 않을까?

화성의 성곽 주변을 걸으면서 이국에서의 이색적 경관에 빠져들어가는
외국인 여행객들은 체험활동 참여와 관계 없이 자연스럽게 실존적 진정성
에 다가가는 것 같다. 방문 동기나 몰입 가능성 등 방문자 각각의 특성에

---

1 Wang & Wu (2013)는 유산관광에서 나타나는 진정성을 관광 대상이 진짜인가와 관련된 객관
적 진정성objective authenticity, 이국적 장소, 시간, 문화 속에서의 진정한 자신의 경험과 관련
된 실존적 진정성existential authenticity으로 나누고 있다.

따라 다르기는 하지만, 아무 생각 없이[2] 성곽의 아름다운 모습을 바라보며 성곽 둘레를 걷다 보면 시간여행을 하게 되고, 그 속에서 또 다른 나의 모습을 발견할 수 있다. 그러나 과연 나만의 시간을 가지기 위해 나만을 위한 여행을 떠날 수 있는 사람이 얼마나 될까? 대체로 바쁜 생활 속에서 모처럼 시간을 내어 온 가족이 함께 여행을 떠나는 경우가 많은데, 이러한 목적 지향적 여행객들이 유산관광지에서 자아를 찾을 수 있는 가장 쉬운 방법은 역사와 문화를 체험할 수 있는 각종 프로그램을 통해서일 것이다.

방문자들은 이미 세계문화유산으로 등재된 성곽의 가치가 매우 의미 있다는 것을 인정하고 있기 때문에 객관적 진정성을 강화시키는 데 집중하기보다는 그것을 통해 실존적 진정성을 경험하는 것이 더 중요하다. 특히, 실존적 진정성이 중요한 이유는 그것이 가장 영향력 있는 재방문의 결정 요인이 되기 때문이다.[3]

화성 방문객들 대부분이 집으로 향하면서 "많이 배웠다"라고 말하기를 주저하지 않는다. 이 말의 의미는 유산관광의 핵심인 교육 효과는 있었지만 그것이 자연스럽게 재미를 느끼는 가운데 알게 된 것이 아니라, 일방적인 전달과 수용에 의해 성취되었다는 뜻이다. 관광의 성과output는 많이 배웠다는 것보다는 행복했다거나 즐거웠다 또는 재미있다 등의 정서적 반응이 우선되어야 한다. 한복을 입고 수원성곽을 활보하는 젊은 여성들의 행동은 스스로 즐겁지 않으면서 남이 하란다고 가능했을까? 그들은 아마 본

---

2 일반적으로 아무 생각 없이 여행을 떠나기는 힘들 것 같다. 가족이나 친구와 함께 하기 위한 수단으로 여행을 하는 것이 대부분이므로, 결국 자신을 위한 여행 목적이 아니라면 가족 나들이에서 역사 경관 속 걷기tracking만으로 실존적 진정성을 느끼기는 어렵다고 생각된다.

3 경기대학교 관광개발학과 남윤희 박사(2016)는 학위논문 '세계유산관광지 진정성과 영향 요인'에서 안동 하회마을 재방문 의도에 가장 영향력이 있는 선행변수는 동반자 요인, 환경적 요인, 실존적 진정성이며, 활동적 요인은 다소 영향력이 떨어지는 것으로 밝히고 있다. 반면에 객관적 진정성은 직·간접적으로 재방문 의도에 영향을 주지 않는 것으로 나타났다.

인들에게 즐겁고 색다른 경험이었음은 물론, 성곽을 배경으로 어우러진 자신의 모습이 다른 방문객들의 시선을 끌면서 수원화성의 심미적 가치를 높였다고 느꼈을지도 모른다. 전주 한옥마을이나 수원화성과 같이 역사경관을 바탕으로 한 한복체험 프로그램이 인기 있는 이유는 호기심과 재미를 통해 문화유산과 하나가 되는 나를 느낄 수 있기 때문일 것이다.

유산관광에서 실존적 진정성을 유발하는 체험 프로그램을 개발할 때 고려해야 할 점은 다음과 같다.

첫째, 해당 유산의 객관적 진정성을 바탕으로 만들어져야 한다. 즉 해당 유산을 배경으로 삼거나, 또는 해당 유산의 이미지와 의미를 활용하거나 연상되는 체험 프로그램을 만들어야 한다. 둘째, 반드시 일정 수준의 몰입을 수반하도록 해야 하는데, 참여자를 제한해서 몰입된 방문자만 선정하거나, 누구든지 참여하게 할 경우에는 일시적 몰입이 가능할 정도로 재미있어야 한다. 셋째, 프로그램 참여자의 실존적 진정성 지각이 1차적 목표이지만 그들의 몰입된 표정과 행동을 통해 타 여행자들도 2차적으로 객관적 진정성을 느끼게 한다면 금상첨화일 것이다.

이러한 관점에서 수원화성문화제 능행차 연시 퍼레이드와 혜경궁 홍씨 진찬연 의례는 상기한 세 가지 조건에 해당하는 경우라고 보인다. 단지 두 행사 모두 아무나 참여할 수 있는 것은 아니고, 사전에 신청한 제한된 인원만 참여 가능하다는 점이 누구나 참여할 수 있는 한복 체험 프로그램과 다르다. 수원전통문화관에서 계획 중인 정조대왕의 양로연상 상차림을 실제로 만들어 본 다음 음식을 먹어 보는 조리 체험은 오감이 모두 관여되므로 보다 쉽게 실존적 진정성 지각이 가능할 것이다.

가장 일반적인 체험활동은 수원화성의 경우 직접 관련된 인물(정조, 정약용 등)이나 축성과 관련된 역사적 사실을 재현하는 것인데, 수원화성처럼 원행을묘정리의궤[4]와 같은 기록이 남아 있으면 콘텐츠 구성에 전혀 문제가 없다. 단지 금전적 비용과 노력, 걸리는 시간 등을 감안해 어떻게 객관적 진정성과 연계되는 체험 프로그램을 만들어 내는가가 문제이다.

그러나 2015년 세계문화유산으로 등재된 백제역사유적지구의 경우 객관적 진정성을 보여 주는 8개의 유적지구는 있지만, 백제역사문화 콘텐츠는 거의 없다고 해도 과언이 아니다. 그러면 백제역사유적지구는 어떤 체험 프로그램을 통해 방문객들이 실존적 진정성을 지각할 수 있을까? 사실 해당 유산 관련 역사문화 콘텐츠가 거의 없다는 이유는 차치하고라도 방문객이 객관적으로 진정성을 느낄 수 있는 체험 프로그램을 만드는 것은 비용과 노력이 많이 들기 때문에 백제역사유적지구뿐만 아니라 대부분의 유산 관광지도 모두 비슷한 고민을 안고 있다.

백제역사유적지구의 경우 현재 공주 시민, 부여 군민, 익산 시민의 생활문화가 바로 방문객들의 실존적 진정성 지각을 위한 체험 콘텐츠로 활용되어야 한다. 만일 이러한 생활문화 체험 없이 8개 유적지의 객관적 진정성만을 기반으로 '보는 관광' 위주로 관광자원화한다면 재방문 유도는 어려울 뿐더러 기존 관광과의 차별화도 불분명해질 것이다.

현재의 공주, 부여, 익산 주민들의 생활문화 중에서 중앙통, 향토음식, 전통시장, 주요 인물, 건축물, 향토산업, 축제 등을 방문객들이 쉽게 접할 수 있도록 하면 방문객들은 이것을 통해 백제문화를 간접적으로 만날 수 있고, 백제의 유전자가 남아 있는 주민들과의 접촉을 통해 실존적 진정성도 느낄 수 있을 것이다. 이러한 노력이 오랫동안 지속될 때 세계문화유산 등재를 통해 객관적 진정성을 확보한 8개 백제역사유적지구의

---

4 조선 정조의 어머니인 혜경궁 홍씨의 회갑연을 기록한 의궤

차별화된 생활문화는 백제문화로 계승 발전되게 되는 것이다. 여기서 간과해서 안될 것은 공주, 부여, 익산이 각각 서로 다름을 추구하는 것이 필요하다는 점이다. 백제문화라 하더라도 각기 서로 다른 생활문화로 구별하여 특성화하면 방문자들은 세 가지 유형의 서로 다른 백제문화를 경험하기 위해 세 지역을 한꺼번에 엮은 관광상품을 요구하게 될 것이다. 백제문화라는 공통점 속에서 세 지역의 서로 다른 생활문화를 찾아내고 차별화를 추구하는 것이 오히려 세 지역을 연계 발전시키는 일이라는 점을 잊어서는 안된다.

백제역사유적지구의 차별화된 생활문화 계승 발전은 세 지역을 각각 대표하는 주민을 백제인으로 묶는 것에서부터 출발해야 한다. 주민들이 참여하여 각각의 지역공동체를 만들고, 그 공동체가 다시 백제문화권이라는 공동체를 만들기 때문이다. 각 지역의 생활문화가 백제역사유적지구의 킬러 콘텐츠인 만큼 백제문화의 전달자는 생활문화를 구성하는 주민들이어야 함은 물론이다. 주민들이 전달하는 백제역사 또는 백제문화 해설은 그들의 생활문화를 바탕으로 스토리텔링되어야 설득력이 있게 마련이다. 왜냐하면 그들이 바로 백제인의 후손이며, 백제문화를 계승 발전해 나갈 주체이자, 향후 백제문화자치시[5]의 시민이 될 수도 있기 때문이다.

(2) 문화유산과 유산 영향권의 생활문화

유산관광이란 문화유산 또는 자연유산을 방문해 각종 체험활동에 참여하여 얻는 즐거움과 배움을 통해 유산의 가치를 이해하고 궁극적으로는 유산

---

5   공주시, 부여군, 익산시의 일부가 향후 백제문화자치시라는 명칭으로 통합될 수도 있다. 즉 백제다움이란 문화적 동질성에 근거한 지역 브랜딩이 상호 발전에 더 크게 도움이 된다고 생각될 때 자연스럽게 세 지역은 행정적으로 통합 가능할 것이다.

보존에 대한 긍정적 태도를 형성하게 되는 과정을 말한다. 유산관광 모형에서 투입요소input는 문화유산이나 자연유산, 그리고 유산 영향권 문화나 사람들이며, 산출과정process은 해당 유산 관련 각종 체험관광이고, 성과요소output는 탈일상성, 몰입, 즐거움, 배움과 이것들을 바탕으로 지각된 실존적 진정성이며, 결과outcome는 유산 가치의 이해와 유산 자체 및 유산 보존에 대한 긍정적 태도 형성이다.

그러나 해당 유산의 관람만을 통해 실존적 진정성을 느끼는 것은 어지간히 몰입되지 않고서는 어려운 일이다. 적어도 해당 유산과의 접촉을 통해 교감하는 과정이 필요한데, 그 수단으로는 해설이나 체험 프로그램과 같은 인적 매체나 지도, 안내책자, 해설판 등의 비인적 매체, 애플리케이션과 증강현실 등과 같은 IT 매체 등이 있다.

재미와 공감에 바탕을 둔 설득을 통해 긍정적 태도 변화를 이루어 낼 수 있다면 그것이 가장 성공한 커뮤니케이션이라 할 수 있다. 유산관광 커뮤니케이션에서 가장 확실한 성공 방정식은 유산 영향권 주민을 매체로 활용하며, 그들의 생활문화를 유산관광 콘텐츠로 사용하는 것이다. 왜냐하면 앞서 언급한 바와 같이 현재 살고 있는 주민들의 생활문화가 바로 해당 유산이 존재해 왔던 과거와 현재를 연결하는 유일한 고리이기 때문이다. 이를 통해 해당 유산의 과거 속으로 들어가 보면 해당 유산의 미래적 가치를 더욱 풍부하게 느낄 수 있다. 이것이 유산관광과 기존의 대중관광의 차이점이라 할 수 있을 것이다.

2008년 말 주택공사(현 LH공사)가 수원화성에서의 개발사업을 취하하면서 특별계획구역이 해지되었고, 이때부터 실질적으로 주민 주도의 마을 만들기 사업이 시작되었다. 과거에 시도하려던 대형 민속촌 조성 사업 성격의 화성개발사업은 현재와 같이 사람들이 거주하고 있는 살아 있는 도시

그림 V-2_ 수원화성 공공 디자인(버스정류장), 경기대학교 ROTC의 무예 24기 교육

로서의 원도심 활성화 차원의 지역개발사업은 아니었다.

　이제 수원화성은 현재와 과거를 어떻게 조화시켜 나갈 것인가에 대해 고민을 심각하게 해야 한다. 세계문화유산으로 등재된 성곽을 배경으로 현재 살고 있는 주민들의 생활문화를 모두 18세기 모습으로 돌이킬 수는 없을 것이며, 도시 경관도 의도적으로 많은 투자를 유발하며 한옥마을로 갈 필요까지는 있어 보이지 않는다. 그보다는 오히려 현재와 과거를 조화시키기 위한 새로운 디자인을 모색하는 것이 바람직한데, 이러한 접근에 대하여 여러 가지 반론이 존재한다.

　HDC 현대산업개발이 기부 형태로 개관한 수원시립 아이파크미술관은 명칭 문제로 논란이 되기는 했지만 화성 안에서 현대와 과거가 조화를 이루어 만들어낸 첫 번째 결과라는 점에서 주목할 만하다. 사실 화성 성곽 내에 새로운 건축물을 건립하는 것은 쉽지 않다. 왜냐하면 시민들의 관심이 매우 커서 의견이 하나로 수렴되기가 어렵기 때문이다. 기부로 조성되었기에 명칭 논란 문제 정도에 그쳤지 수원 시비로 조성되었다면 입지나 디자인 문제도 결론에 도달하기가 쉽지 않았을 것이다. 그러나 결과적으로 기능적, 경관적으로 행궁과 조화를 이룬 미술관 조성은 향후 현재와 과거 문화를 융합하는 각종 선시를 통해 화성 유산관광의 수준을 업그레이드하는 계기가 될 것이다. 물론 수원전통문화관도 전통문화뿐만 아니라 새로운 화성문화를 만들어 내기 위해 전통과 현대문화의 접목을 시도해야 할 것이다.

　수원화성 내의 건축물과 성곽의 경관이 조화를 이루는 것도 중요하지만, 이곳에 살고 있는 주민들의 생활문화가 수원화성이라는 세계문화유산의 진정성과 얼마나 연계되는가는 또 다른 문제이다. 만 명 이상이 살고 있는 성곽 내부는 한동안 민속촌식 하향식 개발 방침에 따라 모두 손을 놓고 토지 수용에 따른 이주 보상만을 기다리다 보니 도심 기능은 점차 마비

되어가고 있었다. 그러나 주택공사의 사업계획이 무산된 후 팔달구청 신청사 건립과 마을 르네상스사업 등을 통해 원도심의 기능을 회복해가고 있다. 화성 성곽 내 주민들의 생활문화를 다른 곳과 차별화하기 위해 18세기 생활문화로 돌아갈 필요는 없다. 정조 시대 실학사상과 무예 24기를 커리큘럼에 녹아낸 교육 특성화를 서두르고, 공공 디자인 프로젝트를 통해 도시 경관의 차별화 및 공공 서비스의 특화를 선도 사업으로 시행하면서 화성다움을 창조해 나가야 할 것이다. 이와 함께 슬로시티와 같은 슬로라이프를 지향하면서 현대와 과거가 조화된 생활문화가 조성될 때 수원화성의 유산관광은 지속가능할 수 있다. 즉, 수원화성과 관련된 각종 역사문화 콘텐츠 체험과 수원화성 유산 영향권의 차별화된 생활문화 체험은 수원화성 유산관광의 킬러 콘텐츠가 될 것이다.

　물론 객관적 진정성 확보를 위한 각종 유산의 보존과 보호는 절대적으로 필요하다. 수원화성의 경우 핵심적 요소인 성곽의 보존 없이 성곽 내부의 생활문화는 의미가 없기 때문이다. 그러나 수원화성 복원 사업이라는 명분 아래 과거 성곽 내에 존재하였던 중요 시설물의 복원 때문에 기존에 살고 있는 주민들을 내보내는 것이 과연 옳은 일인가는 재고해 보아야 할 것이다. 수원화성의 화성다움은 과거의 성곽 내 중요 시설을 모두 복원함에 의해 창출되는 것이 아니라, 수원화성 성곽과 성곽 내 주민들의 생활문화가 서로 어우러진 역사문화 경관을 통해서만 가능함을 유념해야 한다. 수원화성이 유산관광 콘텐츠로 지속가능하려면 수원화성 복원 사업보다는 생활문화의 차별화를 위한 교육, 도시 경관 및 공공 서비스의 특화에 더 투자해야 한다.

2. 유산 영향권의 생활문화도 유산의 일부

(1) 관광 기술 도출 배경

어촌과 농촌이야말로 바다와 농촌 자연환경을 상대로 사람들이 적응하며 살아온 대표적 문화경관이며, 영향권 생활문화가 집적된 곳이다. 상대적으로 농촌관광은 농촌의 자연환경과 농촌문화에 골고루 기반을 두고 있는 반면, 어촌관광은 어촌문화라기보다는 바다라는 자연환경에 더욱 초점을 맞추고 있는 것 같다. 다시 말해서 농촌은 영향권 생활문화를 농촌관광의 콘텐츠로 활용하고 있는 반면, 어촌은 아직도 바다 체험만 강조하고 어촌의 생활문화는 어촌관광의 콘텐츠로 활용하고 있지 못한 실정이다.

제주도가 지금까지 한라산과 바다 경관을 기반으로 하는 자연유산 관광에 치중했다면 향후에는 제주도의 독특한 자연유산에 적응하면서 축적해온 문화유산 관광에도 관심을 가져야 한다. 왜냐하면 문화유산 관광은 자연유산 관광 다음에 나타나며, 이것이 바로 생태관광으로 이어지는 것이 관광 트렌드이기 때문이다. 최근 서귀포시가 문화유산 관광의 핵심 자원인 건축물과 향토음식을 결합한 건축문화 기행을 준비하고 있는 것은 이러한 맥락에서 큰 의미가 있다.

고창의 고인돌공원은 세계문화유산이며, 많은 사람들이 찾고 있는 관광명소이다. 하지만 고인돌공원은 문화유산과 인접한 마을의 차별화된 생활문화를 관광 콘텐츠로 활용하지 못해 단지 사진만 찍고 가는 장소가 되었고, 재미라는 요소도 결여되어 교육 효과를 키울 기회를 상실하게 되었다.

고창의 고인돌은 공원이 조성되기 전까지 오랫동안 사람들과 함께 하면서 신앙의 대상이기도 했지만, 장독대의 일부가 되어버리기도 했으며, 마을의 랜드마크이자 도량형 도구, 또는 천문관측 기록물 등으로 이웃 주민

그림 V-3_ 고창 고인돌공원 주민 이주 단지

들과 친숙한 관계를 맺어 왔다. 그러므로 고인돌은 주민들의 생활 속에서 다양한 스토리를 만들어 낼 수 있었다. 그러나 고인돌공원을 조성한다는 명분 아래 오랫동안 축적된 사람들과의 관계를 심층 연구조사에 기반한 콘텐츠화하는 작업 없이 단번에 인접 농가들을 해체하는 바람에 사실상 고창에서만 볼 수 있던 문화경관이 훼손되었다.

이주 단지를 조성하여 고인돌과 함께 살던 사람들을 현재의 박물관 인근으로 이주시킨 것은 마땅한 일이다. 문제는 잘 정리된 말끔한 고인돌 군락이 방문객들에게 사진촬영 장소로는 일품이지만 그들을 감동시킬 스토리텔링이 없으므로 방문객들은 별 생각없이 잠시 머물다 박물관으로 향하게 된다. 박물관에도 고인돌 관련 전시 콘텐츠가 이미 누구나 다 알고 있는 북방식, 남방식 고인돌의 차이나 고대인의 생활상에만 한정되어 전체적으로 고인돌공원과 박물관을 포함해서 이곳에 머무는 방문객의 체류시간은 짧을 수밖에 없다.

고인돌공원 조성 이전에 주민을 대상으로 한 심층 면접과 기초 조사 및 연구도 없었고, 따라서 콘텐츠 발굴 과정도 생략되면서 스토리텔링의 부재를 초래했고, 이주 단지의 조성 과정에서도 고인돌과 관련된 물리적, 프로그램 요소를 전혀 고려하지 않았으며 할 수도 없었다. 결국 이주 단지의 차별화된 생활문화 창달 기회를 상실하는 바람에 관광객을 수용할 수 있는 체험과 편의시설 제공 차원의 허브(벌통) 기능을 포기하게 된 것은 아쉬운 일이다.

(2) 관광 기술 적용 사례

제주도 선흘2리는 세계자연유산으로 등재된 거문오름의 입구에 위치한 마을이다. 마을 이장의 뛰어난 리더십을 바탕으로 거문오름 주민해설가를 양성한 후, 수용력을 고려하여 하루 동안 일정한 수(평일 100명, 주말 200여 명)의 방문객만을 주민해설가(13명)가 동반하여 입장하도록 허용하여 주민 참여 관리 시스템의 모범을 보여 주었다.[6] 또한 거문오름이라는 이름에서 연상된 블랙푸드(흑돼지, 검은콩, 흑마늘 등)를 마을에 도입하여 방문객들에게 제공하도록 하는 방안을 강구하였다. 따라서 거문오름 방문객을 대상으로 한 편의 제공에 허브 역할을 하면서 주민들의 소득 증대는 물론 선흘2리의 차별화된 생활문화 창조의 기반을 만들었다는 점에서 주목할 만하다.

선흘2리 마을 사례를 통해 유산 영향권 생활문화의 관광 콘텐츠화 기술은 기본 방향과 전략 차원에서 다음과 같이 요약할 수 있다.

1) 기본 방향

첫째, 해당 유산과 생활 속에서 관계를 맺어온 주민들이 관광콘텐츠의 대상이며 주체가 되는 전략이 우선되어야 한다. 주민들에 관한, 주민들에 의한, 주민들을 위한 관광콘텐츠 개발이 중요하다는 의미이다. 그러므로 주민들 기억과 생활 속에 녹아 있는 해당 유산에 관한 스토리를 발굴하는 심층 조사연구가 필요하다. 주민 관련 콘텐츠를 스토리텔링하는 체험 프로그램을 통하여 해당 유산이 보유한 객관적 진정성(고유성)과 함께 실존적 진정성을 방문객들이 경험할 수 있다.

둘째, 주민 중심 영향권의 생활문화를 관광 콘텐츠화할 때 더욱 중요한 것은 근자열 원자래의 정신으로 접근해야 한다는 점이다. 즉 주민이 즐거워야 방문객도 찾아온다는 것이다. 주민을 먼저 생각하는 주민 관련 콘텐

---

6 2008년 9월 1일부터 사전예약제를 실시하고, 화요일은 자연 휴식의 날로 지정해 탐방을 금지해 왔다. 이후 주민들이 탐방로 해설은 물론 주민들 기억과 경험에 기반하여 새로운 탐방로도 개발하고 있다.

츠가 주민참여에 의해 가능해질 때 방문객들은 진정성을 느끼게 되며, 결과적으로 정서적 회복은 물론 재방문 의사에도 긍정적 영향을 미치게 된다.

셋째, 적극적인 관광 투자에 앞서 관광의 긍정적, 부정적 측면을 이해할 수 있도록 주민들이 자발적으로 참여한 마중물 사업을 반드시 해 보아야 한다. 마중물 사업은 농촌지역의 팜파티[7]와 같이 이미 마을이 보유하고 있는 자원을 있는 그대로 구슬을 꿰듯 연결시키는 형태로, 마을장터 개최도 가능하고, 선흘2리처럼 주민자치박람회 참가[8]도 될 수 있다. 마중물 사업을 할 때에는 이미 해당 마을을 알고 있는 집단을 타겟으로 선정하여 쉽게 방문을 유도해야 한다. 마중물 사업의 목표는 주민들 스스로가 자신감을 갖게 되고, 관광 자원화의 가능성을 공감하는 데 있으며, 다른 한편으로 관광이 쉬운 것만은 아니라는 점을 깨닫게 하는 데에도 있다.

2) 세부 전략

제주도 선흘2리에서 유산 영향권 생활문화를 관광콘텐츠화한 사례의 구체적 전략을 알아보면 다음과 같다.

첫째, 주민해설가 양성 교육을 포함하여 선진지역 답사, 컨설팅, 마중물 사업 시행 등 일련의 주민 역량 강화 작업을 추진하였다. 그 중에서도 특히 주민해설가 양성은 매우 중요하다고 할 수 있다. 주민들에게 거문오

---

7 농촌 6차산업 또는 농촌관광의 마중물 사업으로 주민들이 직접 재배한 농산물이나 가공품을 음식이나 퍼포먼스와 함께 이미 잘 알고 지내는 사람들에게 파티 형식으로 자연스럽게 선보이며 판매하는 자리를 팜파티라고 한다.
8 네이버 블로그 백수령의 인터뷰, '제주에서 만난 사람: 거문오름 선흘2리 김상수 이장(1편)'에 이장님의 리더십과 주민자치박람회 참가 과정이 자세히 소개되어 있다(http://blog.naver.com/jejuri/120143359589).

그림 Ⅴ-4_ 세계자연유산 거문오름 안내판과 마을 해설가

름은 매우 익숙한 곳이지만, 거문오름만이 가지는 생태문화적 탁월한 보편적 가치를 전문가 수준으로 학습함으로서 세계자연유산과 함께 살고 있다는 자긍심을 함양할 수 있고, 생활 경험과 접목된 공감 해설이 가능해지게 되어 방문객에게 진정성을 느끼도록 할 수 있다는 점이다.

둘째, 거문오름이라는 명칭에서 연상된 블랙푸드를 향토음식으로 개발하는 아이디어를 도출하고 이를 실현하는 데 필요한 비용은 제주도로부터 지원을 받아 충당했다. 이 과정을 통해 마을 주민들의 관광 참여 기회가 확대된 점은 물론, 방문자들이 마을에서 돈을 쓰도록 유도하여 선흘2리에 거문오름의 벌통 기능을 부여할 수 있도록 한 점은 크게 주목할 만하다.

셋째, 수용력을 감안하여 일정한 인원만 사전 예약을 받아 적절한 수의 방문객이 주민해설가와 동반하여 탐방하게 하는 주민 참여 관리 시스템을 도입하였다. 이러한 주민 주도 관광 사업을 통해 지속가능한 발전은 물론 차별화된 선흘2리의 생활문화 축적 기반이 조성되어 궁극적으로 거문오름 영향권의 지역과 문화가 자연스럽게 브랜딩되는 기회를 제공할 수 있게 되었다.

넷째, 다소 아쉬운 것은 주민의 삶 속에 녹아 있는 거문오름의 존재를 주민들의 직접 퍼포먼스와 같은 형태로 보여 주는 관광콘텐츠가 없다는 점이다. 충남 보령시 외연도가 마을만들기사업의 일환으로 마을 탄생 설화(전횡 장군 스토리)를 외연도 초등학교 재학생 7명 전원이 참여하는 마당극으로 공연하여 방문객들에게 뜨거운 갈채를 받은 사례가 좋은 본보기가 될 수 있다. 이러한 주민 참여 공연은 방문객들에게 공감을 얻어낼 수 있음은 물론 참여하는 주민들에게도 여가 활용의 기회를 제공하게 되어 주민 생활의 질을 향상시키는 계기가 된다.

다섯째, 결국 거문오름 영향권인 선흘2리의 차별화된 생활문화를 보여

그림 V-5_ 안동 하회마을 입구의 주차장과 편의시설

주는 핵심은 민박과 아침식사(B&B)에 달려 있다. 거문오름을 탐방하는 것과 향토음식을 먹어 보는 것도 환경과 문화에 동화되어 자기를 찾는 중요한 기회가 되지만, 역시 지역 주민의 집에서 하루를 묵고 아침식사를 하면서 관계를 체험하는 것이야말로 생활문화 체험의 정수일 것이다. 거문오름 B&B 호스트는 현지 주민 중심으로 선정하여야 하며, 결국 B&B 호스트는 생활여행의 선도자로, 향토음식, 해설, 체험 등을 담당하는 멀티플레이어가 되어야 한다.

3. 유산 관광의 벌통 육성

(1) 관광 기술 도출 배경

안동 하회마을은 2010년 경주 양동마을과 함께 세계문화유산으로 등재된 이래 연간 100만 명 정도의 방문객이 찾고 있다. 실제로 안동 하회마을이 알려진 것은 1984년 중요민속자료로 지정된 이후부터이며, 세계문화유산으로 등재된 후 방문객이 급증하였다. 이에 따라 하회마을에는 식당과 편의시설 등이 무차별적으로 들어서게 되었지만, 유네스코의 권고에 따라 마을 초입에 위치한 신규 조성 부지에 매표소와 주차장, 식당, 박물관, 전시관 등의 시설들이 이전하여 자리잡게 되었다. 관광객들은 벌통에 주차해 놓고 이곳에서 입장권을 구입한 후 버스를 타고 안동 하회마을로 진입하거나 도보로 접근할 수 있다.

이러한 과정을 통해 관광객(벌)이 이 꽃(해당 관광자원), 저 꽃(인근 관광자원) 옮겨 다니다가 어느 한 곳에 머물러 식음과 숙박 등 각종 서비스를 접하게 되는데, 이와 같이 돈을 쓰게 되는 장소(벌통)를 어디에 위치시키는가

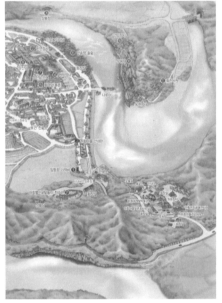

그림 Ⅴ-6_ 안동 하회마을의 벌통 기능 사례

가 주민과 지역사회는 물론 해당 문화유산의 보존관리에 매우 중요하다.[9] 벌통이 안동 하회마을과 같이 인위적으로 조성되기보다는 당초 세계문화유산 등재 과정에서부터 이러한 결과를 사전에 예측하고 인접한 기존 마을에 위치시켰다면 해당 마을에 경제적 이익은 물론이고 안동 하회마을의 보조 역할로 차별화된 생활문화를 축적할 수 있었을 것이다.

벌통의 입지는 인근의 관광자원과도 연계되므로 좀 더 거시적인 스케일로 교통 여건(접근성)과 기존 인프라 등 수용 태세를 고려하여 결정해야 한다. 안동 하회마을의 경우, 세계문화유산 등재 이전에 인접한 관광자원인 병산서원 방문을 고려하여 벌통을 현재 위치에서 좀 더 벗어난 곳에 위치시켰다면 병산서원의 방문객이 더욱 증가하였을 뿐만 아니라 체류 시간도 늘어나게 되어 식사 비용 등 객단가가 증대될 수밖에 없었을 것이다. 또한 벌통에서 하회마을과 병산서원을 연계하는 수원화성 어차와 같은 테마형 관광교통수단을 개발하였다면 방문객의 편의성이 더욱 증진되었을 것이다.[10]

그런데 지속적인 벌통형 유산 영향권 관리가 필요한 사례는 앞서 언급한 제주도의 세계자연유산인 거문오름이 위치한 선흘2리에서 극명하게 나타난다(그림 V-7 참조). 거문오름이 위치한 선흘2리는 주민들이 주도적으로 마을해설가를 양성하고 이들과 동반하는 일정 수의 탐방 예약 방문객들만이 거문오름에 입장하도록 공급자 위주로 관리를 해왔다. 그리고 제주도는 이 마을이 블랙푸드촌으로 발전하도록 지원하였으며, 이러한 주민 주

---

9 엄서호(2006)는 저서 '한국적 관광개발론'에서 벌통형 개발 방식을 개발 이익의 지역 환원, 그리고 단위 관광지의 자연환경 보존과 비수기 타개 등 우리나라 관광 개발의 근원적 문제점을 해소할 수 있는 대안으로 제시하고 있다. 또한 벌통 내 주차장 확보와 단위 관광지와의 관광교통수단 연계 등과 더불어 벌통과 단위 관광지 사이의 도로 주변에 관광시설 입지를 규제하는 것이 벌통형 개발 방식 성공의 핵심이라 보고 있다.
10 현재 여름철에는 병산서원에서 하회마을까지 낙동강을 따라 래프팅이 운행되어 방문객들에게 또 다른 재미를 제공할 뿐만 아니라 관광지 사이의 연계도 강화되고 있다.

그림 Ⅴ-7_ 세계자연유산센터가 마을을 밀어 내고 벌통 기능을 빼앗다.

도의 노력을 감안하여 환경부가 생태우수마을로 선정하는 등 차별화된 마을문화를 형성할 수 있는 기반이 만들어져 가고 있었다.

그런데 여기에 2012년 세계자연유산센터가 개관하면서 선흘2리 마을의 벌통 기능을 빼앗아 버리는 상황이 발생하였다. 센터 설립 목적에서 언급한 바와 같이 제주 관광의 핵심축이며 제주 자연탐방의 거점이 될 수 있도록 접근성 향상을 위해 진입로(번영로) 확장공사가 동반되면서 오히려 방문객들이 실질적으로 마을에 체류하는 시간이 단축되는 현상이 나타났다.

이름 그대로 제주도의 세계자연유산을 방문하는 이들을 위한 방문자센터로서의 기능을 담당한다면 이렇게 대형 단일 건물을 신축하기보다는 시간이 좀 더 걸리더라도 선흘2리 마을 곳곳에 세계자연유산센터의 주요 기능인 기획전시실, 상설전시실, 4D 영상관 등을 만들어 마을 전체가 세계자연유산센터가 되도록 설계하는 편이 더 좋았을 것이다. 왜냐하면 이미 이 마을은 주민 주도로 거문오름을 기반으로 한 차별화된 생활문화가 형성되어 있었는데, 세계자연유산센터 건립으로 인해 방문자의 동선이 센터 주차장에서 센터 입구의 매표소, 그리고 거문오름, 다시 센터 출구와 주차장을 통해 빠져나가게 되어 기존에 벌통 역할을 하던 마을을 거치지 않고 바로 다른 관광지로 향하게 되었다.

그곳에 살고 있는 주민들이 이러한 결과를 예상하지 못한 것은 당연하다고 치더라도 2012년 세계자연유산센터 개관 직후 세계자연보전연맹(IUCN)이 주최한 세계자연보전총회는 세계 환경올림픽이라 칭할 만큼 중요한 국제회의인데, 이곳에 참석한 어떤 전문가도 이러한 지적을 하지 못했다는 점은 아쉬운 일이라 아니할 수 없다. 오히려 2012년 9월 6일 개최되는 세계자연보전총회 때문에 세계자연유산센터 개관이 9월 4일로 결정될 만큼 공사가 시급히 이루어지지 않았나 하는 생각이 든다.

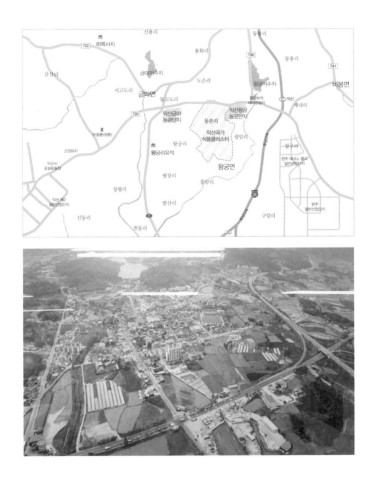

그림 Ⅴ-8_ 익산 백제역사유적지구 벌통 입지로서 금마면 소재지

　블랙푸드로 개발된 까망고띠 오메기떡과 선흘산 도라지로 만든 거문왓 댕유지 도랏이 세계자연유산센터 입구에 마련된 주민 장터에서 향토음식 으로 방문객들에게 선보이고 있다. 국제트래킹 행사를 겨냥해 주민들이 주관하는 천연염색 체험과 목공 체험 등이 함께 이루어지고 있는 등 주민 스스로가 노력하며 색다른 거문오름 문화를 창달하고 있음은 높이 살만하 다. 그러나 세계자연유산센터가 마을 전체에 기능별로 입지하는 선진화된 시도는 기대하지 않더라도 세계자연유산센터 자체가 선흘2리에 들어서지 않았더라면 이 마을이 거문오름의 벌통으로서 진정한 자연유산마을로 발 전하지 않았을까 하는 아쉬움은 떨쳐버리기 어렵다.

(2) 관광 기술 적용 사례

익산 백제역사유적지구 전체를 놓고 보면 왕궁리 유적지구와 미륵사지구 를 지원할 벌통이 필요하다. 이 벌통의 입지는 반드시 주변과 연계하여 관 광이 이루어지도록 보다 광역적인 차원에서 고려하되 고속도로와의 접근 을 감안하여 현재의 금마면 소재지가 합당하다고 판단된다. 여기서 주안 점은 삼각형을 이루고 있는 왕궁리와 미륵사 그리고 쌍릉의 접근성을 강화 시킬 방안을 마련하는 것이다.

　각 관광자원 사이의 연계 강화를 위한 접근성의 제고 방안은 세 가지 면 에서 고려되어야 한다. 첫째, 벌통과 각 관광자원과의 연계 도로 상의 토 지 이용에 제한을 두어야 한다. 방문자 편의시설과 숙박시설을 연계 도로 상에 허용한다면 벌통과 단위 관광자원과의 연계성은 상대적으로 떨어질 수밖에 없기 때문이다. 둘째, 벌통에 주차를 하고 단위 관광지까지 관광교 통수단을 이용하며, 교통수단 자체가 관광이 될 수 있는 방안이 필요하다. 여기서 중요한 점은, 움직이는 속도가 빠른 교통수단일수록 체류 시간이

그림 V-9_ 익산 백제역사유적지구 벌통과 단위 관광지 연계 통로로서 옥룡천의 가능성

짧아지므로 객단가가 떨어질 수밖에 없다는 사실을 유념해야 한다. 셋째, 교통수단 자체가 관광이 되기도 하지만 통과하는 도로 또한 볼거리가 되도록 특정 가로수(예: 담양 메타세콰이어길)를 도로변에 심거나 특정 꽃(예: 벚꽃길)이 만개하여 특별한 경관을 형성하도록 하는 것도 필요하다.

금마면 소재지가 왕궁리, 미륵사지 지구의 벌통이 되면 주민들이 운영하는 식당, 편의시설과 쇼핑, 숙박시설 등이 활성화될 것이며, 이를 통해 개발 이익이 지역사회에 환원될 수 있다. 벌통 기능 활성화를 위해 주차장 부지를 가능하면 넓게 확보하고, 각각의 단위 관광지 인근에는 주차장 규모를 제한하거나 주차 요금을 상향 조정하여 벌통에 주차하도록 유도할 필요가 있다.

벌통을 조성할 때 기존 도시 지역 내에 주차장 부지를 확보하는 것은 상대적으로 관광자원에 인접한 경우보다 투자 비용을 상승시키며 주민들의 이해관계 때문에 공사기간이 늘어날 수도 있다. 현재의 상태에서 볼 때 금마면 소재지와 왕궁리 유적지구 사이의 물리적 거리가 크게 느껴지지만 향후 왕궁리 유적지구의 매력도가 강화되면 될수록 심리적 거리는 짧아지게 될 것이므로 금마면 소재지가 벌통 위치로 타당하다.[11] 현재 익산시는 옥룡천 복원사업을 시행하고 있다. 이 옥룡천은 금마면 소재지와 왕궁리 유적을 서로 연계할 수 있는 통로로 활용될 가능성이 크므로, 옥룡천 복원 시 둘레길 조성과 특화 가로수 식재로 기능과 경관을 차별화할 필요가 있다.

---

11 현재 방문객 감소로 벌통의 기능을 거의 수행하지 못하고 있는 강원도 설악산의 집단시설지구 사례를 볼 때 당초부터 벌통 기능을 속초시가 담당하도록 하는 것이 타당하였다는 생각이 든다. 과거와 달리 현재 속초 시내로부터 설악산까지 접근은 도로 확충을 통해 십여 분 이내로 단축되었다. 이제 방문객들은 설악산 집단시설지구 내에서 숙박하기보다는 바다에 인접해 있으며 다양한 선택 기회를 가진 속초 시내 숙박시설을 찾는 것이 당연해졌기 때문이다. 물론 야간 관광과 먹거리도 속초 시내가 설악산 집단시설지구보다 더 나은 것은 당연한 일이다. 결국 속초설악권 관광의 벌통 적정 입지는 설악산 집단시설지구가 아니었기에 상권이 거의 몰락하는 상태에 이른 것이다.

그림 V-10_ 경기도 화성시의 공룡 화석 산지와 방문자센터

이와 더불어 관광교통수단을 통해 미륵사와 쌍릉 등 각 관광자원을 연계하는 것도 고려해야 한다.

관광 거점으로서 벌통형 관리 방식은 경기도 화성시 공룡알 화석지에도 적용될 수 있다. 2013년 문화재청 문화재위원회 천연기념물분과는 전문가를 초청해서 컨퍼런스를 했는데, 여기에서 공룡알 화석지의 방문자들을 위한 벌통은 문화재 보호구역 내에 위치하기보다는 이미 농촌 마을 종합개발사업으로 공룡문화가 형성되기 시작하고 있는 인접 마을에 위치해야 마땅하다는 의견이 제시되었다.

화성시는 이 자리에서 공룡알 화석지 문화재구역 총 481만 평 가운데 4.2%인 20만 평을 국가 차원의 특화연구단지로 쓰고, 12.5%인 56만 평은 화성시가 수장 시설, 화석박물관, 생태공원, 야외체험 전시장으로 활용한다는 구상을 밝혔다.

공룡화석 산지가 위치한 지역은 인접한 곳에 계획 인구 15만 명 수준의 송산 그린시티 건설계획이 수립되어 있고, 유니버셜 스튜디오 유치 대상지로도 고려된 바 있던 부지와 이웃한 미래 지향형 부지로, 영종도 공항에서의 접근성이 매우 좋아 향후 외국인 방문객 유치도 가능한 요지라고 할 수 있다. 더욱이 이곳에 481만 평의 습지가 공룡알 화석 산지로 보호되고 있어서 도시화가 급진전 중인 경기도에서 폐 기능을 담당할 유용한 오픈스페이스라 할 수 있다.

이러한 장소에 용도가 불분명하고 수요도 불투명한 박물관과 야외체험장 등의 활용 지역을 할당한다는 것은 문화유산 활용을 너무 쉽게 생각하고 접근하는 처사가 아닌가 생각된다. 과연 56만 평이라는 대규모 부지에 공룡을 테마로 어떤 사업 타당성이 있는 시설을 유치할 수 있을지 전혀 상상이 되지 않는다. 왜냐하면 이러한 시설은 시가 직접 투자하는 것은 아니

그림 V-11_ 경기도 화성시 송산면 고정리 청미르공룡마을의 전경

고, 민자 유치를 통해 성사하려 할 것이기 때문이다. 현재 이곳을 방문하는 관광객의 수는 증가하고 있다. 하지만 이들은 생태관광 차원이라기 보다는 대중관광 형태로 방문하는 것이므로 현재의 방문자센터가 협소하다고 이들을 모두 수용할 필요는 없다고 본다.

공룡알 화석 산지와 같은 문화재구역 현장 방문은 수요자 위주의 대량관광을 유치하기보다는 공급자 위주의 수용력에 근거한 사전예약제 생태관광을 도모하는 것이 타당하다. 즉, 문화재구역에 인접한 고정리 청미르공룡마을에 벌통을 위치시켜 식당 등 각종 편의시설을 유치하고, 재미를 더할 수 있는 각종 체험, 전시시설을 배치하는 것이 1단계 작업이며, 관광객들 중 공룡알 화석지 사전예약을 하지 못한 사람들만 대상으로 방문자센터까지 운행하는 환경친화형 관광교통을 이용해 접근토록 허용하는 것이 2단계 조치이다. 그리고 마지막 3단계 조치는 일정 수의 사전예약자들만 방문자센터에서 도보로 공룡해설사와 동반하여 공룡알 화석지 현장을 탐방하도록 하는 것이다.

이러한 벌통형 관리 방식을 통해 문화재 보호와 인접한 마을의 소득증대는 물론, 공룡테마마을로 새로운 생활문화를 축적해 나갈 수 있다. 물론 차별화된 생활문화는 오랜 시간에 걸쳐 형성되겠지만 이러한 기반을 무시하고 문화재구역도 훼손하면서 군이 습지 내에 사업성이 불투명한 문화재 활용 관련 시설을 집어넣을 필요는 전혀 없다고 본다.

벌통형 유산 영향권 관리 전략에 의해 편의시설들이 집중된 벌통으로 방문객들을 유인, 분산시켜 얻을 수 있는 혜택은 다음과 같다. 첫째, 문화유산이나 자연유산의 혼잡도 감소는 물론 유산 이미지와 어울리지 않는 시설들의 입지가 배제되므로 경관 보존을 통한 객관적 진정성 보호에 긍정적 영향을 미치게 될 것이다. 둘째, 각종 편의시설이 벌통에 집중되기 때문에 방문객의 이용성이 높아진다. 셋째, 벌통이 위치한 인접 마을이나 도시 지역은 방문객의 소비 지출에 의해 주민의 소득과 세수 증대, 그리고 고용 창출이 가능할 뿐만 아니라, 외지인 투자에 의한 과실 송금 문제를 최소화할 수 있다. 넷째, 벌통이 놓인 마을이나 도시 지역의 생활문화가 해당 문화유산이나 자연유산의 영향을 받아 차별화될 수 있도록 마을만들기 사업이나 지역개발사업이 추진된다면 해당 유산과 원원하는 관광 매력권을 형성할 수 있을 것이다. 다섯째, 해당 유산 내에서는 각종 규제를 통해 행위가 제한되고 숙박도 주민 민박 외에는 거의 불가능하지만 벌통 내에서는 다양한 숙박 형태가 가능하므로 상호 경쟁력이 높아질 수 있다. 그러나 벌통이 유산 영향권 내에서 해당 유산과 상생하기 위해서는 해당 유산의 보존 정도에 비례하여 주민 주도로 경관 보존, 건축 제한, 용도 규제 등의 조례 및 규칙을 반드시 제정하여 난개발을 스스로 저지할 필요가 있다.

4. 문화유산과 유산 영향권 내 주민과의 연계[12]

(1) 관광기술 도출 배경

세계자연유산에 인접해 있기 때문에 자칭 '세계자연유산마을'이라고 내걸고 방문객들을 적극적으로 유치하고 있는 제주도 월정리는 유산 영향권 생

---

12 경복궁이라는 강력한 문화유산의 영향은 물론 청와대와 인접해 있음으로 인해 북촌과 서촌 한옥마을이 보존됨과 동시에 차별화된 생활문화가 형성되었다. 유사한 관점에서 보면 홍대앞 상가는 홍익대학교라는 미술 특성화 대학교가 영향을 주어 차별화된 대학문화가 접목된 장소로, 내국인은 물론 외국인 방문객의 관광명소로 뜨고 있는 소위 핫 플레이스이다. 긍정적 측면뿐만 아니라 부정적 측면에서 보더라도 오산 미공군기지 앞의 기지촌과 서대문형무소 앞의 옥바라지골목도 유산 영향권의 차별화된 생활문화라 볼 수 있다.

활문화를 의도적으로 형성하고자 하는 사례이다. 실질적으로 세계자연유산 마을이라는 제도는 없다. 그러나 월정리 주민들은 세계자연유산이라는 어트랙션을 활용해 어떻게 자기 마을로 방문객들을 유치할 수 있을까 고민하였고, 그 결과 자칭 세계자연유산마을이라는 브랜드를 사용하게 되었다.

세계자연유산 방문의 벌통이 되면서 자연유산과 연계된 차별화된 생활문화를 가꾸어 가겠다는 의지로 긍정적으로 해석할 수 있다. 그러면 과연 그들이 스스로 차별화된 생활문화를 형성해 나가는 것이 가능할까? 그것이 어렵다면 어떻게 차별화된 문화를 형성해 나가도록 도울 수 있을까? 이것이 바로 유산 영향권 관리가 필요한 이유이며, 관광이 이러한 과정에서 큰 역할을 할 수 있는 것은 분명하다.

2011년 7월 문화재청 문화재위원회 천연기념물분과에서는 진주 혁신도시 개발사업부지 내에서 발견된 익룡, 새, 수각류 등의 발자국 화석 산지의 국가지정문화재 천연기념물 지정 여부를 논의하였다. 진주 혁신도시 개발사업조성공사 구역에서 화석 산출 예비조사를 수행하던 중 익룡 발자국이 노출된 상태로만 200여 점 이상을 발견하였다. 산출 밀도가 매우 높고 5개 이상의 보행렬이 산출되어 익룡의 보행 특성을 해석하는 데 도움이 될 자료로 가치도 높다. 특히 국내에서 가장 오래된 새 발자국으로 판단되는 화석과 세계에서 가장 오래된 물갈퀴 발자국 화석이 산출되어 화석 산출지는 공사를 중단한 상태이므로 빠른 시일 내 보존 방안을 결정해야 할 시점이었다.

문화재위원회의 대다수 의견은 혁신도시사업의 성격을 고려하여 국가지정문화재(천연기념물)로 지정하되, 지정 면적을 최소화하는 대신 화석전시관을 마련하여 현장을 보존하도록 하는 데 모아졌다.

자연유산의 보존 가치는 전시, 관람, 교육의 활용 목적 이외에 혁신도

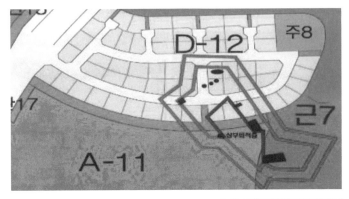

그림 V-12_ 진주 혁신도시의 익룡, 새 발자국 화석 산지 위치도와 경남과학교육원 자연사전시관

시의 차별화와 브랜드 가치를 상승시킬 목적으로 활용될 수도 있다는 점을 이해할 필요가 있다. 즉, 공룡 발자국을 포함한 국가지정 문화재를 보존하면서 아파트단지를 조성한다면 진주혁신도시의 환경친화적 이미지를 제고함과 동시에 브랜드 가치를 상승시킬 수 있을 것이다. 따라서 문화재위원회에서도 전보다 적극적인 차원에서 보존으로 인한 혁신도시 개발사업의 부정적 영향을 고려해야만 할 것이다(2011년 8월 9일 현장 엄서호).

결국 진주혁신도시 3필지 1,200m²가 문화재보호구역으로 지정되었고 공동사업 시행자인 진주시와 경남도시개발공사, LH한국토지주택공사가 비용을 분담하여 화석산지 바로 상부에 130억 원 규모의 익룡 발자국 전시관을 건립하도록 하였다. 그런데 문제는 천연기념물 지정과 문화재보호구역 지정, 그리고 보존적 활용 차원의 전시관 건립으로 마무리되는 문제가 아니었다. 그 당시 문화재위원회의 결정은 아주 합리적이고 과거와 달리 진보적인 결정이라고 할 만큼 보존적 활용에 무게를 두었지만, 정작 전시관이 건립된 후 활용 정도를 예상한다면 최선의 조치는 아니었다.

경상남도 과학교육원 1층에 있는 자연사전시관 사례를 보면 진주 혁신도시 내 화석전시관 건립이 아주 현명한 결정이라고는 하기 어렵다. 문화재전시관 내에서 공룡 발자국은 잘 보존되어 있지만, 현재 방문객의 발길은 뜸한 상태이다. 사실 전시관의 공룡 발자국은 자연 상태에서 직접 보는 것보다 훨씬 생동감이 떨어질 뿐만 아니라 접근성 때문에 실질적으로 보존적 활용이라 내세울 사례로 적합하지 않다.

필자는 2011년 진주 혁신도시의 화석 산지 현장을 방문했을 때 향후 건립될 전시관은 전시관 그 자체만이 목적이 아니라 1층은 보존 차원에서 전시관으로 하더라도, 2층, 3층, 4층에는 각각 익룡도서관, 익룡유치원, 익룡체육관 등 공공 편의시설이 들어오도록 복합화하면 사업 시행자의 투자

부담 절감은 물론, 공룡 아파트단지의 핵심시설로 진주 혁신도시의 브랜드 가치를 제고할 수 있을 것이라고 주장했다. 이러한 접근이 익룡으로 차별화된 진주 혁신도시 생활문화를 형성하게 하는 기반이 될 수 있으며 도시 경관의 차별화, 그리고 메인스트리트 형성과 특화된 교육 서비스로 이어져 지역다움을 창출할 수 있기 때문이다.

아직도 문화유산을 활용할 때 해당 문화유산만을 체험하는 프로그램 개발에 머물고 있으나, 상기한 익룡전시관 사례와 같이 혁신도시 자체의 브랜딩에도 활용될 수 있음을 인식해야 한다.

(2) 관광 기술 적용 사례

관광자원으로서 문화 경관의 중요성을 감안한다면 문화유산이나 자연유산의 영향권 마을과 주민들을 기반으로 차별화된 문화를 의도적으로 창출하는 것도 가능하다. 조선왕릉은 세계문화유산으로 등재됨으로 인해 많은 사람들의 관심과 방문의 대상이 되고 있으나, 왕릉 주변의 일부 지역은 완충 지역으로 설정되어 각종 규제의 대상이 되었다. 실제로 해당 지역에 살고 있던 주민들은 오래 전부터 수호군, 능군의 형태로 왕릉 일대의 산불방지를 위한 노역과 각종 잡역들로 인해 고충을 겪어 왔는데 세계문화유산 등재로 인해 긍정적 영향보다는 오히려 강화된 건축 규제나 행위 규제 등으로 인해 부정적 영향을 받게 되었다.

국가 재정이 허락된다면 이렇게 완충 지역으로 지정된 지역을 일괄 매입하고 이주단지를 조성해 주어야 하나 현실적 여건은 그렇지 못하므로 조선왕릉의 세계문화유산 등재를 통해 인접한 마을과 주민에게 조선왕릉과 관련된 차별화된 문화를 창출할 수 있도록 유도하는 전략적 접근을 해야 한다. 다시 말해서 조선왕릉에 인접해 거주하는 주민들이 적극적으로 조선왕릉의 관리 주체로 참여하는 동시에 이곳 방문객들을 대상으로 관광 체험을 주도하는 기회를 제공함으로서 각종 규제에 대한 인센티브는 물론 차별화된 문화 조성까지 연계시키는 것이다.

예를 들면, 연중 50여 회 거행되는 조선왕릉 산릉 제례에 헌관들 외에 일반인들도 사전예약과 교육을 통해 참여하도록 하는 체험 프로그램을 개발한다면 교육관광 차원에서 많은 사람들의 관심을 끌 수 있을 것이다. 실제로 헌관들이 제향행사 이전에 제각에 머물면서 준비하는 것같이 일반 참여자들도 주민들 집에 민박할 수 있다면 제향스테이, 즉 헌관 생활여행으로도 발전할 수 있다. 조선왕릉에 인접한 주민들과 상인들 중에서 왕릉 관리에 자원봉사의 형태로 참여하는 자들을 수호군, 능군 등으로 호칭을 부여해 준다면 수호군 민박, 능군식당 등으로 브랜딩도 가능할 것이다.[13]

현재 전주 이씨 종약원에서 직접 주관해 준비하는 제향음식을 완충 지역 내 주민들이 설립한 마을 기업에 전수함으로서 제향이 끝나면 일반 대중에게 판매하도록 허락해 주는 방안도 생각해 볼 수 있다. 이와 더불어 주민들을 교육시켜 문화관광재현배우로 활용하여 야간에 왕릉을 배경으로 조선 왕과 관련된 스토리에 기반한 마당극이나 퍼포먼스를 공연할 수 있도록 한다면 완충 지역 주민들의 소득증대와 여가 기회 확대를 통해 생활의 질 향상을 꾀할 수 있음은 물론이고, 차별화된 생활문화를 통해 지역 브랜딩에도 기여할 수 있다. 이러한 접근이야말로 기존에 농림축산식품부와 해양수산부가 추진해온 마을만들기 사업이라고 볼 수도 있으며, 이를 위해 문화재청은 조선왕릉마을만들기사업 예산을 책정하여 인접한 완충 지역

13 2011년 9월과 10월 세종대왕릉 제실에서 격주 토요일 가족단위 방문객 중 청소년을 대상으로 1회 15명씩 총 8회 120명 내외를 대상으로 영릉 봉심의 체험 프로그램을 시행하여 좋은 반응을 얻은 바 있다.

내 주민들의 교육, 컨설팅, 마중물 사업 추진을 위해 주민 역량 강화 사업부터 조속히 시행해야 할 것이다.

이와 마찬가지로 현재 유네스코 지정 세계문화유산인 백제역사유적지구 내 익산 왕궁리 유적지구 주변의 탑리마을[14]의 경우도 조선왕릉의 사례와 같이 왕궁리 역사유적에 기반한 차별화된 생활문화를 창출해 낼 수 있도록 마을만들기 사업을 추진할 필요가 있다. 이러한 접근은 왕궁리 유적 발굴과 함께 단계적이고 장기적으로 접근되어야 하지만 주민들의 자긍심 함양과 세계문화유산에 대한 관심을 고조시키기 위한 마중물 사업 차원에서 단기적인 대책도 필요하다.

현재 탑리마을과 왕궁리 유적 사이에는 왕궁리 유물전시관이 주차장 부지와 함께 철책으로 둘러싸여 있어 마을과 단절되어 있다. 아주 간단하게 탑리마을과 유물전시관 사이의 울타리만 걷어내면 방문객들이 쉽게 탑리마을로 진입할 수 있고, 탑리마을의 일부 가옥이 민박과 음식점 등으로 변모해 갈 수 있다. 그러나 이러한 시도 이전에 먼저 주민들을 위한 역량 강화가 전제되어야 탑리마을이 겪게 될 급격한 변화를 주민 의지대로 조절해 나갈 수 있을 것이다. 이러한 사전 작업 없이 철책이 사라진다면 원주민들은 결국 외지 투자자들에게 자리를 내주면서 자기 마을을 떠날 수밖에 없다. 그러므로 탑리마을이 주민 조직을 갖추고 관련 전문가들의 도움과 익산시의 지원 하에 이루어지는 주민 역량 강화 사업을 시행하는 것이 무엇보다도 우선시되어야 한다.

탑리마을을 왕궁리 유적지구의 보조 벌통으로 차별화된 생활문화를 창

---

14 왕궁리 제석사지에 인접한 궁평마을도 탑리마을과 같이 주민 소득증대는 물론 차별화된 생활문화를 창출할 수 있는 곳으로, 제석사지 복원과 관광자원화 과정에서 반드시 함께 고려되어야 할 지역이다.

조해 나가는 시도는 백제역사유적지구로 등재된 익산시 일부 지역 관광자원화의 첫걸음이자 마중물 사업의 성격을 가진다. 탑리마을 관광소거점화 사업은 오랜 시간이 요구되는 대규모 관광시설 투자에 앞서 실질적으로 지역주민에게 이득이 돌아갈 수 있는 관광개발이 되기 위해 반드시 요구되는 예방주사이다. 이 과정이 없이 대규모 관광시설 투자가 이루어진다면 주민들은 관광자원화에 대한 핑크빛 기대 때문에 개발 과정에서도 합치된 의견을 내놓지 못해 결국 소외될 가능성이 클 뿐만 아니라 개발 이후에도 주민들의 의사와 달리 궁극적으로 고향을 등지는 상황이 초래될 수도 있다. 이 땅에 살아왔던 주민들에게 가능한 한 많은 과실이 돌아가도록 하며, 그들이 지속적으로 행복하게 왕궁리 유적에 영향을 주고받으며 살아가도록 하는 개발이 지속가능한 관광개발의 핵심이다.[15]

5. 설악산 오색삭도 조성과 관련된 관광 기술

양양군은 지역경제 활성화 차원에서 국립공원 남설악 오색리 466번지에서 설악산 끝청 하단(해발 1,480m)까지 총길이 3.5km, 사업비 587억 원 규모의 삭도를 조성하려는 계획을 관계기관에 제출하였다. 해당 사업의 인허가 검토 과정에서 문화재청은 2016년 12월 28일 문화재위원회 천연기념물 분과에서 동물, 식물, 지질, 경관 등 분야별 소위원회를 구성하여 현지 조사

---

15 2016년 현재 익산시는 고도 이미지 고도화 사업의 일환으로 한옥 조성에 힘쓰고 있다. 한옥 경관도 중요하지만 고도다움을 보여 주는 생활문화를 창출하는 것이 올바른 접근이다. 어떻게 고도다움을 보여 주는 생활문화를 찾을 수 있을까? 현재 익산 시민이 가장 친숙한 생활문화가 바로 그 해답이 될 수 있다.

및 각종 자료 분석 등을 통해 삭도 공사 및 운행 등이 문화재에 영향을 크게 미칠 것으로 판단되어 현상 변경을 불허하였다.

그러나 2016년 12월 30일, 설악산 천연보호구역 내 오색삭도 설치 현상 변경 불허가 처분에 대해 강원도 양양군이 중앙행정심판위원회에 재결을 요청하자 중앙행심위는 이듬해인 2017년 6월 15일에 다음과 같은 근거로 문화재 현상 변경 불허가 처분을 취소하였다.

… (생략) … 케이블카 건설을 통하여 국민의 문화향유권이 문화재 보호라는 공익보다 결코 적지 않다고 판정할 수 없다면 케이블카 설치를 허가해야 한다. 국립공원위원회는 조건부 사업 승인을 하였는데 문화재위원회도 이를 고려하여 케이블카 설치를 허용했어야 했다. 그러므로 문화재위원회는 재량권 행사를 그르친 부당한 처분이다.

이러한 중앙행심위의 결정에 대해 문화재 전문가를 비롯한 환경단체들은 반박을 제기하였고, 반대로 양양군에서는 속히 재결 요청을 인용할 것을 문화재청에 촉구하는 등 사회적 관심을 야기하고 있다.

(1) 설악산 오색삭도 논쟁의 근원적 문제

설악산 오색삭도 논쟁의 근원적 문제는 국립공원 집단시설지구 지정 제도의 문제와 직결된다. 국립공원 지정 제도가 시행될 때 국립공원의 환경 훼손을 최소화하거나 이용객의 편의를 위해 공원 시설이 집단화되었거나 집단화되어야 할 곳을 설정해 관리하게 된 것이 바로 집단시설지구이다. 그러나 이후 국립공원이 관광지로 인기가 상승하여 방문객이 급증하게 되자 집단시설지구에 숙박시설 등 관광 편의시설이 과다하게 들어서게 되었다. 심지어 덕유산 국립공원 집단시설지구에는 골프장과 스키장이 설치되는 등 관광객 수용 태세 확충 차원에서 국립공원 내의 집단시설지구는 환경 훼손 최소화를 위한 시설관리지구 기능보다는 관광거점지구의 기능으로 변질되고 말았다.

외국의 국립공원 관리 체계를 보면 국립공원 방문객을 위한 편의시설은 국립공원 지정 이전부터 존치된 시설 외에는 불허하고, 허가하더라도 수용력을 고려하여 시설 규모를 제한함으로서 일반 방문객은 거의 1년 전에 예약해야만 이용이 가능할 정도로 관리하고 있다. 대신 앞서 필자가 제시한 벌통형 개발 방식과 유사하게 국립공원 구역 밖에 인접한 취락 지역에 벌통 기능을 부여하여 방문객들이 숙박하고 체류할 수 있도록 하고 있다. 이러한 방식을 통해 국립공원의 환경보존은 물론 지역 경제 활성화도 꾀하는 합리적인 관리가 이루어지고 있다.

설악산 국립공원 집단시설지구의 경우, 설악동 집단시설지구와 오색 집단시설지구, 상복리 일대를 공원 구역 조정의 형식을 빌어 설악산 국립공원 구역에서 해제함으로서 주민들의 민원 해소와 노후 시설 정비를 시도했으나(2010년 12월 29일), 그 외의 다른 국립공원 구역에 위치한 대부분의 집단시설지구 문제는 그내로 상존할 수밖에 없었다. 설악동 집단시설지구 해제는 속초시와의 접근성 개선으로 설악산 내 설악동 집단시설지구에 머무르기보다는 바다도 즐길 수 있는 대포항 등 속초시에 숙박함으로 인해 설악동 집단시설지구의 관광 편의시설 이용객 수가 급감할 수밖에 없었던 것에 기인한다. 특히 설악동의 경우, 한동안 설악권 부활의 꿈을 던져주었던 금강산관광의 중단도 이러한 상황을 가속화시키고 말았다. 그러나 무엇보다도 설악산 방문객 감소의 근원적인 이유는 관광 행태의 변화라 할 수 있다.

　이전의 설악산 방문객은 주류가 자연감상형 관광객이었으나, 이제는 이러한 자연감상형 관광보다는 체험형 관광으로 변화하고 있어 트래킹 위주의 방문객이 많다. 따라서 그들은 설악산 이외의 다양한 방문지를 대안으로 가지고 있기 때문에 설악산을 탐방할 기회는 상대적으로 줄어들 수밖에 없다. 더욱이 체험형 트래커들은 환경친화형, 저비용, 효율성 등을 추구하므로 설악동의 기존 관광시설을 외면할 수밖에 없으며, 그나마 기존의 자연감상형 관광도 제주도와 해외관광지 등 대안 목적지가 많아짐으로 인해 과거의 설악산 독점 시대는 이제 끝났다는 점에 주목할 필요가 있다.[16]

　오색지구도 그간 자연감상형 대량관광 시대 속에서 집단시설지구로 개발이 제한되어 있었으므로 해 보지 못한 개발에 대하여 과다한 기대가 잠재해 있을 수밖에 없었다. 그러던 중 2010년에 오색지구가 국립공원 구역에서 해제되면서 개발 욕구가 현실화되었고, 설악산 최단거리 정상 등반이라는 장점을 살린 케이블카 설치를 염원하고 있다. 문제는 여기서부터 시작된다. 이 시점에서 문화재청이 오색지구의 현황과 동향을 파악하고 적극적인 개발 욕구에 대응하는 보존적인 활용 대안을 강구했어야 함에도 불구하고 전혀 개의치 않고(문화재보존 영향 검토 대상 구역 설정 등의 검토 없이) 있다가 이제서야 오색삭도 설치가 천연보호구역에 환경적으로 영향을 미친다고 주장하는 것은 아쉬움이 크다.

　중앙행정심판위원회에서 삭도 설치로 인한 국민 향유권 문제를 주장할 때 통영의 미륵산 케이블카 사례를 근거로 지적하고 있으나, 현재 권금성

---

16 산업화시대의 탈출형 관광에 있어서 설악산권은 분명히 산과 바다를 한번에 볼 수 있는 최고의 관광 목적지였다. 그러나 목적형 관광의 시대가 도래하면서 국내 관광 목적지도 다변화하고 접근성 개선됨은 물론 해외여행도 대중화되면서 설악권은 단지 설악산 트래킹 목적지로, 또는 동해안 피서지 등의 기능별 관광 목적지로 포지셔닝되고 있다. 이제 설악산권의 매력은 오히려 각각의 특색 있는 목적지로 차별화하면서 연계하는 차원에서 찾아야 할 것이다.

케이블카가 이미 존재하고 오색삭도도 대청봉 등반과 바로 연계되는 케이블카가 아니므로 그 당위성이 떨어진다. 물론 삭도 설치 자체가 어느 정도 설악산 천연보호구역 자연환경에 상처를 낸다 하더라도 외국에도 자연공원 내에 삭도를 설치하는 경우가 꽤 있는 것을 보면 이 때문에 설치가 불가하다고 주장하는 것도 타당하지 않다. 문제는 우리나라 특히 설악산 오색지구의 삭도 설치는 그 목적성이 관광객뿐만 아니라 사업적으로도 타당하지 못하다는 데 있다.

우리나라의 삭도 설치는 외국과는 달리 단순 정류장 시설 설치 외에 하부 정류장 주변에 탑승객을 유인하는 각종 놀이시설이 입지하는 경우가 대부분이어서 환경 훼손이 우려된다. 또한 양양군이 제안한 상부 정류장도 대청봉에 인접해 설치되는 것이 아니라, 끝청봉 297m 이전 지점의 전망데크와 산책로까지만 탑승객 접근을 한정하게 되어 있으므로 최단 시간 대청봉 등정을 목적으로 하는 대다수 자연감상형 관광객의 기대에 미치지 못할 것이 뻔하다.

우선 양양군이 제안한 오색지구 삭도 설치 계획대로 끝청봉 297m 이전 전망데크까지만 산책로 접근이 허용되는 것으로 허가 받았을 경우, 대청봉 등반으로 연계되지 못하므로 최단 시간 내에 설악산 정상 등정의 의미를 상실하기 때문에, 개장 초기에는 호기심 차원에서 방문객 수가 많겠지만, 반짝 효과가 극대화되는 개장 후 3~4년을 정점으로 감소 추세를 보일 수밖에 없다. 결국은 사업성이 떨어지는 관계로 양양군은 상부 정류장 전망데크로부터 대청봉까지 산책로 확장을 강하게 요구할 수밖에 없을 것이다. 즉, 현재의 삭도 계획안보다는 산책로 확장으로 인한 대청봉 주변의 환경 훼손은 지금 예상한 것보다 더욱 커질 것이다. 결국 오색삭도 설치로 단기적 경제적 이익 극대화만 추구하고, 향후 펼쳐질 자연감상형 관광객 감소 추세는 간과함으로 인해 사업 타당성 결여의 문제가 야기됨은 물론 경관 훼손으로 체험형 트래커들마저도 놓치는 결과를 초래할 수 있다.

설악권 관광 진흥 전략은 통일 이후의 모습까지 고려하여 장기적 안목으로 수립되어야 한다. 설악동 집단시설지구 해제를 통한 정비사업은 물론 오색지구 관광 활성화도 결국 통일 이후의 금강산권, DMZ 생태관광권, 설악산권을 하나로 묶는 통일관광권 차원에서 접근되어야 한다. 이러한 관점에서 볼 때 설악산권 특히 오색지구는 삭도 설치에 의한 자연감상형 대중관광이 아니라 체험형 트래커들을 유치하기 위한 자연친화형 트래킹 베이스캠프 차원에서 조성되어야 한다. 이러한 접근만이 설악산권, 아니 통일관광권 시대에 대비하는 포지셔닝 전략이다.

그러나 분명한 것은 이러한 이상적이고 상생적인 대안은 절대로 현시점에서 받아들여질 수 없다는 것이다. 왜냐하면 현재 양양군을 위시한 오색지구 개발론자들의 기대가 너무 크므로, 그들의 생각이 현실에 부딪쳐 깨닫게 되기까지는 결코 합리적인 대안을 수용할 수 없기 때문이다. 실제로 양양군 오색지구나 상복리 일대의 주민들과 투자자들을 생각해 보면 그들의 처지가 이해는 된다. 지금까지 제대로 기회를 얻지도 못하고 기대만 키우며 버텨왔는데, 이번이 유일한 찬스이니 이를 버릴 수는 없을 것이다. 특히 중앙행정심판위원회의 재결 처분 이후에는 어떠한 개발 대안도 그들이 받아들일 수는 없을 것이다. 이러한 상황 속에서 제시될 수 있는 유일한 대안은 양양군 오색삭도 설치안의 조건부 승인이다.

여기서 조건이란 끝청봉 이전 마지막 전망데크부터는 절대로 끝청이나 대청봉 방향으로의 산책로 확장은 불가하며, 탑승객 진입도 불허한다는 것이다. 또한 삭도 운행 시에는 탑승객의 끝청, 대청봉 접근 불가 및 천연보호구역 내 탐방 유의사항을 안내판과 안내방송을 통해 사전 공지할 것도 조건으로 포함해야 할 것이다. 이러한 조건이 확실히 지켜질 수만 있다면, 그리고 일정 시간이 지나 관광객들의 행태 변화가 눈에 띄게 나타나기만 한다면, 오색삭도 사업은 더 이상의 대청봉 산책로 확장 시도 없이 현재의 안대로 유지될 수 있을 것이다. 이와 더불어 오색지구 일대의 주민들과 투자자들의 생각도 점차 달라지면서 최선의 방안은 아니지만 나름대로 최적화된 자연 친화형 오색지구 발전 방안이 그려질 수 있을 것이다. 물론 그러한 시점까지의 기회비용을 포함한 손해는 매우 크겠지만 그것이 모두가 공감하며 학습, 발전할 수 있는 유일한 길이라 생각된다.

(2) 향후 문화유산 보존과 활용과 관련한 시사점

상기한 삭도 개설 조건이 양양군 제안에 부가되지 않고 원안대로 통과되어 개설된다면, 2010년 말 오색지구가 설악산 국립공원 구역에서 해제되는 시점에 문화재청이 천연보호구역 영향 검토 대상 지역으로 고려하지 않은 것보다 더한 우를 범하는 것이라 볼 수 있다. 이러한 조건부 현상 변경 허가는 최선책은 아니지만 차선책이라 볼 수 있다.

오색삭도 설치 논란을 통해 간과하면 안될 점은 문화재로 지정하여 보존을 결정하는 시점과 동시에 문화재 영향 검토 대상 지역의 활용 방안, 즉 필자가 지속적으로 주장해 온 '유산 영향권 관광 관리 방안'을 함께 고려해야 한다는 것이다. 설악산을 천연보호구역으로 지정해 보존하고자 했던 시점에서 문화재 영향권 내에 있는 오색지구나 상복리 지역을 어떻게 활용할 것인가에 대한 논의와 대안이 마련되어야만 했다는 것이다. 즉 문화재 지정이나 보호구역의 설정은 궁극적으로 해당 지역의 관광 매력을 증진시키는 경우가 대부분이므로, 인접한 마을이 해당 문화재의 관리 주체가 됨과 동시에 문화재 방문객의 편의시설이 입지하는 벌통 기능을 담당하며 해

당 문화재와 관련된 차별화된 생활문화를 창달함으로서 주민 주도의 지속
가능한 관광을 모색할 수 있도록 조치해야 한다. 그렇지 않다면 오색지구
삭도 설치와 같이 대중관광, 대량관광의 유혹에 빠진 외지 투자자의 의도
대로 시설 중심의 하향식 개발이 시도될 수밖에 없기 때문이다. 이러한 시
설 중심 하향식 개발의 실패 사례가 바로 설악동 집단시설지구이며, 결국
은 투자자와 주민 모두 대중관광, 대량관광에 외면당하는 결과를 초래하
게 되었다는 점을 간과하지 말아야 한다.

제VI장
농촌관광 선진화 기술

Chapter Reviewer 황길식 박사

명소IMC 대표로, 관광과 조경을 전공하고, 장소와 사람에 대한 관찰을 통해 매력적인 명소를 만드는 연구를 하고 있으며, 슬로시티 청산도 만들기 프로젝트, 안성 팜랜드 마스터플랜, 대구 김광석길 리모델링을 통해 명소 마케팅 계획을 현장에 적용시켜 나가고 있다. greentourism@hanmail.net

Chapter Reviewer 최성준 대표

양평 수미마을을 으뜸촌 마을로 키운 장본인으로, 전공 분야는 농촌관광 마케팅이다. 주요 관심 분야는 '농촌관광과 가족'이며, 현재 경기농촌활성화센터 총괄계획가와 경기6차산업지원센터 전문위원으로 활동하고 있다. sjchoi@bullsland.kr

1. 농촌관광의 이해

(1) 도시민에게 필요한 농촌체험

집을 떠난 도시민이 농촌관광에서 경험하게 되는 세 가지 체험은 다음과 같다. 첫째, 일상생활의 굴레와 책임에서 벗어나면서 느끼는 일탈체험이고, 둘째, 방문한 농촌 마을의 경관과 자연, 계절감, 전통문화, 농사, 농산물 수확, 농가 밥상 등을 경험하는 장소체험, 그리고 셋째, 현지 주민, 타 여행자, 동반 여행자와의 관계체험이다.

현대 도시민들에게 가장 익숙한 소진증후군은 에너지를 다 소진하고 어느 순간 무기력하게 되는 증상으로, 단순한 스트레스가 아니라 수면장애, 우울증, 인지능력 저하, 심리적 회피와 같은 질병을 유발할 수도 있다고 한다. 이러한 번아웃burn-out을 치유할 수 있는 곳 중 하나가 바로 이 증상의 3대 치료 요소인 자연과 사람, 그리고 문화가 완벽히 조화를 이루는 농촌 마을이 될 수 있다.

농촌 마을이 도시민의 소진증후군 회복 기능을 담당하기 위해서는 무엇보다도 농촌에서만 존재하는 관계체험을 위해 '농심'을 잃지 말아야 한다. 도시민이 농촌 주민과의 관계 속에서 느끼게 되는 농심이야말로 다른 유형의 관광보다 경쟁 우위에 설 수 있는 농촌관광만의 자원성이다. 사실 이미 지정된 농어촌체험휴양마을 중 일부는 이미 농심을 잃어가고 있고 서비스의 경쟁력도 떨어져, 농촌관광 목적지로서의 매력도가 점차 감소되고 있다.

도시민이 다른 목적지와 차별화하여 기대하는 농촌관광의 매력은 첫째가 농심이며, 둘째는 장소체험 요소 중 하나인 계절성이다. 사회가 안정될수록 도시민들은 계절의 변화 속에 자신을 몰입시키려고 한다. 농촌 마을의 계절별 경관 변화와 다양한 농산물 수확은 도시민의 농촌 방문을 유발하는 중요한 매력 요인이 된다. 그래서 봄에는 꽃축제, 가을에는 열매축제로 축제를 1년에 두 번 개최하는 것도 필요하다. 영월, 정선 지역은 주로 산간 지역으로 되어 있어 꽃이 늦게 피기 때문에, 수도권 도시민을 대상으로 늦은봄꽃축제를 기획할 수도 있을 것이다.

마지막으로 도시민이 농촌에서 기대하는 성과는 장소체험과 관계체험이 어우러져 발생하는 탈일상성이다. 물론 탈일상성은 농촌의 물리적 환경보다도 도시민의 심리적 상태에 더욱 영향을 받을 수 있다. 그러나 가족 중심 방문객을 주된 대상으로 할 경우 평소 경험하지 못한 농사 체험이나 농산물 수확 체험은 물론이고, 도시에서 익숙한 스마트폰과 TV의 영향에서 벗어나 생활하는 것도 탈일상성을 강화시키는 방법 중 하나이다.

결론적으로 탈일상성은 농심, 계절성과 함께 도시민들이 반드시 필요하고 선호할 뿐만 아니라 농촌 마을이 다른 관광 목적지에 비해 경쟁력을 가지는 원천이라는 점을 강조하고 싶다. 농촌 주민들은 도시민들이 원하는 것이 다양한 체험 프로그램이라고만 생각한다. 마치 공구상가 사장이 드릴을 사러온 소비자가 뚫어야 하는 구멍 크기가 어느 정도인지를 고려하지 않고 자기가 팔아온 제품 위주로만 추천하는 것과 같다. 그러나 도시민이 농촌 마을에서 기대하는 것은 체험 프로그램 그 자체가 아니라 농촌체험을 통해 얻는 농심과 계절감, 그리고 탈일상성이라는 점을 명심해야 한다.

(2) 농촌 마을을 도시민에게 알리는 방법

농촌 마을을 도시민들에게 알리기 위한 최선의 방법은 아마도 공중파 TV의 9시 뉴스에 긍정적인 내용으로 소개되거나, 비슷한 시간대에 광고로 노출되는 것일 것이다. 그러나 그렇게 되기에는 농촌 마을의 이야기거리가 부족하고, 금전적 여유도 없다. 그럼에도 불구하고 농촌 마을에 도시민들이 찾아오게 하려면 적극적인 홍보가 필요하다.

비용도 적게 들이고 노력도 많이 들이지 않고 할 수 있는 홍보 방법은 바로 농촌 마을 인근의 사람들이 가장 많이 몰리는 장소를 찾아가서 그곳에 온 사람들을 대상으로 자신의 마을을 홍보하는 방법이다. 이천 산수유축제에 몰려온 사람들을 대상으로 가을에 개최되는 도자기축제를 홍보하는 것이 그 사례이다. 산수유축제 때문에 이천을 방문한 사람들이라면 가을에도 인근의 도자기축제장을 방문할 확률이 높을 것이기 때문이다. 인근 명소의 성격이 농촌 마을의 특성과 유사하다면 더욱 시너지 효과를 발휘할 것이다. 그러나 그렇지 않더라도 인접한 명소는 지리적으로 가깝다는 점만으로도 마을의 인지도를 높일 수 있고, 그에 따라 방문 확률도 높일 수 있다.

사람들이 많이 몰리는 장소로는 축제장뿐만이 아니라 인근의 고속도로 휴게소, 유명 관광지 등이 될 수도 있다. 이러한 시도에는 기존 관광명소들의 인식 전환이 우선적으로 필요하다. 이제까지는 단순히 사람을 끄는 지역의 명소로 안주했다면, 앞으로는 공익적 차원에서 이곳까지 온 사람들을 주변의 농촌 마을로 보낼 수 있는 플랫폼 기능까지 할 수 있어야 진정한 명소가 된다는 인식을 가져야 한다.

또 다른 홍보 방법으로는 해당 농촌 마을의 자원성과 연계되는 일사일촌 파트너를 물색하는 일을 들 수 있다. 현재 양평의 수미마을은 (주)농심의 수미칩과 '수미'라는 이름이 같다는 인연으로 스폰서십을 체결하여 여러 가지 도움을 받고 있다. 기존의 일사일촌은 단지 도농교류 차원의 일방적 농촌 마을 지원이라는 의미에서 시작되어 지속가능하지 못한 측면이 있었으나, 양평 수미마을과 (주)농심과의 관계처럼 상호 원원하는 관점에서 일사일촌이 맺어진다면, 농촌 마을에게 기업은 재정적 스폰서일 뿐만 아니라 홍보 스폰서 역할도 담당하게 될 것이다.

(3) 농촌체험휴양마을 시작 전에 필요한 마중물 사업

농림축산식품부의 농촌체험휴양마을을 지정받아 농촌관광을 시작하려면 마을협의회가 구성되어야 하기 때문에 시간도 걸리고 마을 주민 다수의 동의도 얻어야 된다. 개인 의사에 따라 참여가 결정되는 농어촌 민박사업과는 달리 주민 다수의 동의를 얻어 시작되는 농어촌체험휴양마을 사업은 우선적으로 체험휴양마을 사업에 대해 주민들이 공감대를 형성하는 것이 매우 중요하다.

농촌관광사업 경험이나 그와 유사한 경험이 있는 주민들을 제외하고는 체험휴양마을 사업이 가져다 주는 유형적 이익에 대해 체감하기는 어려운 일이므로, 마을 주민들이 이 사업의 결과를 일부 체득할 수 있도록 마중물 사업을 시행해 보는 것이 필요하다. 농어촌체험휴양마을 사업을 수행하기 이전의 마중물 사업으로 가장 유효하다고 생각되는 것은 마을 단위 축제나 마을장터, 농촌 마을 캠핑과 농가 아침식사(C&B) 형식의 마당스테이 등의 공동 사업을 들 수 있다.

먼저 마을 단위 축제는 농어촌 마을이 가지고 있는 자원성(전통, 역사, 경관, 인물, 자연, 음식 등)을 소재로 하여 마을 주민이 주도해 기획, 진행하는 축제이다. 마을 단위 축제의 기본 목표는 첫째, 참여하는 주민들의 행복 증진이고, 둘째, 외지 방문자들의 마을 방문 유도이며, 셋째, 마을의 인지도 제고이다. 이러한 마을 단위 축제를 통해 주민들은 팀워크를 형성하게 되고, 이를 보러 오는 도시민들이 늘어나게 되면서 점점 널리 알려지게 된다. 마을 단위 축제는 이벤트성으로 개최되기 때문에 참여자들이 상대적으로 부담을 덜 느낄 수 있으며, 참여하는 주민들이 실제 축제 경영을 통해 농어촌체험휴양마을 사업에 대한 자신감과 기대를 가질 수 있다는 것이 중요한 성과이다.

또 다른 사례로 마을장터가 있다. 슬로시티 예산군 대흥면에서는 주민들이 텃밭에서 가꾼 각종 농산물을 마을에 있는 의좋은형제 공원에 내다 놓고 판매를 시작한 것이 지금은 매월 정기적으로 개최되는 '의좋은형제장터'로 발전하게 되었다. 물론 슬로시티라는 인지도가 도시민 장터 방문에 큰 영향을 준 것은 사실이지만, 어느 마을이라도 국도변이나 사람들이 많이 모이는 곳에 '찾아가는 마을장터'를 시작할 수 있을 것이다.

그 외에도 최근 도시민들의 캠핑 붐에 부응하여 농촌 마을의 공터와 농가 마당을 시설투자 없이 바로 캠핑장으로 활용하는 마당스테이를 들 수 있다. 도시민들이 자연 속에서 농심을 느끼며 가족과 함께 캠핑하면서 농촌체험을 한다면 주민들과의 관계 형성도 자연스럽게 이루어져 농산물이나 농가공품 판매로 연계될 수 있을 것이다. 농어촌체험휴양마을로 지정되기 전에 시설 투자 전혀 없이 주민들의 역량을 단기간에 업그레이드하기 위한 마중물 사업으로 팜파티와 연계된 마당스테이만큼 효과적인 것은 없다고 생각된다.

2. 농촌관광 선진화 방향

(1) 농촌관광 개념의 재정립

농촌관광은 과거에 농외 소득 증진을 위한 수단이었던 농업관광에서, 이제 수요자인 도시민의 니즈와 농촌 주민의 삶의 질 고려는 물론, 농산물의 부가가치 증진을 위한 브랜딩 수단으로 재정립되어야 한다. 농촌관광은 투입input, 과정process, 성과output, 결과outcome의 관점에서 정의될 수 있으며, 기존의 농촌관광의 문제점과 제약 요소에 대한 고려는 물론 향후 비전까지도 포함해야 한다.

농촌관광을 상기한 고려 요소에 근거해 서술하면 다음과 같다.

① 투입: 농촌의 자연환경과 전통, 역사, 생활문화 그리고 1~2차산업과 농촌 주민이 소재가 된다.

② 과정: 향후 비전을 생각하여 준비한 다양한 콘텐츠를 도시민들이 방문해 직접 체험하거나, 농촌에서 단기간 현지인 모드로 생활하도록 한다.

③ 성과: 6차산업화하여 농외 소득 증대와 농산물 부가가치 증진은 물론 회복 환경으로서 농촌의 활력 증진을 꾀한다.

④ 결과: 주민 행복, 지속가능한 농촌 발전, 농촌다움 유지를 목표로 삼는 것으로, 이 모든 것은 농촌 주민이 주도하는 농외 활동이다.

다시 말하면 농촌관광이란 농촌의 자연환경과 전통, 역사, 생활문화 그리고 1~2차산업과 농촌 주민 등 농촌다움을 소재로 한 다양한 콘텐츠를 도시민들이 직접 방문해 체험하거나 농촌에서 단기간 현지인 모드로 생활하도록 하여, 농외 소득 증대와 농산물 부가가치 증진은 물론 도시민의 회복 환경으로서 농촌의 활력 증진을 도모하고, 주민 행복과 지속가능한 농촌 발전, 그리고 농촌다움을 유지하게 하는 농촌 주민 주도의 농외 활동을 지칭한다.

따라서 농촌관광 개념에 근거하여 기존의 농촌관광을 관광 전문화 정도에 따라 분류하면, 농촌 생활여행(부업), 농촌 6차산업(겸업), 농촌 테마관광(전업)으로 유형화할 수 있다. 이와 함께 새롭게 등장하고 있는 농촌 치유여행은 특수 집단(수험생, 사춘기 청소년 등)을 대상으로 농촌 현지의 주민이 아닌 전문가에 의해 주도되는 농촌 치유 목적 여행과 농촌 현지의 주민이 주도하는 농촌 생활여행으로 구분할 수 있다.

(2) 농촌체험휴양마을의 차별적 육성

체험관광을 상품화할 때 수요자 요구에 부응하기 위해 무엇보다도 중요한 것은 우리 사회의 모든 분야가 관광과 접목될 수 있다는 점을 인식하는 것이다. 외국인 관광객들이 선호하는 곳 중 하나가 우리 젊은이들이 즐겨 찾는 홍대앞이고, 남대문시장은 이미 국제적 관광명소로 자리잡고 있다. 농촌의 자연과 문화, 농산물 수확을 체험하는 농촌관광도 기본적으로 농촌에 관광을 접목한 체험상품이라 할 수 있다.

이제 우리 사회의 모든 분야가 급증하는 목적형 관광 수요에 자기만의 독자적 영역을 능동적으로 활용하여 '관광이라는 모자'를 쓴 체험상품을 선보임으로서 관광 수입 증대 또는 인지도와 이미지 제고를 통한 브랜딩을 도모할 필요가 있다. 국가적으로 볼 때 체험상품의 다양화는 내국인의 건전한 여가 활용 기회를 확충시키고, 생산성 증진에 크게 기여할 수 있을 뿐만 아니라, 농어촌 지역의 경제 활성화에도 한몫 할 수 있다. 또한 외국인에게도 이러한 시도가 템플스테이와 같이 보다 감동적으로 한국문화를 체험할 수 있는 기회를 제공해 준다.

농촌에 체험관광을 도입할 때 유의해야 할 점이 있다. 농촌에 관광이라는 모자를 씌울 때에는 반드시 관광은 부업이고 농업이 주업인 아마추어 관광(부업 관광)의 정신을 잊어서는 안된다. 관광 모자를 쓴 모습이 멋져 보인다고 유니폼까지 입는 프로페셔널 관광, 즉 전업 관광을 추구하다가는 십중팔구 경험 부족으로 인해 사업 실패를 맛볼 수 있으며, 일단 성공하더라도 외지인의 무분별한 투자를 초래할 수 있다. 농촌체험의 프로페셔널 관광화(전업 관광화)는 시행착오를 거쳐 노하우가 쌓여야만 가능하며, 특히 몸과 마음을 내던질 젊은이들이 있어야 성공할 수 있다. 우리나라 대부분 농촌 마을의 현재 여건 하에서는 농촌관광의 전업화보다는 농산물과 식가 공품의 브랜드 가치를 높이고 판매를 촉진하기 위한 6차산업화 차원에서 다루어질 필요가 있다.

2016년 농어촌공사가 발표한 자료를 보면, 2015년 기준 873개 농촌체험 휴양마을의 방문객 수는 796만 명, 매출액은 842억 원으로 나타났다. 방문 객 1인당 평균 객단가는 10,600원 정도이다. 지금까지 여러 전문가들이 경험적으로 말해서 연 1만 명이 방문해서 10,000원씩 지출하여 연간 1억 원의 매출을 올린다고 했던 이야기가 거의 사실로 드러난 셈이다. 그렇다면 방문객 수가 연간 1만 명 이하인 농촌체험휴양마을도 농촌관광을 한다고 이야기할 수 있을까?

현재의 농촌관광 문제를 해결하려면 우선적으로 정책 대상을 세분화할 필요가 있다. 농촌관광을 제대로 활성화시키려면 현재의 여건상 연간 1만 명 이상 오는 마을 위주로 정책을 집중시켜야 한다. 그리고 나머지 마을은 농촌관광보다는 앞서 언급한 농촌 생활여행 또는 6차산업 대상지로 육성하는 것이 좋다.

873개의 농촌체험휴양마을은 운영 실적과 형태에 따라 다음과 같이 몇 가지 유형으로 분류할 수 있다.

첫 번째 유형은 비교적 일찍 농촌관광을 시작한 마을로, 농촌체험을 통해 농산물이 강력한 브랜드파워를 갖게 되어, 이제 농촌체험은 명맥 유지를 위해 최소한의 방문객만을 대상으로 실시하고, 주로 농산물 유통과 판매에 전력을 다하고 있으며, 오히려 농촌체험 시설을 늘어나는 노령 인구를 위한 요양시설로 변경하려고 하는 마을이다.

두 번째 유형은 수도권 근처의 일부 마을과 같이 방문객들이 예약 없이

표 VI-1_ 연도별 농촌체험휴양마을의 총매출액, 방문객 수, 객단가 변화 추이

구분	2012년	2013년	2014년	2015년
총매출액(백만 원)	54,093	59,411	62,861	81,283
방문객 수(명)	4,243,034	4,836,928	5,587,471	7,665,167
객단가(원)	12,748	12,282	11,250	10,604

※ 객단가=총매출액 ÷ 총방문객 수(한국농어촌공사 ROCUS 참고)

들러도 체험이 가능할 정도로 이미 성공적인 프로 농촌체험마을이 된 곳이다. 물론 이러한 마을에는 반드시 농촌체험과 온라인마케팅을 주도하는 젊은 리더가 있다. 이러한 유형이 바로 농촌관광 전업화마을이며 사실상 농촌다움을 소재로 한 테마파크라 칭할 수 있을 정도이나 그 숫자는 한정될 수밖에 없다.

세 번째 유형은 열정적인 리더들에 의해 농촌관광 수입도 일부 발생하며, 체험관광을 통해 농산물과 식가공품 판매 증대 또한 경험하고 있는 마을이다. 즉, 농촌관광을 본업으로 추진할만한 의지와 여건은 확보되어 있으나 방문객이 성수기와 주말에만 한정되고 있어 부업 정도에 머무르고 있는 마을이다.

네 번째 유형은 농촌체험휴양마을로 지정은 되었지만 방문객이 많지 않아 거의 개점휴업 상태인 마을이다. 이러한 마을은 6차산업화를 통한 마을 활성화나 새로운 관광트렌드인 농촌생활여행을 있는 그대로의 상태를 활용해 유치하는 전략이 필요하다.

대부분의 농촌체험휴양마을이 세 번째 유형에 속하며, 따라서 예약 없이 방문하면 농촌체험이 불가능한 경우가 거의 대부분이다. 특히 보다 많은 방문객 유치를 위해 공동숙박시설을 조성해 놓았지만 객실 이용률이 저

조해 관리도 매우 부실한 편이다. 이러한 마을들은 농촌관광으로 성공하기보다는 농촌체험을 통한 농산물과 식가공품 브랜딩에 전념하는 것이 더 큰 이익을 창출할 수 있을 것이다.

농촌체험휴양마을을 지정할 때 모든 마을을 똑같은 강도로 육성하기보다는 6차산업화 차원에서 아마추어 관광을 도입할 마을과 전업으로 농촌관광을 수용할만한 여건을 가진 마을로 이원화하여 관리하는 것이 좋다. 이 두 가지 유형의 농촌마을의 차이는 공동숙박시설의 조성 여부인데, 즉 프로 관광으로 육성해 나갈 농촌체험휴양마을에만 공동숙박시설 조성을 허용하고, 입지 여건상 전업보다는 부업으로 농촌관광이 접목되어야 할 마을에는 공동숙박시설 조성을 허용하지 말아야 한다.

이에 따라 농촌체험휴양마을의 등급심사 규정도 바뀌어야 한다. 농촌체험휴양마을 등급심사 기준에서 공동숙박시설을 보유한 편이 기존 마을회관 등을 공동숙박시설로 활용하는 것보다 가산점을 받게 되어 있는 것도 개선되어야 할 사항이다. 농촌체험휴양마을에 조성된 공동숙박시설 대부분이 생각보다 이용률이 떨어지고 관리도 소홀한 이유는 국가지원사업이라 조성 이전에 면밀한 사업성 검토 없이 시행되었고, 시설에 대한 관리도 마을 공동관리 시스템이어서, 수익이 창출되어도 개인의 이익에 직결되지 않기 때문이다.

수요자가 원하는 농촌관광은 자연환경과 계절감, 전통문화, 농산물 수확, 농촌 인심 등 있는 그대로의 농촌다움을 오감으로 체험하는 것이다. 그러나 현재의 농촌체험휴양마을에는 체험 프로그램은 있지만 농촌 인심은 많이 사라진 상태이며, 그렇다고 지불하는 비용만큼 인적 서비스를 받을 수도 없다. 대다수 농촌체험휴양마을이 원하듯이 농촌체험의 전업화가 실현되려면 인적 서비스의 질부터 개선되어야 하지만 현재의 방문객 수로는 수익이 보장되지 않을 뿐만 아니라 노령화된 인력으로는 서비스의 질적 개선이 불가능하므로 다른 대안을 찾아야 한다.

현재의 농촌체험휴양마을은 어중간한 상태인 곳이 많다. 그러므로 이제 농촌관광 유치를 시작하려는 농촌마을은 철저히 인적 서비스의 질을 높여 전업관광으로 다수의 방문객을 유치하든지, 그렇지 않은 여건이라면 있는 그대로의 모습인 농촌 인심을 바탕으로 찾아오는 만큼의 방문객만을 대상으로 그들과의 관계 형성을 통해 농산물과 식가공품 판매에 주력하는 농촌 생활여행을 지향하는 것이 좋다. 최근 정부가 적극 지원하는 6차산업화에 개인이나 개별 사업체가 조금씩 투자하는 방식이 가장 합당한 아마추어 관광의 전형일 것이다.

농촌관광으로 방문객이 몰려 농외 소득은 증대되었으나 농심이 훼손된 농촌은 이미 농촌이 아니고 관광지이며, 농사일에 익숙한 농민들이 서비스 중심의 체험 프로그램으로 승부한다는 것은 매우 어려운 일이다. 그럼에도 불구하고 농촌체험휴양마을 대부분은 성공 확률이 떨어지는 관광지가 되려고만 하고, 현재 모습 그대로의 자연환경과 농촌문화, 그리고 본연의 모습인 농심을 바탕으로 농촌체험과 농산물을 연계시킨 6차산업을 도모하는 노력은 간과하고 있다. 농촌 마을의 자연환경, 농촌문화, 농심을 있는 그대로 체험하는 자체가 도시민의 회복 장소로 경쟁력 있는 요소임에도 불구하고 말이다. 농촌 환경과 공동체를 통해 미래지향적 가치를 발견하여 향후 관심 있는 젊은이들이 회귀할 시점까지는 현재의 농촌 주민이나 귀농귀촌인으로 운영 가능한 정도만 농촌관광이 도입되는 것이 가장 이상적인 접근이 아닐까 생각된다. 갑자기 너무 유명해지거나 너무 많은 투자가 이루어져 감당하기 어려울 정도가 되면 농촌관광의 기반인 농촌은 물론 농민 자체가 사라져버릴 가능성이 높아지기 때문이다.

(3) 목적형 방문객과 경유형 방문객 모두 유치

어느 정도 방문객이 찾아와서 관광 마인드가 갖추어진 농촌체험휴양마을을 대상으로 집중적으로 펼쳐야 할 농촌관광 진흥 방안의 핵심은 무엇일까? 어떻게 하면 기존의 농촌체험휴양마을이 상시 체험이 가능한 농촌관광의 장이 될 수 있을까?

농촌관광 유치의 기존 틀은 농촌체험휴양마을을 관광 목적지로 방문하도록 홍보하는 것이었다. 농촌의 자원성 즉 계절 체험, 자연 체험, 농산물 수확 체험, 전통문화 체험 등을 하려고 농촌체험휴양마을을 방문하지만 방문자 대부분이 단체방문객이고 사전예약이 필수여서 가족 동반자 등 개별 방문객이 아무 때나 원하는 시간에 농촌에서 체험활동을 하기 위해 방문하기에는 제약이 있었다. 사실 관광 서비스란 언제든지 이용이 가능해야 하므로 엄밀히 말해서 농촌체험휴양마을은 관광 서비스 제공을 하지 못했다고 말할 수 있다.

한정된 방문 수요로는 체험 프로그램 운영도 제한적이며, 공동숙박시설 이용률이 저조하고 관리도 엉성할 수밖에 없다. 농민들 표현에 따르면 "전업으로 하기에는 사람이 많이 오지 않고, 그렇다고 부업으로 하기에는 손이 많이 가는 것이 농촌관광이다."라는 말을 하곤 한다. 이렇게 방문객 수가 많지 않은 마을의 농촌관광 서비스가 어떻다고 토를 달고 이를 개선하기 위해 집중적인 교육이 필요하다고 주장하는 사람도 있지만 이는 농촌관광 현장을 모르기 때문에 할 수 있는 지적이다.

기존의 지역관광 중 도시관광을 제외한 대부분이 농어촌지역에서 이루어지는 관광이다. 다시 말해서 관광 매력이 큰 자연유산이나 문화유산은 대부분 농촌지역에 위치하고 있으므로 관광을 위해서는 농촌지역을 경유하지 않을 수 없다. 전주 한옥마을을 방문하는 사람들이 연 500만 명이 넘는다고 한다. 전주 한옥마을을 불과 몇 km만 벗어나도 농촌지역이고 인근 완주군에는 농촌체험휴양마을이 다수 위치하고 있다. 과연 전주 한옥마을 방문객을 농촌마을로 유치하려고 시도한 적은 있는지 묻고 싶다.

지금까지의 농촌관광의 정책 기조는 농촌을 목적지로 방문하도록 하는 목적형 농촌관광 진흥정책이 주를 이루었지만, 지금부터는 이와 더불어 농촌을 경유지로 방문하도록 하는 경유형 농촌관광 정책을 병행할 필요가 있다. 전국의 유명 관광지에 왔던 방문객들이 주변 마을을 경유하도록 벌 통형 농촌체험휴양마을을 육성해 나간다면 농촌관광 활성화에 기여할 수 있을 것이다.

농촌체험휴양마을의 경쟁력은 로컬푸드를 중심으로 한 먹거리와 비교적 저렴한 공동숙박시설이다.

최근 전주 한옥마을은 핫 플레이스 중 하나로 방문객 중 젊은층이 다수를 차지하고 있는데, 이들의 관광 욕구 중 하나가 맛이다. 그러나 전주 한옥마을은 그들의 욕구를 충족시키기에는 비용면에서 어려운 측면이 있다. 이때 인접한 농촌체험마을의 저비용 숙박시설과 로컬푸드 중심의 먹거리를 연계시킨다면 가성비 차원에서 충분히 경쟁력이 있을 것이다.

2016년 농림축산식품부 6차산업화지구 조성사업 선정 과정에서 완주군의 로컬푸드협동조합이 제안한 기존의 해피스테이션(로컬푸드 직판장과 로컬푸드 뷔페레스토랑[1])과 조합회원 농가를 대상으로 한 농촌관광 연계 6차산업

---

1 완주군 구이면 모악산길에 위치하고 있으며 광특회계 20억 원과 군비 28억 5,000만 원을 들여 2013년 7월에 개장하였다. 1층 로컬푸드 직매장 558m²와 2층 농가 레스토랑 378m²의 규모로 800여 농가가 조합원으로 참여하고 있는 로컬푸드협동조합에 의해 운영되고 있다. 2015년 연 매출액은 직매장이 54억 1,700만 원, 농가 레스토랑이 7억 4,100만 원을 기록하고 있다. 향후 전주 한옥마을 방문객을 적극 유치한다면 로컬푸드 체험 인원과 쇼핑 매출액이 급증할 수 있는 잠재력을 보유하고 있다.

그림 Ⅵ-1_ 완주군 구이면 로컬푸드 해피스테이션

화 시도는 아주 뛰어난 발상이었으나 아쉽게도 사업 대상지로 선정되지 못했다. 이들 800가구의 로컬푸드협동조합 회원들은 이미 도시 수요자들의 먹거리 욕구를 해피스테이션 매장을 통해 터득하고 있었기 때문에[2] 전주 한옥마을 방문객을 대상으로 한 농가민박(Bed & Breakfast) 등 농촌관광에 접목시키는 것이 더욱 쉬웠을 것이다. 특히 경영 마인드로 무장한 로컬푸드협동조합이 중간 지원 조직의 역할을 담당하며 앞장서서 협동조합 회원인 단위 농가를 이끌어간다면 경유형 농촌관광의 성공사례로 자리잡을 수 있었을 것이다.

2016년도 코레일 연계 상품 운영 실적을 보면 농촌체험휴양마을 중 방문객 수가 많은 으뜸촌 중심으로 주변 관광지를 연계하는 철도관광 상품의 이용 증가율이 평균 50% 수준을 보이고 있다. 이러한 시도는 농촌체험휴양마을만을 목적지로 하는 방문객 유치 전략에서 진일보한 노력이라 할 수 있다. 그러나 주요 관광지와 농촌체험휴양마을을 연계하는 관광상품은 주요 관광지와 농촌 마을과의 거리가 떨어져 있어 사실상 농촌체험휴양마을에서의 체류시간은 제한적일 수밖에 없으므로, 주요 관광지 방문 관광객을 인접한 농촌 마을이 경유형으로 수용하는 전략이 강화될 필요가 있다. 또한 농촌체험휴양마을 숙박시설은 숙박 이용률이 너무 낮으면 서비스 불량 및 관리 운영이 미흡해질 수 있으므로 이를 방지하기 위해서는 인접한 관광지 방문객을 경유하게 하거나 주변의 관광지와 연계하여 이용객을 적극적으로 유치하려는 노력이 필요하다.

---

2 로컬푸드 인증제를 통해 품질을 보증하고 당일 미판매 물량은 농가가 직접 회수하여 가공품에 활용하고 있다. 회원농가는 소포장, 가격, 진열 및 회수를 직접 관리하게 되므로 구매자의 선호도와 수요량에 민감할 수밖에 없다(스마트폰으로 매장 상황 직접 파악 가능).

(4) 6차산업의 핵심 기술인 농촌관광[3]

'농가 마당 캠핑과 시골밥상'을 캐치프레이즈로, 경기대 관광대학의 재능 기부 형태로 시행된 마당스테이는 농가 마당도 6차산업화의 공간이 될 수 있음을 증명한 실험이다. 특히 2014년 10월 18일(토) 평창군 이곡리에서 시행된 마당스테이는 그야말로 1박 2일 농촌생활여행을 통해 5개 농가가 한 푼의 투자도 없이 6차산업을 경영한 사례이다.[4]

마당스테이 농촌생활여행은 6차산업화 대상이 농촌 마을뿐만 아니라 단위 농가도 개별 경영체로 가능함을 보여 주었다. 일정 규모 이상의 1차산업 기반이 6차산업화에 반드시 필요한 것이 아니라, 텃밭에서 가꾸는 콩과 고추도 1차산업이 되고, 별도의 공장 없이 가정에서 수제로 생산된 된장, 고추장도 2차산업 가공품이었다. 이러한 농산물과 가공품은 3차산업인 농가 마당 캠핑을 통해 도시 가족들에게 판매되어 1~3차산업이 융합된 6차산업이 완성될 수 있었다.

농가 마당 캠핑과 아침식사, 그리고 농촌체험을 통해 농촌주민과의 관계 형성은 물론 농촌생활을 진정성 있게 경험하게 되었고, 이는 농민들이 가공한 된장, 청국장, 고추장 등 먹거리에 대한 신뢰감으로 발전하여 상당한 규모의 구매로 이어지게 되었다. 도시민을 위한 농촌생활 여행으로서뿐만 아니라 농촌주민을 위한 6차산업화 수단으로서 마당스테이가 시사하는 바는 농촌 마을은 물론 단위 농가도 별다른 투자 없이 마인드만 갖추면 6차산업이 적용될 수 있다는 점이다. 그런 면에서 마당스테이는 농촌 마을 주민들의 의식을 개선하고 그들에게 6차산업이 무엇인가에 관해 답해 줄

---

3 필자가 온라인 자문위원으로 있는 www.6차산업.com에 올린 글들을 일부 수정하여 작성하였음.
4 2014년 11월 27일 KBS 2TV '굿모닝 대한민국' 프로그램 방영. 동영상은 www.madangstay.com 참고.

수 있는 유효한 현장교육이었다.[5]

1) 6차산업의 성공과 1차산업

농촌에서 6차산업이 성공하려면 1차산업의 기반이 탄탄해야 된다. 그럼에도 불구하고 현재 대부분의 농촌체험휴양마을은 농산물의 브랜드 가치를 높여 농산물 판매 소득을 증대하는 데 체험활동을 활용하기 보다는 농촌체험 그 자체를 통한 수익 증대를 원하고 있다.

대부분의 농촌체험휴양마을이 마을별로 차이가 있긴 하지만 객단가 1만 원의 체험활동 관련 매출을 올리고 있다.

이보다 더 객단가를 올리려면 몇 가지 고려할 점이 있는데, 그 첫 번째가 서비스 마인드이고, 두 번째가 상설 서비스이며, 세 번째가 공격적 마케팅이다. 이 세 가지 문제는 노령화된 농촌 인구 구성상 거의 개선이 불가능하다.

농촌체험활동도 도시 근교에 입지하고 젊고 활기찬 서비스 인력을 갖춘 일부 마을에서는 프로(전업) 농촌관광으로 발전할 수 있는데, 경기도 양평의 수미마을이 그 사례 중 하나이다. 그러나 현재 대부분의 농촌 마을은 고령화로 인해 3차산업으로 급격히 변화하기는 어려운 실정이다. 그럼에도 불구하고 일단 농촌관광을 도입한 마을은 대부분이 체험소득 증대를 위해 공동숙박시설을 건립하려고 한다. 그러나 실제로 체험객을 상대로 성

---

5 6차산업화 마인드 현장교육 차원에서 마당스테이 사업이 보다 원활하게 시행되기 위해서는 첫째, 도시 방문자를 상대해 본 경험이 있는 농촌체험휴양마을을 대상으로 시행되는 것이 타당하다고 판단된다. 2014년 슬로시티 예산 대흥면에서 시행된 마당스테이 결과 이들은 벌써 마을 자체적으로 마당스테이를 진행할 만큼 흡수력이 빨랐다. 둘째, 마당스테이를 경험한 마을들이 상시적으로 사업을 진행시킬 수 있도록 마을 경관 개선이나 마당 정비 등을 위한 소규모 인프라 지원이 필요하다. 마지막으로, 마당스테이 공급자와 수요자가 쉽게 연결될 수 있도록 포털 사이트는 물론 사업 자체의 홍보에 집중할 필요가 있다.

공적으로 공동숙박시설을 운영하고 있는 마을은 손으로 꼽을 정도이다. 공동숙박시설 운영은 기존 농민이 감당할 수 없을 정도의 서비스 마인드와 전문화된 경영기술이 필요하기 때문이다.

결국, 농촌 주민이 생산한 농산물의 브랜드 가치를 높이는 정도의 아마추어(부업) 농촌관광을 시도하는 것이 합당함에도 불구하고, 대부분 농촌 마을이 체험활동을 통한 수입 증대 차원의 프로(전업) 농촌관광을 지향하는데, 이것은 올바른 방향이 아니다. 다시 말해서 농촌체험휴양마을의 농촌관광 전업화가 농사일보다 쉽고 빨리 큰 돈을 벌 수 있다고 생각하는 점이야말로 농촌체험휴양마을 사업의 한계점이라 할 수 있다.

한편, 6차산업화는 1차산업의 부가가치를 높이기 위해 2차산업과 3차산업을 융합시키는 것이 기본 전제이다. 즉 탄탄한 1차산업의 기반을 가져야 성공적으로 2차, 3차산업의 융합이 이루어져 6차산업화될 수 있다는 뜻이다.

6차산업화를 마을 단위로 접근해 보면 아무래도 개별 경영체 단위로 접근할 때와는 다른 양상을 보일 수 있다. 마을 단위로 6차산업화에 접근하려면 더욱 더 1차산업 기반을 강조해야 한다. 기업 단위로 접근할 때에는 기존의 2차산업이나 3차산업 기반에 동일 장소가 아닌 인근 지역의 1차산업이 융합되는 것도 가능하지만, 마을 단위 6차산업화에는 해당 마을의 1차산업에서 출발해 동일 장소에 2차, 3차산업이 융합되어야 부가가치가 증대된다. 그러므로 1차산업의 특성과 규모가 2차, 3차산업을 결정짓게 된다. 농촌 마을 고유의 1차산업의 부가가치 극대화를 목표로 2차, 3차산업이 융합된다는 차원에서, 전업 농촌관광을 지향하는 농촌체험휴양마을 사업보다 부업 농촌관광이 더 농촌 친화적이고 농민 지향적이라 할 수 있다.

우리 농촌에 6차산업을 정착시키기 위해 관광이 필요하다는 것은 모두 공감한다. 그러나 도시 방문객이 원하는 농촌다움을 방문자 모드로 단순 체험하게 하는 수요자 위주의 체험형 관광보다는 자연경관, 전통문화, 농심, 슬로푸드 등 농촌의 어메니티amenity를 현지인 모드로 충분히 경험하게 하여 자연스럽게 1차산업의 부가가치를 높이는 공급자 위주의 생활형 관광을 도모하는 방향으로 적용되어야 한다. 그렇기 때문에 농림축산식품부가 추진하고 있는 산업체 위주의 6차산업 육성은 6차산업 문화 창달 차원의 마을 조성과 병행되어야 한다.

2016년 6차산업화지구로 지정된 고흥의 유자도 현재 가공업체 위주의 6차산업화를 도모하고 있다. 이들 가공업체의 유통망을 확충하는 것이 6차산업화의 1차 목표이고, 더불어 유자 가공업체 인접 부지에 펜션 등 숙박시설을 조성하는 것이 2차 목표이다. 1차 목표인 유통망 확충을 통한 판매 증진은 6차산업이 아니라 2차산업인 가공업체의 궁극적 목표이므로 새로울 것이 없다. 그러나 2차 목표인 펜션 등 숙박시설을 조성해 체험과 연계시키고자 하는 것은 서비스업에 대한 경험이 없는 가공업체로서는 어려운 도전이 될 것이다.

고흥 유자 6차산업화 지구가 제대로 활성화되려면 가공업체가 선도하여 유자 공급을 담당하는 계약 농가들도 활용해 농촌관광을 추진해야 한다. 계약 농가가 집중된 마을을 농촌체험휴양마을로 지정하고 유자문화특구로 차별화시켜 나가는 6차산업화가 진정한 6차산업정책이다. 유통망 확충을 통한 6차산업화는 향후 유자 수요가 떨어지거나 수입산에 밀려 가격 경쟁력이 떨어지면 경쟁 우위 확보가 어려워질 수밖에 없다. 그러나 유자마을을 기반으로 하는 유자문화 창달 차원의 6차산업화는 비록 시간이 오래 걸릴지 모르지만 향후 유자 생산이나 유통과 관련된 여건이 변화하더라도 관광 유통 중심으로 지속적인 경쟁 우위를 점할 수 있다.

　6차산업화지구 조성에 있어서 지역개발과와 농촌산업과가 분리되어 있는 기존의 농림축산식품부의 현 조직체계로는 유통망과 관광 유통의 확대가 유기적으로 이루어지기 어렵다. 농촌산업과 영역과 지역개발과 영역이 융합되어 추진되거나 지역개발과 명칭이 농촌문화과로 개칭되는 시점에서야 가능해질 것으로 생각된다.

2) 6차산업 디자인

평창군 미탄면 다수리의 고랭지배추는 이모작이라서 6월 하순부터 여름배추가 출하되고, 11월에는 김장배추가 수확된다. 배추의 부가가치를 높이고자 시작된 절임배추사업은 이제 기반 설비를 갖추고 '평창동굴 절임배추'라는 브랜드로 선보이기 시작했다.

　평창동굴식품협동조합이 절임배추를 출하하면서 닥친 첫 번째 어려움은 인지도 문제였다. 물론 지금은 어느 정도의 물량을 소화하고 있지만 시설 투자비와 품질개선 노력에 비해 수요가 일부 지역에 한정되어 있어서, 전국적으로 인지도를 높여 수요량을 늘리려고 노력하고 있다. 이러한 시점에 그들이 생각한 것은 절임배추와 마을 자원을 활용한 체험 프로그램을 개발하여 기존 절임배추 고객관리는 물론이고, '평창동굴 절임배추'의 브랜드파워를 높이려고 하였다. 1차산업인 고랭지배추 수확을 2차산업인 절임배추 가공으로 발전시킨 다음 여기에 3차산업인 농촌관광 서비스를 접목시켜 6차산업을 도모하자는 생각이었다.

　문제는 어떤 과정을 통해 어떤 모습의 체험 프로그램을 개발할 것인가였다. 여기서 그들은 전문가의 도움을 요청하였고, 현장답사와 관련자 면접조사를 통해 '평창김장축제'라는 3차산업 콘셉트를 도출할 수 있었는데, 특히 11월 중 주말을 활용하여 다수리 일원에서 '평창김장축제'를 개최하면 평창군 내에서 앞서 개최되는 '이효석문화제', '오대산문화제'와 연계해 집중 홍보가 가능하다는 장점이 있었다.

평창강이 에워싸고 있는 다수리는 자연경관이 수려할 뿐더러 마을 내에 있는 폐교 부지를 활용할 수도 있으며, 막돌쌓기 기술을 보유한 주민도 있고, 인근 뇌운계곡 주변에 펜션 등 숙박시설이 산재해 있는 입지적 강점도 있었다. 그러나 이러한 자원들을 어떻게 구슬 꿰듯이 연결해 상품화할 것인가가 문제였으며, 무엇보다도 3차산업 경험이 없는 마을 주민들에게 김장축제를 잘 해낼 수 있다는 확신을 심어 줄 마중물 사업이 필요하다고 판단되었다. 그리하여 사업 주체인 평창동굴식품협동조합이 주도하여 2016년 6월 말 여름배추 수확 시기에 기존 절임배추 우수고객과 도시의 캠핑 동호인 일부를 대상으로 '여름김치축제'를 시행하는 것을 논의하였다. 여름김치축제의 주요 프로그램으로는 여름배추 수확과 절임, 동굴 속에서 김치담그기, 마을 주민과 함께하는 평창강 막돌줍기와 막돌쌓기 체험, 맨손으로 절임통 속 송어잡기와 절임통 물놀이, 평창강 둘레길걷기와 자전거타기, 폐교 부지를 활용한 캠핑과 삼겹살파티 등을 구상하였다.

여름김치축제라는 마중물 사업은 늦가을 본격적인 '평창김장축제'를 대비한 예행연습의 의미로, 이를 통해 축제의 성공 가능성을 타진함은 물론 조합원과 주민들의 역량 강화를 도모하는 동시에 가을철 평창김장축제의 대외 홍보를 위한 자료를 확보할 수 있을 것이다. 여기에 시군 관계자들을 초청하여 6차산업화의 가능성과 필요성을 홍보하는 것도 또 다른 의의라 볼 수 있다.

여름김치축제와 가을김장축제를 성공적으로 개최하면 평창동굴절임배추의 브랜드파워를 높이는 데 기여할 수 있다. 그러나 이러한 3차산업적 접근과 함께 브랜드파워를 높이려면 배추를 절일 때 청결하고 환경 친화적인 공정을 거친다는 점을 홍보해야 한다. 이를 위해 배추를 절이는 과정에서 생산된 염수를 정화시킨 물을 송어양식에 사용하고, 동시에 절임배추를 출하할 때 사용되는 포장용 박스도 재활용지를 사용하는 등 친환경적 이미지를 구축할 필요가 있다. 또한 이와 함께 평창강의 맑은 물을 사용해 배추를 세척하며, 평창강 막돌과 천일염을 절임 과정에 사용한다는 점도 체험 과정에서 강조하였다.

평창동굴절임배추의 6차산업화 시도는 여름김치축제와 가을김장축제를 통해 구체화되고, 긍정적인 이미지를 형성하게 된다. 그러나 이것과 별개로 추진되어야 할 가장 중요한 사항은 품질 좋은 배추를 생산하는 일이다. 왜냐하면 1차산업의 완성도를 바탕으로 하지 않고는 2차산업으로의 발전, 그리고 더 나아가 3차산업과의 연계는 사상누각이 될 수 있기 때문이다.

2017년 6차산업경진대회 일반사업체부문의 서류심사 과정에서 필자의 관점은 1~3차산업 가운데 어디에 중점을 두고 6차산업이 융복합되었는지를 판단하는 것이었다. 1차산업을 중심으로 융복합된 사례 중 눈에 띄는 것은 전북 진안군의 마이산 현미발효밥을 들 수 있었고, 2차산업을 중심으로 융복합된 6차산업 성공 사례는 담양한과 명진식품을 꼽을 수 있었다. 또한 3차산업을 중심으로 융복합에 성공한 사례는 충북 제천의 산채건강마을을 들 수 있었다. 충북 청양의 알프스마을도 3차산업인 관광객을 대상으로 하는 군고구마 판매와 고구마말랭이 판매를 1차산업인 고구마 생산과 2차산업인 고구마 가공으로 소개하고 있으나 고구마가 청양군의 주요 작물이 아니라는 한계가 있었다.

결국 6차산업 성공 사례 발굴에 있어서 가장 중요한 기준은 지역의 1차산업을 기반으로 2차와 3차가 결합되었는가의 여부이며, 담양한과 명진식품과 같이 매출액이 크고 고용 창출이 있음에도 불구하고, 2차산업에 1차산업과 3차산업을 결합시킨 경우는 1차산업을 기반으로 한 6차산업 경영체보다는 순위가 떨어질 수도 있다고 생각되었다.

3) 3차산업 결합의 최종 목표

최근 농림축산식품부와 해양수산부는 기존의 1차산업, 2차산업 중심의 농수산업 진흥에서 융복합 트렌드에 편승한 6차산업(농어촌 융·복합산업)을 강조하고 있다. 그런데 여기에 참여하는 사람들이 전국적인 유통망 확대를 우선적인 목표로 삼는 점은 다시 생각해 보아야 한다.

남해의 죽방멸치와 같이 희소성과 역사성을 갖는 1, 2차산업 자원은 전국적으로 알아 주는 명품이어서 유통망 확대가 가능하다. 그러나 안동 마, 고흥 유자, 고창 복분자와 같이 인지도는 있지만, 타 지역은 물론 외국산도 있어서 지속적으로 경쟁력의 우위를 점하기 어려운 품목의 경우에는 무조건적으로 유통망을 확대하는 전략을 구사하기에 한계가 있다.

2012년 경북 군위에서 콩잎김치를 팔기 시작하면서 의외로 인기를 끌어 월 7,000만 원까지 매출을 올리기도 한 윤팔선 할머니의 사례를 보면 무조건적인 유통망 확대가 최선책이 아님을 바로 이해할 수 있다. 윤팔선 할머니 콩잎김치의 인기는 잠시뿐이었고, 곧 대량생산 설비를 갖춘 다른 회사 제품에 판매가 밀리기 시작하더니 2016년에 들어서는 월 매출이 300~400만 원대로 급격히 감소하였다. 이제 판로는 인터넷 쇼핑몰뿐으로 계속 고전 중인데, 엎친 데 덮친 격으로 식파라치의 고발로 인해 콩잎김치 재료인 간장과 조청의 원산지 표기 위반으로 700만 원의 벌금형까지 선고받게 되었다.[6] 가내공업에서 출발한 윤팔선 할머니가 자본과 경영 마인드, 법률

---

6   조선일보 2016년 7월 13일자에 보도된 내용을 참고로 기술함.

지식 등을 갖춘 기업에게 당해낼 재주가 없었을 것이다.

농수산 6차산업의 경쟁력은 일반적으로 해당 품목의 급진적 유통망 확대보다는 오히려 관광객을 타겟으로 한 점진적인 유통망 확대 전략이 필요하다. 해당 품목을 활용한 체험관광을 통해 생산자와 가공자에 대한 신뢰를 증진시킴은 물론 제품 호감도를 제고하여 브랜드파워를 구축해 나가는 것이 중요하다. 이러한 과정에서 안동 마 체험마을, 고창 복분자 체험마을, 고흥 유자 체험마을 등 마을과 6차산업이 연계되어 6차산업 문화가 창달되면서 지속가능한 농촌관광이 가능하게 될 수 있다. 물론 6차산업 기반 마을 조성을 통해 부가적으로 나타나는 부동산 가치 상승도 주민들의 삶의 질 향상에 도움이 될 수 있을 것이다.

현재 각 부처가 추진 중인 6차산업 정책은 그 대상이 개별경영체에서 6차산업지구로 호칭되는 경영체 클러스터로 진화하는 중이다. 6차산업지구를 관광유통 접목 차원에서 평가하면 가장 눈에 띄는 것이 해당 품목의 체험관광화에 따른 브랜드파워 제고보다는 단순히 6차산업 선도 경영체가 주도하는 관광 숙박 및 편의시설의 신규 조성이다. 이러한 접근은 관광 매력도는 물론 관리 운영의 전문성 면에서 농촌체험휴양마을을 기반으로 하는 6차산업지구에 뒤질 수밖에 없다. 시간이 걸리더라도 체험휴양마을에 6차산업을 접목하여 해당 품목의 문화 창달을 통해 지역 브랜딩을 추구하는 것이 6차산업지구의 궁극적 목표가 되어야 한다. 그러므로 6차산업지구 조성은 농촌체험휴양마을 중심의 관광 유통 기지화 차원에서 접근하는 것이 무엇보다도 필요하다.

3. 지역개발과 6차산업의 융합

6차산업지구 내 농촌 마을을 중심으로 해당 특화 품목 '리빙 뮤지움' 차원
의 6차산업화마을을 함께 조성함으로서, 기존 공동 경영체 중심의 농촌체
험휴양마을과 달리 개별 경영체를 6차산업 인증업체로 육성하여, 문화 창
달과 농촌관광을 동시에 집중하는 전략을 시도해 볼 필요가 있다. 여기서
이미 성공한 6차산업 경영체가 중간 지원 조직의 기능을 담당할 수도 있으
나, 현재 6차산업지구 내 선도 6차산업 경영체는 대체로 마을과 연계 없이
농촌관광사업을 단독으로 추진하고 있다.

　　결국, 6차산업화의 궁극적 목표는 농촌다움을 유지하기 위해 마을 중심
의 특화 품목 문화(예: 복분자 문화 등)를 창달하고, 해당 특화 품목의 브랜
딩은 물론 지속적인 관광유통을 확보하는 데 두어야 한다. 그리고 이러한
목표는 농촌지역 개발사업과 6차산업화지구 지정, 농촌관광 진흥이 융합
발전할 때 가능해질 수 있다.

(1) 6차산업과 문화

고창은 2004년 복분자주, 2007년 복분자생과의 지리적 표시제 등록을 시
작으로 현재 복분자 가공 생산량이 4,383톤으로 전국 대비 25%를 차지하
고 있다. 78개의 복분자 가공제품 전문 생산업체, 그리고 15개의 복분자연
구회 및 3,203명의 소속 회원을 확보하고 있으며, 총 32건의 복분자 관련
지적재산권을 갖고 있다.

　　2013년 196,358m² 규모로 복분자 식품과 음료를 전문적으로 생산하는
특화농공단지를 조성하였고, 2014년 공동가공센터는 4,383톤의 복분자 가
공을 통해 특화 품목으로 발전을 도모하고 있다. 현재 베리팜과 선운산농

그림 Ⅵ-2_ 고창 복분자단지에 인접한 용산마을 정경

협을 포함하여 12개의 6차산업 인증 사업자를 배출하였다. 또한 총사업비 30억 원(전라북도 광특예산 15억 원, 지방비 9억 원, 자비 부담 6억 원)을 들여 2013년부터 3년 동안 (주)고창드림카운티가 주도한 고창 복분자 드림카운티 향토산업 육성 사업을 통해 세부 사업이 추진되었다. 드림카운티 향토 산업은 고창의 인삼과 복분자를 이용한 맥주 특화 상품 개발 및 용산마을 농산물 활용 도시민 체험관광 활성화를 목표로 추진되었으나, 실제로 용산마을을 활용한 체험관광 활성화는 시행되지 못한 상태이다.

고창 복분자 특화농공단지가 위치한 복분자 클러스터에는 복분자 농가 레스토랑인 베리팜가든과 펜션, 카페테리아, 세미나실과 체험교실을 포함한 베리팜 힐링파크 등 6차산업 경영체가 입주해 있고, 인접한 곳에 오토캠핑장, 황토웰빙체험센터, 베리&바이오식품연구소, 그리고 총사업비 150억 원(국비 50%) 규모의 풍천장어 웰빙식품센터가 15,043m² 부지에 복분자 활용 장류와 소스류 개발을 위해 이미 조성되어 있어, 6차산업으로 연계될 수 있는 기반을 갖추고 있는 실정이나, 관광객의 방문은 거의 없고 단지 농가 레스토랑 뷔페에만 방문객이 찾고 있는 실정이다.

고창군은 복분자 농공단지 및 복분자 클러스터를 통합적으로 관리할 수 있는 시스템을 갖추고, 관광객 유치를 통해 단지의 활력을 부여하기 위해 복분자 6차산업화지구 지정에 지원하여 선정되었으며, 기본계획을 수립하였다. 기본계획안의 주요 내용으로는 6차산업 공동인프라 조성 차원에서 다목적 6차산업 지원센터와 복분자 어린이동물농장을 조성하고, 제품 및 브랜드 개발과 마케팅 홍보 지원과 함께 관광객 유치를 위해 공정여행사 설립과 운영 지원, 복분자마을 운영 지원, 농업공방 프로그램 개발 등이 포함되어 있다. 그리고 운영 주체의 네트워킹 강화 및 역량 강화를 위해 전체 단지를 총괄할 사무국 운영과 복분자 음식 교육과 창업교육 지원에 예산을 배당하고 있다.

고창군이 1차로 수립한 기본계획안을 보고 6차산업지구 선정을 위한 최종발표회에서 평가위원들은 이미 투자된 복분자 관련시설이 거의 활성화되지 못하고 있기 때문에 관광객을 적극 유치하려면 용산마을과 6차산업을 접목시키는 방향으로 계획을 수정하는 것이 바람직하다는 의견을 제시하였다. 그러나 이후의 고창군 기본계획 수정안의 골자를 보면 6차산업지구 지정 사업의 축이 용산마을로 옮겨지기보다는 아직도 농공단지 내에 머물고 있어 용산마을 관련하여 다음과 같은 제안을 하게 되었다.[7]

공동체교육 참여 영상을 제작하기보다는 복분자 농사의 애환과 결실을 소개하는 용산마을 주민은 물론 고창군 전역의 지원자들이 참여하는 마당극 제작과 공연을 관광콘텐츠 차원에서 기획할 필요가 있으며, 이 사업은 고창군 기본계획안의 세부 사업인 마케팅 및 홍보 지원 사업과도 연계될 수 있다. 고창군의 세부 사업인 복분자 음식 교육을 복분자 음식 개발과 교육으로 확대 개편하는 것이 좋고, 복분자 음식 해설사도 용산마을 주민을 우선해서 양성하며, 이후 고창군 전체로 확대하는 것이 필요하다.

관광 인프라 조성과 관련하여 용산마을을 용산 복분자마을로 육성하는 것이 복분자 문화를 만드는 초석이 된다고 판단된다. 용산 복분자마을을 농촌체험휴양마을로 지정하기 위해서는 먼저 주민 역량 강화 사업이 필요하고, 주민 역량 강화를 위해서는 성공한 농촌체험휴양마을 답사 등 선진 지역 견학과 전문가 교육, 주민들이 주도한 마을사업계획 수립 등이 구성될 필요가 있다. 세부 사업인 장터 활성화에서 '철따라 미니축제'를 '복분

---

7 2016년 12월 8일 고창군 6차산업 컨설팅을 위해 고창군의 담당자들을 만나 기본계획 수정안을 논의하였으나 필자가 제시한 용산마을을 6차산업화지구 사업계획에 포함시키자는 제안은 고창군 관계자들에게 수용되지 못했다.

자 팜파티'로 개칭하는 것이 젊은층 유치 등 복분자 시장 다변화에 도움이
될 것으로 판단된다. 복분자 팜파티는 복분자 팜세미나, 복분자 팜웨딩,
복분자 팜스쿨, 복분자 팜콩쿨 등으로 세분화하여 개최할 수 있다. 중요한
것은 '복분자 팜파티'로 네이밍하여 기존의 축제와 차별화되는 이벤트로
포지셔닝하는 것이 필요하다는 것이다. 복분자 홍보와 문화의 장과 관련
해서 '풍천장어와 복분자의 궁합'과 같이 복분자를 플러스해서 부가가치를
얻을 수 있는 아이템 개발을 위해 '복분자 플러스' 사업을 복분자문화 확산
을 위해 시행할 필요가 있다.[8]

다목적 6차산업지원센터 조성과 관련하여 6차산업 컨트롤타워, 갤러리,
전시관, 판매체험장, 교육 및 회의장, 방문객들의 쉼터 등을 겸한 복합 다
기능의 특색 있는 상징 공간이 필요하나, 이것을 별도의 부지에 하나의 건
물로 조성하는 것은 기존의 베리팜 힐링파크와 베리팜 가든 등 유사 시설
이 존재하므로 불필요하다고 판단된다. 대신 용산마을의 마을회관을 복합
건물로 리모델링하고, 마을 내 유휴지와 마을창고 등을 활용해 기타 편의
시설과 어트랙션을 분산 수용함과 동시에, 개별 농가의 역량 강화를 통해
복분자 수제 공방화하여 6차산업 체험휴양마을을 조성하면 복분자마을 조
성을 통한 복분자문화 창달에 지름길이 될 것이다.

기존의 복분자산업 진흥만 추구하던 방향에서 복분자문화 확산도 동시
에 지향하기 위해서는 용산마을에 복분자문화를 심는 작업을 할 필요가 있
다. 구체적으로 말하면, 구례 자연드림파크의 빵공방, 치즈공방, 라면공
방과 같이 용산마을의 개별 농가를 각각의 특성을 감안하여 수제 복분자

---

8 안동시에는 특화산업으로 육성되고 있는 마을 활용하여 '마 플러스 프로젝트'를 시행한 결과,
　무색 무취의 마 가루를 안동시의 특산물에 플러스시켜 안동 마 국시, 안동 마 찰보리빵 등을 상
　품화하여 상승 효과를 모색한 바 있다.

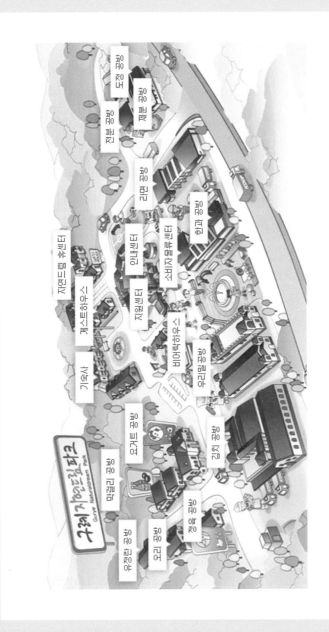

그림 Ⅵ-3_ 구례 자연드림파크 시설 현황도 (출처: 자연드림파크 홈페이지)

막걸리공방, 복분자 빵공방, 복분자 치즈공방, 복분자 라면공방, 복분자 식혜공방, 복분자 염색공방 등으로 육성하는 것이 복분자문화 창달의 지름길이 될 것이다.

구례 자연드림파크는 2014년 인구 27,000명 정도인 구례군의 87,926m² 부지에 아이쿱iCOOP 생협 관련 자회사 15개 기업이 모여 신규로 조성한 친환경식품 클러스터이다. 라면, 과자, 김치, 우유 등의 공방과 더불어, 영화관, 레스토랑, 판매장, 커피숍, 선술집, 게스트하우스 등 편의시설을 리조트 형태로 배치한 일종의 관광객 집객 시설이기도 하다. 개장 이래 꾸준히 관심을 불러일으켰으며, 2017년에는 대략 16만 명의 방문객 수를 기록했다. 자연드림파크의 특징은 실패한 농공단지를 생협이라는 선도 경영체가 조합원을 기본 수요로 설정하고 농산물 식품가공공장을 체험관광 시설로 활용하여 512명의 고용 창출을 기록했다는 점이다. 특히 직원들의 평균 연령이 38.6세이고 전체 직원의 51%가 구례 출신이라는 것도 중요한 특징이다.

자연드림파크가 남다르게 눈의 띄는 출발을 한 것은 사실이나, 우리나라의 모든 관광 목적지가 개장 초에는 방문객 수가 급격히 증가하다가 3~4년을 정점으로 지속적으로 감소하는 버블 효과가 나타나는 것을 감안하면 아직 성공 여부를 속단할 수는 없다. 이러한 현상은 주로 개장 소문을 접한 최초 방문객이 3~4년 동안 집중되고 이후에는 감소하므로, 이를 대체할 재방문객 수가 지속적으로 창출되지 않으면 전체적으로 방문객 감소 현상이 나타날 수밖에 없음을 뜻한다. 다시 말해서 신규 매력물의 유인 효과와 더불어 철저한 서비스 관리를 해야만 지속적으로 방문객 수가 증가할 수 있다는 것을 보여 주고 있다.

이와 같은 관점에서 용산 복분자마을은 자연드림파크와 여러 가지 면에

☂ 고창 복분자 베리 테마단지 구상도

③ 복분자 클러스터 단지

① 용산 복분자베리 체험마을

② 고창 복분자 농공단지

① 용산 복분자베리 체험마을

❶ 용산마을 종합지원센터
❷ 용산 블랙베리 수제맥주
❸ 용산마을 돌담장집
❹ 복분자 전통주막(체험장)
❺ 작은 동물원 (Petting Zoo)
❻ 행복다리 (복용산교)
❼ 꽃더미집
❽ 달쟁이집
❾ 열린돌담집
❿ 개울고택
⓫ 마을창고
⓬ 블랙베리 카페테리아
⓭ 그림담장길
⓮ 마을향교
⓯ 복분자 떡 체험장
⓰ 고창분청자기 체험장
⓱ 용산교회
⓲ 최용만 집사 송덕비
⓳ 사랑다리 (남용산교)
⓴ 복분자 베리 수확체험장
㉑ 복분자남성편의센터, 족욕장
㉒ 팜파티 체험장
㉓ 주차장

② 고창 복분자 농공단지

❶ 고창 드림카운티
❷ 형가원 (예정)
❸ 공동이용시설
❹ 에스카엡
❺ 청결한식품 (예정)
❻ 티업 (예정)
❼ 해미푸드 (예정)
❽ 고창 청정고구마가공식품
❾ 내츄럴코어 (예정)
❿ 웰빈바엔에프 (예정)
⓫ 참바다영농조합
⓬ 송화식품
⓭ 진성푸드시스템 (예정)
⓮ 아앤지푸드

③ 복분자 클러스터

❶ 고창군 농업기술센터 복분자시험장
❷ 고창 베리앤바이오 식품연구소
❸ 고창 상희복분자농장
❹ 고창군 추모의 집
❺ 선운산 복분자주 흥진
❻ 고창 오토캠핑 리조트
❼ 풍천장어힐빙식품센터
❽ 고창 황토문화체험관
❾ 복분자 테마파크
❿ 주차장
⓫ 베리류 공동가공센터
⓬ 베리랜

그림 Ⅵ-4_ 고창 복분자문화단지 조성 종합 구상(안)

서 다를 수밖에 없다. 자연드림파크는 빈 땅에 새롭게 조성된 시설이므로 사업 시행이 쉽고 시간도 적게 걸릴 수밖에 없었다. 그러나 용산마을을 복분자문화가 입혀진 농촌체험휴양마을로 포지셔닝하려면 각각의 개별 농가가 복분자공방화되는 과정을 거쳐야 하므로 많은 시간과 노력이 걸릴 수밖에 없다. 특히 마을 주민들이 노령화되어 적응이 쉽지 않은데 이런 점이 가능하면 빨리 성과를 내고 싶어하는 대다수의 지자체 관계자가 가장 꺼려하는 점일 수 있다.

그러나 마을의 일부 귀향민과 도시 거주 자녀들의 도움을 받아서라도 이러한 접근을 해야 복분자문화 창달을 통해 지속가능한 관광 매력을 창출할 수 있다. 지금까지 용산마을 주변의 복분자단지에 투자된 각종 시설들이 지속가능성을 고려하지 않고 성과 위주로 졸속으로 조성되어 관광객 유치에 성공적이지 못한 점을 또다시 되풀이할 수는 없지 않겠는가? 용산 복분자체험휴양마을 조성과 복분자문화 창달을 이번 6차산업지구 조성사업의 최우선 과제로 삼아야 기존의 6차산업지구 조성사업과 차별화된 결과를 기대할 수 있다. 그리고 이러한 접근은 선진화된 지역관광 모델인 주민 주도형 고창 관광을 위해 반드시 필요한 작업이다.

결론적으로, 이미 방대한 복분자단지에 투자된 시설들의 운영이 부진한 상태이므로 단지 전체를 활성화하기 위해 이번 6차산업화지구 사업을 통해 핫 플레이스를 조성해야 한다. 핫 플레이스의 체험 속성은 호기심을 유발하는 이색적 체험, 재미, 아름다움, 그리고 맛이므로 이를 감안한 새로운 시설이 필요하다. 보성군의 녹차해수탕과 같이 복분자해수탕을 실내에 설치하고, 옥외에는 화천의 토마토 풀과 같은 복분자 풀pool을 설치하여 젊은층과 가족 동반객을 유치하는 데 성공한다면 각종 베리를 활용한 베리해수탕, 베리풀장으로 개념을 확대할 수도 있다. 보성군의 녹차해수탕에서 볼 수 있듯이 이러한 앵커 시설의 경쟁력은 최소 10년 이상 유치될 수 있으나 이후에는 새로운 시설로 대체해야 한다. 복분자해수탕과 복분자 풀은 기존의 마을회관 주차장 부지에 인접하여 조성되는 것이 적합해 보인다.

고창 복분자단지의 6차산업지구 지정에 따른 기본계획을 수립하는 데 용산마을을 거점으로 복분자문화를 창달하자는 제안을 고창군으로서는 여러 가지 여건상 수용하기 여의치 않을 것이다. 그러나 문화적으로 6차산업화에 접근하는 것은 언제 시작하느냐에 차이가 있을 뿐 결국에는 가야 할 방향이다. 그림 VI-4의 고창 복분자문화단지 조성 종합 구상(안)[9]이 바로 복분자복합단지가 가야 할 모범답안 중 하나가 될 것으로 기대된다.

(2) 6차산업 지역 단위 네트워크 구축 사업

농림축산식품부의 6차산업 지역단위 네트워크 구축 사업의 목적은 지역 자원을 활용하여 농업인, 생산자 단체, 제조·가공업체, 체험·관광마을 등이 참여하는 6차산업 네트워크 사업단을 구성하고, 사업단의 역량 강화 및 자립화를 유도하여 공동 사업 활성화를 도모하는 것이다.[10] 지역 내 6차산업의 조직화 정도, 가공·유통·체험·관광 기반, 품목별 인지도 등을 기준으로 완전한 지역 단위 6차산업화 조직으로 육성하여 지역 단위 네트워크 사업단의 조직화가 진전된 지역은 6차산업지구로 육성 지원할 수 있도록 하

---

9 청양 구기자 명품화 사업을 주도하여 성공시킨 (주)바이오믹스 홍성빈 대표가 직접 그려낸 구상도이다.

10 2016년까지 농림축산식품부가 6차산업 컨소시엄 사업이란 명칭으로 시행되었던 것을 사업보다는 네트워크 및 역량 강화를 목적으로 하는 6차산업화 지구 지정을 위한 선도 사업 성격으로 전환하였다. 6차산업 네트워크는 기존의 지역개발사업의 지역 역량 강화 사업과 같이 농촌산업의 융복합화를 위한 선도 사업의 기능을 가지고 있다고 볼 수 있다. 과거의 농촌관광은 농촌을 목적지로 한 체험 프로그램 위주로 시행되었다면, 이제부터는 6차산업화를 통한 농산품 브랜드파워 제고와 농촌마을 명소화로 진화되는 경향을 보이고 있다.

였다. 2017년의 사업 지원 지구 수는 25개이며 지원 기간은 2년(1차 년 : 2차 년=50% : 50%)으로 지원 규모는 지구당 300만 원이고, 지원 비율은 국고 보조 50%(지방비 30%, 자부담 20% 매칭 전제)이다.

사업단은 사업을 주관하는 농업생산자단체[11]를 중심으로 지역 농산물을 생산, 제조·가공(2차), 유통·판매·농촌체험관광(3차) 등을 전담하는 주체와 연계하여 구성하는 것을 원칙으로 하나, 사업을 주관하는 업체가 직접 농산물을 생산하지 않는 경우에는 어느 정도 규모화된 생산자나 생산자단체와 계약 재배를 하고 있어야 한다. 네트워크사업단의 형태는 농업생산자단체(주관업체)가 주도하여 2차, 3차산업 분야의 주체와 협력 네트워크를 구성하여 협업 사업 계획, 공동 규약(업무 협약 체결) 등을 통해 공동사업을 추진하기 위해 사업단 구성한다.

1) 무주 천마 6차산업 네트워크 사업[12]

6차산업 네트워크 구축보다는 무주 안성농협이 매년 재배농가로부터 수매하여 판매하고 남은 생마의 재고 처리를 위해 2년 동안 3억 원(자부담 6천만 원)의 사업비를 신청하지 않았나 할 정도로 6차산업화 전략 수립이 비현실적이다. 무주군의 천마 생산량이 전반적으로 감소하는 추세라는 것을 감

---

11 지역에서 특화 품목을 생산하는 농업생산자단체(작목반, 영농조합법인, 농업회사법인, 협동조합 등)를 대상으로 하나 사업 대상자로 참여하는 농업생산자단체가 2개 이상일 경우 주관업체를 지정하도록 되어 있다. 지원 요건은 농업생산자단체가 주도적으로 2차, 3차산업 분야의 주체와 사업단을 구성하며, 농업생산자단체는 지역 특화 품목의 참여 농가 수(50농가 이상) 또는 생산물량(시군 내 생산량의 20% 이상) 등을 기준으로 대표성이 있어야 한다.
12 2017년 2월 8일부터 9일까지 무주, 진안, 순창, 완주, 세종시를 한국농어촌공사 직원과 현장 답사 후 농촌관광기술이 접목 가능한 일부 방문지에 대한 6차산업화 관련 개인적 의견을 최종 선정 결과와는 무관하게 제시한 것이다. 원래 대상지는 서류심사 후 현장 답사와 발표 점수의 합산에 의해 최종 선정된다.

그림 VI-5_ 무주군 천마 사업 클러스터

그림 VI-6_ 천마연구센터 내의 체험장

안할 때 사업계획에 명시된 대로 네트워크 강화를 통한 가공품의 판매는 일반 유통망 확충보다는 현재 가공품 판매량의 주 구매처인 무주 관광객 중심으로 매출액 증대를 꾀하는 편이 보다 현실적이다.

무주군의 경우 무주농협 친환경유통사업단 웰컴센터와 친환경유통센터, 천마연구센터, 가공센터, 중산마을체험장 등이 그림 Ⅵ-5와 같이 인접하여 클러스터를 이루고 있으므로 네트워킹에 좋은 입지적 여건을 갖추고 있다. 2016년 기존 무주군 관광객을 대상으로 한 가공품 판매는 무주농협이 4,800만 원, 중산새마을회가 8,300만 원 수준에 불과하므로 사업계획서의 방향대로 유통망 확대를 통한 판매량 증진보다는 무주군을 방문하는 관광객을 타겟으로 해야 한다.

타겟마켓 설정과 함께 시행되어야 할 조치로 첫째, 매년 10월 안성면 생활체육공원에서 개최되는 무주천마축제 장소를 현재의 천마연구센터 등이 위치한 중산마을 부지로 변경하는 것이 필요하고, 둘째로, 기존 연구센터 내에 위치한 천마족탕, 천마마스크팩체험실 등을 활용한 다양한 체험 프로그램을 활성화하는 것이 필요하다. 셋째로, 천마 문화의 창달을 위해 중산마을 시설하우스 설치를 통한 천마 신기술 인공수정 체험장과 노지 천마 재배 포장을 조성하고 기존 중산마을 맛체험장과 판매장의 적극적 활용을 위해 주민 농촌체험지도사 양성 및 천마 음식(천마오리백숙, 천마튀김 등) 조리체험 프로그램을 개발하여 네트워크 강화를 모색할 수 있다. 이러한 접근은 향후 무주천마의 전국적인 유통망 확대를 위한 생산, 가공, 연구의 연계 시스템 조성 차원의 마중물 사업으로 의미가 있다.

현재의 연구센터 내에 위치한 족욕체험장, 천마마스크팩 체험실, 힐링카페 등과 연구 시설이 체험 프로그램으로 활용할 수 있는 완벽한 기반임에도 관광객 유치가 부진해 활용도가 떨어진다는 것은 타겟 설정이 기존의

그림 VI-7_ 순창 고추장마을 판매장과 가공공장

무주 관광객에게 맞추지 못했기 때문이라고 생각된다.

2) 순창군 절임류 6차산업 네트워크 사업

한국절임(주)는 네트워크사업 주관 기관으로, 이미 사조산업과 파트너십으로 쌈무절임과 치킨무절임을 가공하고 있으나, 원재료인 생무의 생산량이 계절적으로 한정되어 있을 뿐 아니라 절대량도 부족한 편이다(연간 4,000톤 구매량 중 순창군 생산량은 586톤인 14.6%를 차지하고 있어 기준인 20%에 미치지 못하고 있다.). 또 다른 절임류 아이템인 매실은 순창 지역 생산량이 다소 높은 편이나 장류 사업을 기반으로 이미 6차산업지구로 지정되어 있으므로 중복 지원을 피하기 위해 생무와 매실에 한정해서 사업 신청을 한 것으로 보인다. 향후 지구 지정을 목표로 한다면 절임류 아이템을 보다 확장할 필요가 있다(예: 오이 등). 오히려 장류 6차산업과의 네트워킹을 제약이 아닌 강점으로 부각시키는 것도 생각해 볼 수 있을 것이다.

　순창 고추장마을에는 40여 개의 절임업체가 위치하고 있으나 체험 프로그램 마인드가 없어 공방화를 시도하지 못하고 있고, 객단가도 저조한 편이다. (주)한국절임과 순창청정매실과의 네트워킹뿐만 아니라 고추장마을 내의 다양한 절임업체와의 네트워크 구축을 기반으로 궁극적으로 절임류 6차산업 네트워크를 장류 6차산업지구와 연계하여 도모하는 것이 올바른 접근 방법이라 판단된다. 물론 유사업체의 중복 지정이란 문제가 제기될 수는 있지만, 이를 피하려고 하기 보다는 1~3차산업의 융합뿐만 아니라 연관 산업과의 융합도 배제해서는 안되는 이유를 들어 정공법으로 접근하는 것이 필요하다.

　단순히 팸투어 형식으로 참여자에게 1만 원 수준의 체험비를 지원하는 것보다는 대도시 내 전통시장 반찬가게들과의 공동 마케팅을 통해 10월 장

그림 Ⅵ-8_ 완주군 용진농협 로컬푸드 직판장과 생산 농가의 딸기 포장 사례

류축제와 별개로 4월 장아찌축제를 순창 고추장마을 기반으로 개최하여 이원화하는 것도 생각해 볼 수 있다. 생무 1kg에 1,000원인 데 반하여 절임 등 가공 후에는 kg당 12,000원으로 부가가치가 증대되지만, 축제 등 체험 프로그램을 통해 브랜드파워를 형성하게 된다면 더 높은 가격을 받을 수 있다.

절임류는 다양한 체험이 가능하며 많은 외국의 절임류도 소개할 수 있고, 나이든 사람들은 물론 젊은층에게도 다가갈 수 있으므로, 축제로서의 성공 요건을 갖추고 있다. 브랜드파워 제고를 통해 대도시의 전통시장 반찬가게와 파트너십으로 유통망을 확충한다면 관광유통과 일반유통을 모두 공략할 수 있다. 결론적으로 절임류 품목을 다양화하고, 장류와 연동 또는 차별화하여 6차산업을 도모하는 것이 필요하며, 고추장마을 내에 소재한 각 절임업체를 체험 프로그램 공방화하는 노력과 함께 현재 서울 통인시장에서 시행되는 '도시락 카페'같은 사업을 추진한다면 관광객 체류시간 증대를 통해 객단가를 높일 수 있게 될 것이다.

3) 완주 용진농협 로컬푸드 6차산업 네트워크 사업

현재 사업계획에 제시된 사업내용은 본 사업의 기본 취지인 네트워킹 강화를 통한 역량 강화와는 달리 기존 로컬푸드 사업단과의 협력 구축을 통한 로컬푸드 직매장의 매출액 증대만을 지향하고 있는 느낌을 받게 된다. 로컬푸드 사업단의 궁극적 목표가 생산 농가의 안정적 농업 생산이 가능한 기반을 조성하는 것이라면, 직판장 판매 강화를 위한 유통업체 간의 수평적 네트워킹에 치중하기보다는 회원 농가의 단순 농산물 판매 증대는 물론이고, 개별 브랜드로 육성하기 위한 수직적 파트너십 구축이 적극적으로 요구된다.

2016년 6차산업지구 지정을 위한 현장평가 시에도 지적한 바와 같이 성공한 로컬푸드 직매장 사업에 너무 몰입되어 새로운 시장을 창출하려는 노력이 미흡한 것으로 보인다. 인접한 전주시 한옥마을을 방문하는 연간 500만 명 이상의 관광객을 로컬푸드를 기반으로 완주군에 유치하려는 시도가 사업계획서에는 구체적으로 언급되어 있지 않다.

용진농협 사업단이 제안한 식농체험 팸투어 운영 계획은 전주 한옥마을 방문자를 어떻게 이곳까지 데리고 올 것인가에 대한 고민 없이 수립된 것 같다. 단순히 30,000원 수준의 프로그램을 개발하여 소비자 부담 15,000원을 지원하는 계획은, 회원 농가 즉 생산 농가와는 전혀 관계 없는 기존 협동조합 간의 매출액 증대만을 목표로 하고 있어 본 사업의 취지에는 부합하지 않는 측면이 있다.

기존 해피스테이션 같은 로컬푸드 직매장 사업을 통해 농산물 출하 농가들이 수요자의 취향을 알게 되고, 이에 대처하는 기술을 축적하고 있으므로 이들 생산 농가 브랜딩 차원에서 사업 전략을 도출하는 것이 필요하다. 예를 들면 생산 농가를 대상으로 역량 강화 사업을 실시해 이들 중 적극적 의지를 가진 농가를 대상으로 직접 생산한 재료를 활용해 조리한 로컬푸드를 숙박과 함께 선보이는 농가 B&B를 시도할 필요가 있다.

성공한 농협과 로컬푸드 협동조합이 중간 지원 조직의 형태로 생산 농가의 브랜드파워를 형성하게 하는 사업과 함께 유통업체들 간의 파트너십을 통한 포털사이트 구축 등 통합 마케팅을 구사하는 것이 본 사업의 취지에 부합한다. 이러한 수직적이고 수평적인 네트워킹 목표 없이 특화 품목에 기반을 둔 생산자 단체가 아닌, 단지 성공한 판매 유통업체들이 주관하는 6차산업 네트워크 사업은 본 지역 단위 6차산업 네트워크 사업 취지에 부합하지 못한다고 판단된다.

4) 분석 종합

지역 단위 6차산업 네트워크 구축 사업의 주관기관이 생산자 단체일 경우와 유통업체일 경우로 대별될 수 있다. 사업 추진 요령에 명시한 대로 특화 품목을 중심으로 한 네트워크 구축뿐만 아니라 농협이나 마을기업 등 성공적인 유통업체를 중심으로 한 네트워크 구축도 있다. 향후 전국적인 인지도를 가진 특화 품목을 활용한 6차산업이 모두 추진되었다고 가정하면 더 이상 특화 품목이 아닌 차별화 품목을 대상으로 하는 사업 개발을 할 때에도 성공적인 유통망을 기반으로 한 6차산업 네트워킹은 필요하다. 그러나 유통업체가 주관 기관일 때 간과해서는 안되는 점은 관련업체 간의 수평적 네트워킹에만 치중하고 생산 농가나 출하 농가와의 수직적 네트워킹을 시도하지 않는다면 기존 사업의 확장에 지나지 않는다는 것이다.

네트워크 구축 사업의 목표는 사업 성과보다는 시스템 강화를 위한 선도 사업 추진에 있으므로 다양한 네트워킹 유형을 제시해 주는 것이 필요하다. 예를 들어 연구포럼 조직이나 협동조합의 경우 농산물 생산자나 출하자를 대상으로 한 B&B 사업 추진을 통한 역량 강화 및 개별 브랜드화 사업 등을 포함할 필요가 있다.

그런데 전반적으로 네트워크 구축 사업의 타겟 설정이 미흡하다. 판매가 부진하면 매출액에 영향을 미치고 네트워킹의 성과도 불투명해지므로 사업계획을 세울 때 명확하게 타겟을 설정해야 한다. 일반적으로 6차산업 네트워킹 사업에서는 새로운 유통시장을 개척해 매출을 올리기보다는 지역 방문 관광객들을 타겟으로 확실하게 매출을 확보하는 전략이 필요하다. 왜냐하면 본 사업의 목적이 단순히 매출액 증대이기보다는 네트워크 구축에 있기 때문이다.

(3) 농촌관광을 통한 지역개발사업과 6차산업의 접목

농촌지역개발사업은 농어촌정비법이나 농어업인의 삶의 질 향상 및 농어
촌지역개발촉진에관한특별법에 근거해 농림축산식품부 지역개발과가 역
점을 두고 시행하는 마을 단위 또는 권역 단위 사업이다. 주 사업 내용은
농촌 환경 정비와 복지 문화 프로그램 등 기초생활 기반조성 사업과 소득
증대 사업, 그리고 경관개선 및 지역역량 강화를 위한 사업으로 구성된다.
여기서 농촌관광과 관련된 소득증대 사업은 지역 특산물 가공 및 판매, 체
험 등 지역자원을 활용한 주민 소득 기반 사업을 포함하며, 지역 역량 강
화 사업은 이러한 소득사업을 주민 주도로 시행할 수 있는 역량을 갖추기
위한 사업을 의미한다.

지역개발사업의 기본계획은 주차장, 복지시설, 도로, 체험·판매·가공
시설, 경관 개선 등 시설 도입[13] 관련 기본계획과 주민 교육, 컨설팅, 홍보
마케팅과 정보화, 마을 경영 지원 등의 소프트웨어 관련 지역 역량 강화
사업으로 구분되어 추진되어 왔다. 여기서 지역 역량 강화 사업 부문이 농
촌관광 또는 더 나아가 6차산업과 연계될 수 있는 부분이므로 이를 개선하
기 위한 방안에 대해 경기도 광주시 해동화권역 창조적 마을 만들기 사업
의 지역 역량 강화 사업 내용을 중심으로 기술하고자 한다.

1) 경기도 광주 해동화권 사례

해동화권은 경기도 광주시에 소재하며, 남한산성면 광지원리와 오전리로

---

13 농촌종합개발사업 추진을 위한 전문가 회의에서 필자는 모든 종합개발사업계획안에 포함된 방
  문자센터와 판매시설을 모두 복합화하여 고정자산 투자를 최소화해야 한다고 주장한 바 있다.
  왜냐하면 시설 도입 후의 관리 운영을 위한 인력과 비용이 고려되지 않는다면 짐이 될 수밖에
  없기 때문이다. 현재 모든 사업에 포함된 방문자센터는 물론 공동숙박시설도 전기료가 걱정될
  정도로 운영에 어려움을 겪고 있는 곳이 다수이다.

구성된다. 약칭 해동화권 종합개발사업의 기간은 2016~2017년이며 사업비는 28억 원(지역 역량 강화 사업 2.3억 원)이다. 권역 내의 인구는 271세대 592명이며, 65세 이상 노령 인구는 19.8%를 차지한다. 중부고속도로와 43번 국도가 권역을 통과하고 있어 서울, 성남, 하남에서의 접근성이 좋은 편이다. 대부분 농업에 종사하고 있으며, 무순, 블루베리, 신선초, 민들레가 친환경(무농약) 인증을 받았다. 세계문화유산인 남한산성의 광주시 주입구에 위치하고 있어 주접근로에 조성된 농산물 직거래장터가 활성화되고 있으며 매년 음력 1월 15일인 정월 대보름에 해동화놀이축제를 개최하는 전통이 있다.

① 기본 계획 세부 사업 내용

지역 역량 강화 사업이란 표 Ⅵ-2와 같이 계획된 H/W를 운영하기 위해 필요한 인력 양성 교육과 프로그램 개발을 위한 컨설팅, 홈페이지 구축과 홍보 마케팅 전략, 그리고 사업 시행을 위한 추진위원회의 인건비 등 운영비를 포함한 S/W 사업을 지칭한다. 이전의 농촌종합개발사업은 H/W 구축을 위한 비용만 포함하였으나, 점차 개선되면서 관리 운영을 위한 S/W 부문을 포함하게 되었다. 대부분의 지역 역량 강화 사업은 총사업비(부대경비 제외)의 10% 내외에서 책정되며, 소득 기반 증대 측면에서 농촌관광이나 6차산업화와 관련되므로 지역개발과 농촌산업의 융합적 관점에서 개선과 접근을 해야 한다.

② 해동화권 지역 개발과 6차산업의 융합을 위한 Q&A

Q1. 권역 전체의 세부 사업 내용을 아우를 수 있는 콘셉은 무엇이어야 하는가?

일반적으로 기본계획사업 중 비중이 가장 큰 H/W 조성 사업은 광지원리에 문화회관을 신축하고 오지원리에는 농산물 판매장을 정비하는 것으로 적정하게 배분되었다고 볼 수 있다. 그러나 이렇게 행정구역별로 분산

표 Ⅵ-2_ 경기도 광주시 해동화권 창조적 마을 만들기 기본 계획 사업 내용

부문	세부 사업	사업비(백만 원)
총사업비		2,800
기초생활 기반 확충	해동화문화회관(광지원리)	950
	마을회관 리모델링	150
	소계	1,100
소득 기반 증대	농산물 판매장 정비	210
지역 경관 개선	오전리 안길 가꾸기	200
	광지원리 안길 가꾸기	130
	생태주차장	200
	해동화쉼터 조성	100
	조형물 및 안내판	70
	소계	700
지역 역량 강화(S/W)	교육	135
	컨설팅 지원	20
	홍보 마케팅 및 정보화 구축	30
	마을 경영 지원	45
	소계	230
부대경비	부대경비	560

된 두 개의 기능을 어떻게 연계시켜야 좋을까? 현재 세계문화유산인 남한산성 방문객이 주로 접근하는 오지원리에 농산물직판장이 설치되어 활성화되고 있으므로 이곳이 소득증대 사업의 장이 될 수 있지만, 이곳을 광지원리 문화회관과 연계시킬 수 있는 방안은 무엇일까? 이 두 가지 중점사업을 연결시키지 못한다면 그야말로 별개의 두 가지 사업을 나열한 것에 지나지 않는다.

오전리의 농산물 판매장은 해동화권역에서 생산되는 농산품을 파는 곳

이지만, 동시에 해동화권역 생활문화의 전시장이 되어야 한다. 해동화권역 창조적 마을 만들기 사업의 궁극적 목적은 해동화권다움을 창출하여 이 지역의 브랜드파워를 형성하는 데 있다. 구체적으로 남한산성을 방문하는 사람들의 도시형 접근 루트인 성남시와 대비되어 광주시는 농촌형 접근 루트로 차별화하여[14] 경쟁력을 가질 수 있을 것이다.

이러한 관점에서 오전리 농산물 판매장의 집객력은 농산물 판매뿐만 아니라 주민 문화 생태계 형성을 위한 동력을 제공할 수 있다는 점에서 주목할 만하다. 농산물 판매장을 기반으로 해동화권에서 생산되는 친환경 농산품 판매를 통한 수입증대는 물론이고 신축될 문화회관을 중심으로 형성된 주민 문화동아리 공연을 통해 주민 자긍심을 함양하여 궁극적으로는 지역다움 창출과 함께 생활의 질 향상에 기여할 수 있다. 이러한 관점에서 기본계획의 문화회관 신축과 농산물 판매장 정비는 매우 타당한 시도라 볼 수 있다.

Q2. 해동화권 창조적 마을 만들기 사업이 종료된 후 지속가능한 운영을 위해 주민 공동체는 어떻게 형성되어야 할 것인가?

기존에 해동화놀이를 개최하면서 축적된 주민들의 협력 체계를 바탕으로 권역사업추진위원회가 보다 체계적인 형태인 협동조합 수준으로 발전하는 것이 필요하다. 이를 위해서는 대다수 주민들이 해당 사업을 통해 직접적인 이익을 맛볼 수 있는 마중물 사업이 필요하다. 이와 더불어 지속적으로 주민들 간에 소통하려는 노력이 필요하다. 소위 모래시계 대화[15]라

14 설악산의 주요 접근로가 대량관광객을 위한 외설악 지구와 자연친화적 방문객을 위한 내설악 지구로 차별화되어 발전하고 있는 것을 참고로 남한산성 접근로도 검토될 수 있을 것이다.
15 천안 연암대학교 채성헌 교수팀이 신활력사업의 일환으로 청양군에서 포럼의 형태로 주민 의

는 기법이 활용되어 주민들 간의 대화와 소통을 개선한 사례가 있는데, 누구에게든지 모래가 다 떨어지는 시간인 3분이 주어지고 그 시간 동안 어떤 이야기라도 하게 하면 자연스럽게 의사소통이 이루어질 뿐만 아니라 의견도 수렴되고, 이러한 과정을 통해 주민 모두가 인정한 진정한 마을 리더를 발굴할 수 있는 기회도 된다.

마중물 사업과 주민 간의 소통 강화 노력을 통해 본 사업에 주민들이 직·간접적으로 참여하게 되면 공감대 형성을 통해 사업 진척 속도가 빨라질 수 있다. 그러나 보다 체계적인 운영 조직 탄생을 위해 꼭 거쳐야 하는 단계는 전산화를 통해 해당 사업의 회계 처리와 의사 결정을 시스템화하는 것이다. 양평 수미마을의 경우에는 개발위원장의 리더십을 통해 마을의 회계 처리와 의사 결정이 투명화되어 탄탄한 법인 조직으로 발전할 수 있었다.

Q3. 주민들의 적극적인 참여 하에 6차산업으로 발전할 마중물 사업은 무엇일까?

남한산성 방문자 중 오전리 농산물 판매장을 찾는 사람들은 대부분 친환경 농산물에 대해 관심을 보인다고 한다. 그들은 등산과 나들이를 겸한 건강 지향형, 웰빙 추구형 방문자들이라 할 수 있으므로 이들을 대상으로 해 동화권 로컬푸드를 활용한 친환경 도시락을 만들어 판매하여 6차산업으로 진입할 수 있는 기반을 조성할 수 있다. 현재는 친환경 농산물만 판매하고 있지만 각 농가나 주민 가정에서 조리된 반찬(2차산업)을 도시락으로 만들거나 직접 개별 농가나 주민 브랜드의 반찬으로 판매한다면 자연스럽게 마중물 사업 겸 6차산업으로 발전할 수 있을 것이다.

여기서 중요한 점은 오전리 농산물 판매장을 통해 도시락이나 농가 반찬

견을 수렴할 때 모래시계를 사용하여 리더 발굴의 효과를 본 사례가 있었다고 한다.

이 브랜드를 가지고 성공적으로 판매될 수 있다면 개별 농가가 반찬공방으로 각각 6차산업 경영체로 인증받을 수 있으며, 이 경우 광주시와 협력하여 농림축산식품부가 추진하는 6차산업 네트워크사업으로 국고지원 신청도 가능하다는 점이다. 특히 해동화권 친환경 농산물이나 반찬은 주민 문화공연과 함께 고품질 로컬푸드로 브랜드파워를 형성할 수 있으므로 부가가치를 더할 수 있을 것이다.

Q4. 해동화놀이라는 자원성을 활용해 가능한 향토산업은 무엇인가?

광지원리 해동화놀이는 권역 명칭으로 사용될 만큼 전통과 인지도가 있다. 정월 대보름의 불놀이는 달집태우기와 쥐불놀이, 오곡밥, 야시장 등과 연계될 수 있는 몇 안되는 겨울철 이벤트 중의 하나로, 계승 발전해 나가야 할 필요가 있다. 그러나 중요한 점은 축제 발전을 통한 인지도 제고와 연계하여 향토산업의 브랜딩을 도모하지 않는다면 함평의 나비축제와 같이 2% 부족한 축제로 남을 수밖에 없을 것이다.

해동화권의 향토산업은 해동화놀이에서 볼 수 있듯이 바로 '불'로 대표된다. 직화구이, 숯불구이 등 불이 다양한 형태로 구이에 사용되고 있듯이 해동화놀이에서 사용되는 불의 형태를 활용해 '해동화구이'라는 차별화된 조리법을 개발하면 어떨까? 이를 위해 역사적으로 해동화놀이에 대한 고증과 연구가 필요하며, 해동화구이에 대한 효능을 대학 연구소와 파트너십으로 도출해 낼 필요가 있다.

2) 지역 역량 강화 사업에 대한 전반적 개선 방안

지역 역량 강화 사업은 S/W 위주의 사업이므로 H/W 전공자가 주도하기보다는 경영, 마케팅, 관광 등 관리 운영 차원의 백그라운드를 가진 전문가들이 참여할 수 있도록 이들의 참여를 명문화하는 것이 필요하다. 물론 관련 용역 수주 실적도 기본 계획 등 H/W 부문 참여보다는 S/W 부문 사업에 가산점을 주는 방법도 병행할 필요가 있다. 시설 개발과 시설의 관리 운영은 반드시 연계되어야 하지만, 전문성 영역에서는 아직 융합되지 못한 실정이므로, 지역 역량 강화 사업을 추진할 때에는 반드시 S/W 베이스 전문가의 참여를 촉진해야 한다.

권역개발사업의 기본계획을 총괄하거나 H/W 부문 계획과 경관 개선 계획을 담당하는 전문가들이 관리 운영, 마케팅, 농촌관광에 대한 기초 지식을 필수적으로 갖출 수 있도록 농어촌개발 컨설턴트 과정에 이러한 과목을 강화하는 것이 절대적으로 필요하다.

농림축산식품부에는 농촌산업과와 지역개발과가 분리되어 있어 6차산업이나 농촌관광이 권역개발사업과 직접적으로 연계가 있음에도 불구하고 융합적인 접근을 하기 어렵다. 6차산업은 경영체식 접근만으로는 성공하기 어렵고 지역개발과 연계된 문화적 접근이 동반되어야 가능하다.

4. 농촌관광 선진화를 위한 작은 기술

(1) 개별 경영체가 선도하는 농촌관광

1) 펜션과 농촌관광[16]

강원도 홍천군은 경관이 수려하고 수도권에서의 접근성도 양호해 특히 홍

---

16 농림축산식품부는 농촌관광 진흥을 위해 농어촌정비법에 근거한 농촌 민박업체를 대상으로 우수농촌민박선정사업을 2016년 시범사업으로 시행한 바 있다. 이때 홍천군을 중심으로 현장 심사에 참여한 경험을 바탕으로 기술하였다.

천강 주변으로 펜션이 밀집한 지역이다. 펜션은 게스트하우스와 마찬가지로 법에 근거한 용어는 아니지만(제주도에만 휴양펜션업이 존재한다.), 농어촌정비법의 농어촌민박들이 상호로 즐겨 사용되는 명칭이다. 수요자가 보기에 펜션은 일반적으로 방이 넓고 주방 등 편의시설을 갖추어 가족 단위나 일정 수의 단체 이용객들이 취사도 가능한 숙박시설로 인식되고 있다. 기본적으로 펜션은 콘도미니엄에 대한 대체 수요를 흡수하기 위해 개별사업체가 비교적 규제가 적고 진입장벽이 낮은 농가민박업으로 등록한 후 영업하는 숙박시설이다. 예를 들면 공중위생법의 적용을 받는 일반숙박업이나 생활숙박업과는 달리 농촌민박은 바닥 면적만 230m² 이하면 다른 제약 없이 가능하다.

농촌관광의 품질을 개선하기 위해 농림축산식품부가 시도한 우수농촌민박선정시범사업의 현장심사위원으로 참여하면서 알게 된 것은 홍천군의 다양한 펜션 중에서 일부 펜션들이 농촌체험 요소를 가미하면서 우수농촌민박으로 선정되기 위한 여러 가지 노력을 한다는 것이었다. 수많은 펜션들이 홍천강 주변에 입지하면서 경쟁 우위를 차지하기 위해 시설 투자 중심의 차별화를 시도해 왔으나 이것도 이제는 거의 한계에 달해 곤충체험관이나 텃밭, 양떼우리 등을 갖추면서 가족단위 방문객을 유치하려고 하는 것을 엿볼 수 있었다.

농촌관광의 선진화를 위해서는 기존 농민들의 의식 수준과 경영 마인드 제고에 전력을 투입하는 것도 필요하지만 이와 더불어 농촌관광 사업체로 농촌에 입지한 펜션경영업체들이 실질적으로 농촌관광 선진화를 주도할 수 있는 가능성을 발견할 수 있었다. 어떻게 보면 이들은 경영 감각이 농민보다 뛰어나므로 방문자들이 선호하는 농촌체험을 단순 숙박에 부가할 필요를 느꼈고, 기존의 농촌 주민 주택을 공유하는 농촌생활형 숙박이 아니라 쾌적한 농촌테마형 숙박 서비스를 제공하게 된 것이다. 다시 말해서 아마추어 관광으로서 농촌생활 체험형숙박과 프로관광으로서 농촌테마형 숙박으로 나뉘게 되었다.

결론적으로 순수 농민이 서비스 마인드를 갖추어 선진국형 농촌관광으로 발전해 나가는 것보다 기존의 농촌 지역 소재 관광 사업자가 경쟁력 확보를 위해 농촌체험 요소를 가미하면 농촌관광 선진화가 더욱 빨리 진전될 수 있다. 특히 이러한 점은 앞서 지적했듯이 우리나라의 농촌관광이 공급자 중심이 아닌 시장 중심으로 전환되면서 더욱 가속화될 수 있다. 즉 도시 주변에 위치한 농촌민박이나 농촌마을 내 숙박시설은 아마추어 관광 형식의 농촌생활형 숙박시설로, 관광지 주변에 위치한 농촌민박은 프로관광 형식의 농촌테마형 숙박시설로 포지셔닝하는 것이 필요하다.

또한 기존의 농촌체험마을 단위의 공동숙박시설보다는 개별 경영체 단위의 숙박시설이 경영 마인드 차원에서도, 소유 형태의 관점에서 볼 때에도 크게 다르므로 향후 농촌관광은 관리 운영이 잘 될 수밖에 없는 농촌민박 중심으로 발전할 수밖에 없다고 판단된다.

2) 6차산업 인증 사업체의 농촌관광 선도 능력

2016년 6차산업지구 선정을 위해 현장을 다녀온 후 느낀 점은 고흥 유자의 6차산업화가 기존의 유자 가공업체에 집중되고 있다는 것이다. 이들을 중심으로 생산 가공 시설을 개선 및 확충하고 또한 이들이 참여하여 농촌관광 숙박시설을 조성하는 것이 고흥군이 가지고 있는 6차산업화 기본 구상의 핵심이었다.

고흥 유자 6차산업화에서는 가공업체가 주도하는 산업화만 눈에 띄고 가공업체와 계약재배를 하고 있는 농가를 통한 6차산업의 확산과 문화창달은 거의 찾을 수 없다. 반대로 6차산업지구에서는 탈락했지만 완주군 로컬푸드 협동조합이 제안한 로컬푸드 뷔페, 직판장, 가공센터 그리고 로컬푸드 협동조합 회원 농가를 연계시켜 농촌관광의 기반을 조성하려는 제안은 주목할 만하였다.

기존의 농촌체험휴양마을이 정부 지원을 통해 성장하면서 대부분 마을이 당초 계획과는 달리 일부 혁신자들 중심으로 운영되는 경우가 대부분이다. 농촌체험휴양마을 선정 당시 결성된 공동체는 이름뿐이고, 마을 주민 대다수가 참여해 운영되면서 소득도 배분되는 마을은 그다지 많지 않은 것이 현실이다. 국고보조금을 특정 개인에게 줄 수 없으므로 법인이나 조합 등의 공동체로 지급되지만 사실상 그러한 공동체는 몇몇 참여자에 의해 주도되는 개별 사업체 성격으로밖에 볼 수 없다. 따라서 농촌체험휴양마을 단위의 농촌관광 진흥과 더불어 실질적으로 개별 경영체 중심의 농촌관광 진흥을 병행하는 것이 필요하다. 6차산업 인증 사업자들이야말로 농촌에 입지한 농촌민박 사업자와 더불어 농촌관광을 선도할 개별 경영체의 기본 단위이다. 왜냐하면 그들이야말로 경영 마인드와 사업 열정으로 무장되어 있기 때문이다.

농촌주민 역량 강화를 위한 각종 교육 프로그램은 지금까지 마을 단위의 참가를 유도해 왔다. 농림축산식품부의 최근 자료를 보면 교육 프로그램 참여자 수가 매년 감소하고 있는데, 그 이유는 아마도 체험휴양마을의 리더들이 대부분 관련 교육을 거의 이수한 결과라고 보인다. 지금이라도 주민 역량 강화 사업의 핵심 대상을 개별 경영체로 확대하는 시도가 필요하다. 교육 프로그램 개발이야말로 마을 단위 농촌관광 진흥에서 개별 경영체 단위의 농촌관광 진흥으로 패러다임 전환을 위한 꼭 필요한 조치이다.

(2) 외국인 관광객 유치 기술

농촌관광 활성화와 선진화 차원에서 시장 규모 확대와 서비스의 질을 향상시키기 위한 대안 중의 하나가 외국인 방문객 유치이다. 외국인 방문객은 방문 유형에 따라 두 그룹으로 나누어지는데, 단체관광 차원으로는 국내 거주 외국인 단체(특히 외국인학교 수학여행 등)와 중국과 동남아 중심의 외국인 단체관광객으로 볼 수 있으며, 개별관광 차원으로는 국내 거주 외국인 가족과 외국인 개별 관광객으로 분류될 수 있다. 이들을 겨냥한 농촌관광 진흥 전략은 다소 달라질 수 있으므로 구분해서 성공사례 중심으로 논의하고자 한다.

1) 주한 외국인 단체관광객

주한 외국인 단체는 주로 외국인학교 학생들을 대상으로 한 수학여행을 지칭하는데, '어드벤처코리아'라는 아웃도어 레크리에이션 전문 여행업체가 홍천의 무궁화마을에 수학여행객을 유치해 만족한 결과를 얻어낸 과정을 중심으로 살펴보자.

주한 외국인학교 학생들을 유치할 때 가장 중요한 것은 조금 강하다 싶을 정도의 아웃도어 활동이다. 농촌 마을 중 단체 학생들에게 체험형 수학여행 1번지로 주목받는 정선 개미들마을 프로그램과 비교하면 개미들마을에는 배움이 주가 되는 교육형 체험 프로그램이 대부분이지만, 어드벤처코리아[17]가 진행하는 외국인학교 수학여행은 카누잉, 래프팅 또는 산악바이크 등 야외 스포츠 활동이 핵심 프로그램이다. 홍천 무궁화마을에서는

---

17 국내 외국인학교 대상 농촌체험 프로그램을 진행하는 레저 스포츠 전문 여행사로, '가장 한국적인 것이 바로 가장 세계적이다'라는 슬로건을 실천하고 있는 회사이다.

홍천강에서의 카누잉과 결합하여 문화체험 프로그램인 짚풀공예나 다듬이 공연 관람 등을 가미하고 있는 점이 주목할 만하다.

대부분의 농촌이 외국인학교 학생들을 수용하기 위해서는 숙박과 음식에 더 신경을 써야 될 것같은 생각이 들겠지만 예상과 달리 외국인학교 학생들은 한국적인 숙박환경과 음식에 훨씬 잘 적응하며 즐긴다는 점이 인상적이다. 침대가 없는 기존의 온돌방으로도 충분히 숙박 수요를 수용할 수 있으며, 삼겹살 바비큐와 상추쌈, 그리고 흰밥만 있으면 만족한다는 점을 유의할 필요가 있다. 아침은 콘티넨털 브렉퍼스트 타입으로 식빵과 잼, 그리고 우유와 야채만 있으면 가능하다.

즉, 외국인학교 수학여행객 유치는 모든 농촌 마을에서 가능한데, 가장 중요한 인자는 자연환경과 잘 조화될 수 있는 야외 스포츠 활동이 중심이 되어야 한다는 것이다. 다시 말해서 우리나라 학생들과는 달리 교육형 농촌체험 활동보다는 챌린지형 야외 스포츠 활동이 주가 되어야 한다는 것이다. 그리고 이것에 부가하여 약간의 농촌문화 체험활동을 곁들이면 만족도 상승에 기여한다는 점을 간과하지 말아야 한다. 그런데 한편으로 과연 우리나라 학생들도 외국인 학생들과 유사한 프로그램을 제공할 경우 어떻게 반응할 것인지 생각해 볼 필요가 있다. 우리나라 학생들도 분명히 외국인 학생들과 같이 야외 스포츠 활동 중심의 프로그램을 선호할 것이라 예상된다. 그러나 현재 그렇게 하지 못하는 이유는 바로 우리의 농촌관광이 수요자 중심이기보다는 공급자(선생님 또는 프로그램 제공자) 중심에서 벗어나지 못하고 있기 때문이라 생각된다.

2) 외국인 단체관광객

외국인 관광객은 주로 패키지 관광을 이용하는 단체를 의미하는데, 이들을 유치하기 위한 핵심은 농촌을 관광 목적지로 유인하기보다는 이들의 주요 동선 축에 인접한 마을을 대상으로 경유형으로 농촌관광을 체험하게 하는 것이다. 현재 외국인 단체관광객 유치로 가장 이름난 곳은 영동고속도로 상에 위치한 평창 의야지 바람마을이다.

의야지 바람마을의 외국인 단체관광객 유치는 2005년 설악산과 동해안을 방문하고 서울로 귀가하는 동남아 관광객들이 눈썰매장을 방문하면서 시작되었다. 현재는 연간 약 8만 명 이상의 외국인 관광객이 방문하여 각종 체험을 위해 평균 1시간 반 이상을 체류하는 4계절형 체험장으로 발전하고 있다. 바람마을의 경우는 실제 농촌마을을 기반으로 농촌관광이 이루어지기보다는 별도 마련된 체험장을 중심으로 농촌관광이 시행되고 있다. 그 이유는 외국인 관광객 수가 일정 규모 이상 되고 평일과 주말에 관계 없이 수시로 찾다 보니 상설체험장이 필요하게 되어 마을 범위를 벗어나 상시 관광 체제로 들어가지 않을 수 없었다. 이러한 경우 진정한 농촌관광이라 이야기하기는 어렵고 농촌 테마형 관광사업이라 칭하는 것이 더 타당할 것이다. 그럼에도 불구하고 이러한 사업 유형은 농촌관광의 향후 발전 가능한 모델 중 하나이므로 농촌관광으로 포함되어야 함은 물론이다.

외국인 단체관광객 유치는 외국인이 자주 방문하는 관광지 주변에 위치한 농촌마을을 대상으로 시행될 수도 있다. 경기도의 임진각은 외국인 관광객이 가장 많이 찾는 곳이므로, 이곳과 인접한 농촌마을을 대상으로 체험활동을 수용하는 전략이 요구된다. 현재 고양시의 김치스쿨(관광 기업)은 한복체험과 함께 외국인 관광객 유치에 열을 올리고 있다. 김치체험과 한복체험이 가장 쉽게 적용이 가능한 외국인 체험활동이라면, 임진각 주변의 어떤 농촌마을에서든 외국인 관광객을 수용할 수 있을 것이다. 수도권은 물론이고 부산에서도 외국인 관광객, 특히 중국인 관광객의 방문이 많으므로 인접한 김해나 창원 등지의 농촌체험휴양마을로 관광객을 김치체험과 한복체험으로 유입시킬 수 있는 전략이 요구된다.

외국인 관광객 수용 태세 정비를 위해 기존 농촌체험휴양마을 중 시설과 입지가 우수한 마을을 대상으로 외국인 관광객을 유치하는 R20(Rural 20) 사업이 수년 전 농림축산식품부에 의해 시도된 적이 있다. R20 사업을 위해 여행사를 포함한 전문가 일행이 농촌체험휴양마을 대상 선정 심사에 참여했지만 외국인 유치가 수요자 위주라기보다는 공급자 위주로 선정된 감이 없지 않았다. 다시 말해서 일반적인 농촌관광이 시장 중심이라기보다 공급 중심인 것과 같이, 외국인 관광객이 목적형으로 올 수 있는 농촌관광 매력도가 높은 마을보다는 외국인 관광객의 이동 동선 상에 위치해 쉽게 경유가 가능한 농촌체험휴양마을 중에서 경쟁력이 있는 마을 중심으로 선정했더라면 외국인 유치 효과가 배가 되었을 것이다. R20 사업이 중단되긴 했지만 이 사업을 계기로 선정된 마을의 국내 홍보에 외국인 체험활동 사진이 적극적으로 활용되었다는 점, 그리고 농촌 주민들이 외국인 관광객을 맞이해 보고 그들이 만족해하는 것을 경험하면서 우리의 농촌 환경과 문화에 대해 자긍심을 갖게 되었다는 것이 큰 수확이라 볼 수 있다.

3) 개별 관광객

외국인 개별 관광객을 유치하기 위해서는 단체 관광객 유치와는 다소 다른 접근이 필요하다. 외국인 개별 관광객은 전체적으로 볼 때 그 규모가 크지 않고, 주로 미주, 유럽, 일본인 관광객 등이 주가 되지만, 점차 중국인 관광객과 동남아 관광객의 비중이 늘고 있다. 이들을 대상으로 농촌관광을 유인할 때의 핵심은 첫째, 위치가 수도권과 부산 등 대도시에 인접한 농촌마을이어야 하며, 둘째, 이미 잘 알려진 한국의 대표적 이미지를 유인 요

그림 VI-9_ 평창 의야지 바람마을과 외국인 패키지 관광객

소로 활용해야 한다는 점이다.

외국인들에게 잘 알려진 한국 이미지 노드는 무엇일까? 나라별로 일부 차이는 있지만 대표적 이미지 중 농촌과 연계시킬 수 있는 노드는 김치, 불고기, 갈비, 인삼, DMZ, 태권도, 막걸리 등일 것이다. 이러한 이미지 노드와 매칭되는 자원성을 가진 대도시 주변의 농촌마을(시장 중심 접근)을 선정해 김치마을, 태권도마을, 불고기마을, 인삼마을, 갈비마을, DMZ마을, 막걸리마을 등으로 육성할 수 있을 것이다. 이후 우리 생활문화의 글로벌화가 진전되고 외국인 관광객이 증가하면서, 그리고 외국인 관광객 국적이 다변화되면서 이러한 이미지 노드는 수도권이나 대도시 인근에서부터 전국적 농촌마을로 적용되어 명품 김치마을, 명품 인삼마을, 명품 불고기마을, 명품 막걸리마을 등으로 확산될 수 있을 것이다.

이러한 이미지 노드를 외국인 관광객의 국적별로 정리해 보면 동남아권 관광객은 우리나라 기후와 자연환경에 관심을 가지고 있으므로 딸기마을, 배마을 등으로, 일본인 관광객은 막걸리마을, 갈비마을, 불고기마을 등으로, 그리고 중국인 관광객은 삼계탕마을, 인삼마을 등으로 유치할 수 있을 것이다.[18] 외국인 관광객 유치를 위한 이미지 노드 활용 방안은 새롭게

---

18 세계적인 관광 대국으로 지칭되는 스페인, 프랑스, 영국, 이탈리아 등을 볼 때 관광 유인력의 핵심은 세계 문화사의 중심에 있었다는 사실이 첫째이고, 그렇지 않은 나라들 중 미국, 일본 등과 같이 관광객이 많은 나라는 결국 경제 중심지로 비즈니스와 관광이 결합된 형태가 대부분이며, 나머지 발리, 태국 등은 기후나 자연경관이 뛰어나기 때문에 관광객 유치에 성공할 수 있었다. 과연 우리나라는 관광 유인력 핵심 3요소 차원에서 냉정히 평가할 때 관광 대국으로 성장할 잠재력이 있는가? 이 질문에 대한 답은 일단 '예스'이다. 우리나라의 문화가 K-팝 등을 선두로 글로벌화되면서 국가 인지도와 관광 목적지로서의 매력이 증대될 것이므로 시간이 문제이지 궁극적으로는 가능하다고 판단된다. 실제로 1,000만 명 외래 관광객 수 돌파를 중국 관광객 덕분으로 비교적 짧은 기간 내에 이루어 낸 것은 사실이나 향후 10년 안에 스페인, 프랑스 등에 버금가는 관광 대국으로 성장하기에는 무리가 있다. 그러나 여기서 강조하고 싶은 점은 중단기적으로 관광 유인력 핵심 3요소를 활용해 외국인 관광객을 공략하는 전략이 필요하다는 것이다. 먼저 가까이 있는 일본은 우리 문화사에 관심이 있으므로 이를 활용해 공략하고, 중국

마을을 선정하여 시행하기보다는 기존에 부처별 국고보조사업을 경험하여
어느 정도 지역 역량을 보유한 각종 농어촌마을[19]을 대상으로 육성하는 것
이 좋다. 왜냐하면 이들 마을은 이미 지역 역량 강화사업은 물론 하드웨어
구축사업을 시행하였지만 대부분이 당초 예상과 달리 농촌관광을 통한 소
득증대 등의 지역개발 효과를 보지 못했고 따라서 이미지 노드를 활용한
관광 마케팅에 관심이 있을 수밖에 없기 때문이다.

(3) 양평 수미마을이 다른 마을과 다른 점

수미마을은 경기도 양평군에 위치한 농촌체험휴양마을이다. 농촌체험휴양
마을은 농림부가 시행하는 사업의 일환으로 지자체가 농촌체험휴양마을로
서 기준을 갖춘 마을에서 체험을 사업화할 수 있는 자격을 부여하고 지정
하는 것을 말한다. 경기도 양평군 내에만 25개의 농촌체험휴양마을이 있
다 보니 농촌이라는 환경적 측면과 농업이라는 문화적 배경을 바탕으로 할
때 대부분 농촌체험휴양마을이 특징적으로 차별화되기는 쉽지 않다. 그럼
에도 불구하고 다른 농촌체험휴양마을과 분명히 차별화되는 마을이 바로
수미마을이다.

　여러 다양한 요소들이 있지만 그 중에서도 가장 내세울 만한 특징은 '1년
365일 축제가 열리는 수미마을'이라는 콘셉트로 4계절 5가지 테마의 다양
한 체험을 진행하여 단 한 명이 마을을 방문하더라도 체험이 가능하다는

과 러시아는 우리의 경제 발전과 도시 문화에 관심이 있으므로 이를 소재로 해서 유치하며, 끝
으로 동남아권 나라들은 우리의 4계절 자연환경과 기후를 강점으로 마케팅하여 관광대국으로
의 발전을 도모할 수 있을 것이다.

19 지역개발 차원에서 부처별로 지원되고 있는 국고보조사업으로는 농림축산식품부와 해양수산
부의 농어촌체험휴양마을, 일반농산어촌개발사업, 농촌중심지활성화사업, 창조적마을만들기
사업 등이 있다.

점이다. 농촌다움을 소재로 한 테마파크라고 불릴 만한 수미마을의 특징은 바로 인원수에 관계 없이 상시체험이 가능하다는 것과, 다른 마을에서는 볼 수 없는 매표소를 운영하고 있다는 점이다. 매표소를 운영한다는 것은 예약 없이도 언제든지 방문객이 마을을 방문하였을 때 체험이 가능하다는 것을 뜻한다. 대부분 농촌체험휴양마을에서 인원수와 관계 없이 상설체험을 운영하는 것은 거의 불가능하다. 농촌 마을에서 체험을 진행하기 위해서는 반드시 체험 진행과 관련된 인력이 다수 필요하기 때문이다. 오전에 마을에 방문객이 오면 먼저 방문객을 맞이할 사람이 필요하다. 마을을 소개하고, 체험을 진행할 사람도 필요하며 점심시간에는 식사를 준비하고 제공할 사람도 있어야 한다. 식사가 끝나면 또 다른 체험 프로그램을 운영할 사람이 필요하다. 이렇듯 농촌체험휴양마을의 모든 활동에는 인력이 요구되며, 그것은 곧 인건비로 연결된다. 식사를 위해서도 일단 식재료를 구매해야 하고, 그것을 미리 가공해서 준비해야 하며, 식사를 제공하기 위한 인력과 정리할 인력도 필요하기 때문에 이러한 인건비를 감당하기 위해서는 일정 수 이상의 체험객이 방문해야만 체험을 진행하는 것이 가능한 것이다.

수미마을은 어떻게 상시체험 운영이 가능할까? 수미마을에서 상시체험이 가능한 이유는 항상 일정한 수 이상의 방문객이 있기 때문이라고 할 수 있지만 반대로 수미마을에 일정한 수 이상의 방문객이 있는 이유는 수미마을이 상시체험을 제공하기 때문이라고 말할 수도 있다. 닭이 먼저냐 달걀이 먼저냐는 식의 답이 나올 수밖에 없다.

그렇다면 다른 마을에서는 인건비, 관리비 등의 문제로 쉽게 시도하지 못하는 상시체험이 수미마을에서는 어떻게 가능할까? 그것은 바로 장기적인 비전과 목표를 제시할 수 있는 영향력 있는 리더와 그를 믿고 함께 동참한 주민들이 있었기에 가능하다고 할 수 있다. 하루라는 시간을 기준으로 당장은 손해를 보더라도 장기적으로는 수미마을이 추구하는 공동의 목표와 가치를 실현할 수 있다는 신뢰와 공동체 의식은 수미마을의 상시체험을 가능하게 만들었고, 방문객이 원할 때 언제든지 수미마을을 방문할 수 있도록 하였다.

마을 주민들의 신뢰와 공동체 의식은 방문객을 대하는 순간에도 표현된다. 방문객을 친절히 응대하여 다음에 또 방문하고 싶은 마음이 들게 한다. 이러한 신뢰와 공동체 의식은 어떻게 형성되었을까? 수미마을에는 마을에서 농촌관광을 시작한 순간부터 마을을 위해 희생하고 봉사한 사람들이 있었다. 이런 사람들은 다른 마을에도 있으나 초창기에 열정적으로 동참했던 사람들은 아쉽게도 체험사업이 진행되어 가면서 지쳐버려 중도에 그만두는 경우가 많았다. 수미마을에서는 오랜 기간 마을을 위해 희생한 분들을 존중하고, 그분들이 이루어 온 것을 기반으로 마을의 체험 수행 역량을 더욱 강화시킨 영향력 있는 리더가 있었다. 하지만 영향력 있는 리더는 다른 농촌체험휴양마을에서도 많이 볼 수 있다. 수미마을의 리더가 성공할 수 있었던 이유는 역설적으로 '특정 리더가 없어도 성공적으로 운영되는 마을'을 만들기 위해 노력했고, 그것이 가능해졌다는 점이다.

수미마을의 리더는 외부 전문가의 도움을 받아 수미마을을 관리 운영할 수 있는 120개 조항이 넘는 마을 정관을 작성하였다. 이 과정에서도 마을 구성원들이 함께 참여하여 의사소통을 할 수 있는 절차를 건너뛰지 않았다. 구성원들이 함께 모여 마을을 성공적으로 또한 지속적으로 관리 운영할 수 있는 규칙을 정하여 기록으로 남기고 그 규칙을 따르기 위해 끊임 없이 노력했다. 정관을 통해 농촌체험휴양마을 관리 운영을 위한 역할과 업무를 규정하고 각자 맡은 바 임무를 다하도록 독려하였다. 업무 수행에 있어서는 의사 결정을 하는 그룹과 실무를 수행하는 그룹을 나누어 실무 담당자가 업무를 수행하면서 책임까지 지게 되는 고충을 덜어 주었다.

여기까지 정리가 되는 동안 예약, 결제, 회계, 재무를 전산화하여 공개하고, 관리 운영 과정에서 발생되는 수익을 투명하고 공정하게 분배하여 신뢰를 높였고, 이는 다시 주민들의 동참을 이끌어내는 선순환구조로 작용되었다.[20]

수미마을이 가지고 있는 환경, 생태, 문화, 역사, 인적 자원에 근거해 개발된 다양한 체험 프로그램의 원가를 철저히 분석하여 가격을 책정하고, 다양한 마케팅 채널을 통해 판매하였으며, 예약 방문객과 현장 방문객 모두가 만족할 수 있는 상품과 가격을 제공하였다. 더욱 놀라운 것은 지금 이 순간에도 수미마을은 더 큰 목표를 세우고, 장기적인 비전을 향해 또 다른 변화를 준비하고 있다는 것이다.

마지막으로 소개할 수미마을의 특징 두 가지는 첫째, 체험사업 구성원을 마을 주민으로 제한하지 않고, 지역 주민들과 외부 전문가도 참여할 수 있는 명예회원제도를 통해 회원을 유치하고 있다는 것, 둘째, 마을에서 이루어지는 체험이나 상품 판매를 마을에서 모두 하려고 하지 않고 마을 내부와 외부에서 신청을 받아 소위 소사장이라 불리는 개별 운영 주체들을 통해 단일 체험과 상품을 운영하게 하여 상품의 다양성과 경쟁을 이끌어냈다는 점을 들 수 있다.

향후에도 수미마을은 농촌을 플랫폼으로 공동체 기반의 살아 있는 관광 생태계를 유지하여 지속가능하게 발전할 것으로 믿어지며, 농촌생활여행 트렌드에 부응해 '양평살이'를 추진함으로서 선진화된 농촌관광을 실현할

---

20 이동윤(2017) '농촌체험휴양마을 관리 운영 평가에 관한 연구: 양평 농촌체험휴양마을을 중심으로', 경기대학교 여가관광개발학과 석사학위 논문(지도교수: 엄서호).

수 있을 것이다. 수미마을은 양평관광의 허브로, 인접한 마을이나 주변 관광지와의 네트워킹을 통해 양평관광 클러스터를 이루는 동시에, 농촌관광 실무자들을 양성하는 농촌관광사관학교의 기능도 담당하게 될 것이다. 결국 수미마을은 정부 내 각 부처 지원사업의 테스트 베드 역할을 담당하면서 새로운 농촌의 모습으로 진화해 나갈 것이다.

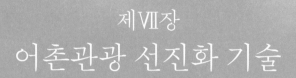

제VII장
어촌관광 선진화 기술

Chapter Reviewer 나윤중 교수

동명대학교 호텔관광경영학부에 재직 중이며, 전공 분야는 관광개발이다. 주요 관심 분야는 '해양 및 어촌관광'과 '지속가능한 개발과 정의의 문제'이다. 현재 해양수산부 기술자문위원회 위원(관광 분야)과 부산항 건설사무소 기술자문위원회 위원으로 활동하고 있다.

yjnahisk@empas.com

1. 어촌관광 활성화 가이드라인

(1) 어촌관광의 특성 고려

어촌에 대규모 투자가 수반되는 관광시설을 개발하려면 타 지역 관광개발
과는 다른 차원의 고려가 필요하다. 왜냐하면, 해양 관광자원의 특성이 다
른 유형의 관광자원과 다르기 때문이다.

어촌관광의 특성을 정리하면 다음과 같다.

첫째, 입지 조건상 계절성이 강하여, 장기간 영업 비수기가 발생하게 된다.

둘째, 자연적 입지에 크게 의존하는 데에도 불구하고 시설개발을 위해
자연환경의 훼손을 피할 수 없어서 환경영향평가 등으로 인해 사업 수행이
지체될 수 있을 뿐만 아니라 환경 비용 부담이 커질 수 있다.

셋째, 연안과 도서지역은 도시지역으로부터 떨어져 있으므로 관광객이
접근하기에 불리한 점을 들 수 있다. 특히 도서지역은 접근성은 매우 제한
되어 있다.

넷째, 어촌지역은 해수욕장 방문객을 대상으로 민박이나 음식물 판매 등
의 사업 경험이 있어서 농촌지역보다 관광개발에 대한 주민의 관심과 기대
가 크기 때문에, 지역주민의 참여 기회를 늘릴 수 있는 장치가 필요하다.

다섯째, 관광수요 중 해양관광 수요가 가장 늦게 나타나므로, 어촌에서
의 관광시설 개발의 사업성을 판단할 때에는 매우 신중하여야 한다.

여섯째, 어촌의 주기능인 수산업과 양식업이 점차 축소되고 경관과 체
험, 해양 스포츠가 주가 되는 해촌의 형태로 변모될 가능성이 크다. 이는
과거 수산업에 종사하던 인력이 고령화되고, 어촌계의 일원이 되려고 할 때
진입장벽이 높아 귀어귀촌 인구가 확대되기 어려우며, 근원적으로는 수산
자원이 고갈되고 있어 젊은층의 수산업 참여 의지도 약하기 때문이다.

이러한 특성을 고려할 때 대규모의 투자가 요구되고 사업성도 불투명한 프로페셔널 해양관광 시설의 개발보다는, 어촌의 자연환경, 생활문화, 역사·전통문화를 활용한 어촌공동체 기반 체험관광을 도입하는 것이 합리적이다. 어촌의 가장 강력한 매력은 바다 환경이지만, 이에 못지 않게 척박한 바다 환경과 싸우면서 적응하고 살아온 어촌주민들의 차별화된 생활문화도 중요한 매력이다. 실제로 어촌체험휴양마을로 지정된 다수의 어촌은 생활문화 체험은 간과하고 바다 체험에만 올인하는 경향이 있다.

관광서비스업을 전업으로 하는 어촌 인구도 필요하지만 어촌환경의 특성상 어촌생활과 어촌환경을 유지하면서 관광과 접목될 수 있는 겸업 또는 부업 차원의 어촌관광 활성화도 필요하다. 이러한 겸업 또는 부업 관광의 형태로는 첫째, 낚싯배 등 유어선업, 둘째, 스킨스쿠버, 투명카누 등 해양 레포츠업, 셋째, 횟집 등 음식점업과 어촌카페, 넷째, 민박 및 펜션업[1], 다섯째, 체험지도사와 바다해설사 등이 있으며, 여섯째, 6차산업으로 확장시켜 수산물 가공공장을 체험장화한 체험공방업과, 양식업을 체험장화한 양식체험업 등을 들 수 있다.

(2) 어촌 고유의 매력 창출

어촌관광의 매력도를 증진하기 위한 구체적인 어촌관광 활성화 방향은 다음과 같다.

첫째, 자연환경을 보존하면서 생태교육 차원에서 관광을 도입한 생태관광상품의 개발이다. 전라남도 홍도 등 일부 도서지역에 적용될 수 있는데 그 이유는 수려한 자연환경의 보존에도 있지만, 무엇보다도 접근성 불량

---

1 여기서의 펜션업은 농어촌정비법에 의한 농어촌민박업과 관광진흥법의 관광펜션업을 말한다.

을 극복하기 위한 방편으로 보다 몰입된 관광객들을 유치하는 시도이다. 도서지역까지 배를 타고 가는 동안 목적지와 관련된 사전교육을 진행하고, 공정여행 차원에서 도서지역의 생활문화를 있는 그대로 체험하는 섬 생활여행이 바로 생태관광 상품이 될 수 있다. 물론 도서지역의 생태적 수용력 범위 내로 관광객 수를 제한하는 관리체계가 선행되어야 한다.

둘째, 어촌지역의 전통과 생활문화를 소재로 한 문화체험 상품을 개발해야 한다. 어촌지역의 풍어제 등 축제를 활용한 이벤트 상품 개발이 이에 속한다. 어촌지역의 생활문화를 소재로 활용한 민박, 낚시, 오징어말리기, 젓갈담그기 등 어촌의 생활환경을 있는 그대로 도시민이 체험하게 하는 상품들이 이에 해당한다.

셋째, 어촌에서 도시민들이 즐겁게 생활할 수 있는 기반을 조성해 주어야만 귀어귀촌과 어촌생활여행 유치가 가능해진다. 어촌의 독특한 생활문화를 기반으로 생활여행이 창출되고, 이들에 의해 어촌의 활력이 살아날 수 있다면, 어촌 공동체는 생활여행자를 준주민으로 인정할 수밖에 없는 시점이 올 것이다. 생활여행자를 유치하기 위해 필요한 조건은 지역다움이라는 고유의 정체성과 생활여행자를 수용할 수 있는 숙박시설, 이들을 공동체 속으로 끌어들이는 생활여행 호스트, 그리고 생활여행자들이 공동체 속에서 기여도 하고 생계에도 보탬이 될 수 있는 여가문화형 일자리[2]나 자원봉사 자리가 필요하다.

숙박도 중요하고 일자리도 중요하지만 젊은층이 어촌을 생활여행지로 선택하게 하는 다른 한 가지 요인은 특화된 교육환경이다. 누구든지 원하

---

2 바다 텃밭, 도시 양식 어부, 주말 양식장, 주말 어부사업 등을 포함할 수 있으며, 생계형 일자리와 달리 여가문화형 일자리는 자아성취와 자기표현을 목표로 한다는 점이 다르다.

는 학교에서 원하는 기간 동안 공부할 수 있는 단계는 이미 자유학기제를 시작으로 출발점을 떠났다. 문제는 생활여행지로 선택된 어촌의 학교가 자녀들에게 무엇인가 도움을 줄 수 있도록 교육과정이 차별화되어 있느냐이다. 그러므로 각 어촌마다 자연환경과 생활문화를 바탕으로 지역다움을 찾아내어 그것을 교육과정에 반영하는 일도 생활여행 유치를 위해 필요한 기초 작업 중 하나가 되어야 할 것이다.

넷째, 어촌계의 진입장벽을 낮추기 위해 혁신적인 노력이 필요하며, 어촌계는 경영 마인드로 무장하여 양식업을 독점하기보다는 공유하는 형태로 개방하는 것이 필요하다. 또한 어촌과 농촌이 상생하며 발전하기 위한 정책적인 방안도 강구해야 한다.

(3) 지속가능한 어촌관광 공급 체계 확립

어촌 체험관광의 지속가능한 운영을 위해 다음과 같은 사항이 필요하다.

첫째, 어촌관광을 주도할 주민들에 대한 역량 강화 교육이 필요하다.

둘째, 상시체험이 가능한 어촌체험사업지구를 동서남해안 해역별로 1개소씩 할당하여 활성화하는 정책이 필요하다. 기존의 어촌체험마을은 대체로 상시체험이 불가능하고, 가능한 경우에도 단체 방문객에 한정되어 있다. 수도권의 어촌체험마을과 유명 관광지에 인접하여 연계관광이 가능한 어촌체험마을 등 시장성이 있는 곳들도 주민 역량 강화를 통해 상시체험이 가능하도록 해야 한다.

셋째, 해수부의 일반 농산어촌개발사업과 같이 어촌관광의 기반을 조성하기 위해 어촌 정주환경 개선을 위한 전문화된 실시 설계 수행 기관을 양성할 필요가 있다. 이와 더불어 어촌관광 방문객 수에 관한 기초통계가 작성되고 어촌관광 자원 실태가 분석되어야 수급 분석을 한 후 공급 방향을 결정할 수 있다. 어촌 주민들에게 관광 마인드를 교육하기 위해 해역별로 기존의 관광학과 개설 대학교에 '어촌관광 아카데미'를 설치하여 정기적으로 운영하고 동시에 순회교육도 병행할 필요도 있다. 이와 같이 하드웨어와 소프트웨어, 휴먼웨어 등을 동시에 공략하는 다각적 접근을 하면 어촌관광이 활성화될 것이다.

(4) 어촌 어항 통합적 접근[3]

지금까지 어항, 어촌개발과 관련된 대부분의 사업은 어업 관련 기초 인프라 구축이나 정주환경 개선과 관련된 하드웨어 구축에 집중되었다고 볼 수 있다. 그러나 해수부가 주관하는 아름다운 어항 조성사업은 과거의 접근과 달리 어항의 독특한 자연경관과 어촌의 문화자원을 활용하여 차별화된 관광, 레저, 여가공간으로 새로운 가치를 창출하는 어촌 어항 통합개발사업으로 정의할 수 있다.

사업 명칭이 의미하는 바와 같은 미항조성사업을 추진하기 위해서는 그 기본방향을 설정할 때 몇 가지 혁신적 사고가 필요하다.

첫째, 과거에는 어촌 어항 개발과 관련된 계획은 공학적으로 접근하는 엔지니어링 회사가 주도하여 수립되었으나, 이번 미항 조성사업은 융·복합적인 접근을 지향하는 컨설팅 회사가 주도해야 할 것이다. 그것은 미항 조성을 통해 관광명소화라는 목표를 달성하는 방식에서 두 가지 유형의 회

---

3 2015년 11월 20일 세종시의 해수부 청사에서 진행된 '아름다운 어항 조성 사업 기본 및 실시 설계 용역' 제안서 평가에 평가위원으로 참여하면서 느꼈던 내용을 기술한 것이다. 미조, 수산항과 격포, 김녕항 두 사업에 대해 각각 3개, 4개의 엔지니어링 회사가 작성한 제안서를 필자를 포함한 8인의 기술위원이 평가한 바 있다. 제안서 내용은 아름다운 어항 경관 연출 계획, 환경 디자인 계획, 관광상품 및 스토리텔링 개발, 아름다운 어항 기본 및 실시 설계, 설계 VE, 해역 이용 협의 등, 배후 어촌지역 개발 여건 및 자원 분석, 개발 방향 및 공간 개발 구상, 명품 어촌 개발 기본계획 수립을 포함하여 총 사업비는 각 사업당 20억 원 규모였다.

사가 가진 사고방식에 차이가 있기 때문이다.

기존의 엔지니어링 회사는 예산에 맞추어 갖가지 매력 요소를 갖춘 하드웨어 패널을 만든다는 생각이 지배적이지만, 컨설팅 회사는 미항을 방문하는 방문객들과 어촌 주민이 모두 만족할 수 있는 참여형 문화 생태계로 어촌 어항 플랫폼을 조성한다는 생각을 할 것이다. 이러한 사고방식의 차이는 전혀 다른 결과를 초래할 수 있으므로, 아름다운 어항을 만들기 위한 기본계획 및 기본설계 수립의 주체를 선정하는 것은 중요할 수밖에 없다. 반드시 컨설팅 회사가 주도하지 않더라도 엔지니어링 회사와 컨설팅 회사가 컨소시엄을 맺어 추진한다면 이러한 문제를 다소 극복할 수 있을 것이다.

둘째, 아름다운 어항은 새롭고 다양한 시설을 부가하여 창출되는 것이 아니다. 사람에 비유하면, 그간 생활고와 시간 부족 때문에 전혀 돌볼 수 없었던 손상된 미인(미항)의 모습(경관)을 원래의 모습으로 복원한다는 생각에서 출발해야 한다. 강원도 양양 수산항의 아름다운 어항 만들기 사업의 경우를 들면, 과거에 존재했으나 현재 그 자취를 찾기 어려운 방풍림을 복원하고, 물량장을 조성하기 위해 콘크리트로 덮어버린 자연바위를 원래대로 복원하는 것이 아름다운 어항 만들기 사업의 핵심이 되어야 한다.

셋째, 어촌 어항을 통합적으로 개발할 때 무엇보다도 중요한 것은 어촌 공동체 문화를 보존하고 유지시키는 방법을 고안하는 것이다. 이러한 관점에서 아름다운 어항 만들기 사업을 바라보면 본 사업은 관광시설 위주의 하드웨어 구축사업이라기보다는 경관형 문화 생태계 구축사업이라고 할 수 있다. 이러한 사업은 엔지니어링 회사 단독으로는 불가능하며, 일정 부분이라도 관광 콘텐츠 개발과 관광사업 계획 경험이 있는 컨설팅 회사의 참여가 절대적으로 필요하다. 어촌 어항의 지속가능성은 다른 도시와 차별될 수 있는 어촌다움을 창출할 때에만 가능하고, 그 바탕은 수산업적인 측면을 통해서가 아닌 휴양형 주거 측면에서 더 잘 이루어질 수 있다. 그렇기 때문에 아름다움이라는 단어 안에는 자연경관적 가치와 공동체 문화적 가치가 모두 포함되어야 한다는 생각이다.

2. 어촌체험마을 포지셔닝 기술[4]

경기도 화성시에 위치한 어촌체험마을 전곡항은 대도시권으로부터 접근성이 좋아 많은 관광객들이 찾고 있다. 더욱이 인접한 탄도항, 궁평항, 제부도 등으로 인해 해양관광 세력권을 형성하고 있다. 요트항으로 경기도가 주관하는 국제보트쇼가 개최되는 등 매력 요소가 있기는 하나, 주변 어항에 비해 차별성이 없어 경쟁력이 미흡한 상태이다. 이를 개선하기 위해 어떻게 포지셔닝을 해야 할지 실증적 분석을 통해 제시해 보고자 한다.

(1) 마을 현황 분석

전곡리 어촌체험마을은 경기도 화성시 서신면 전곡리 973번지에 위치하고 있으며, 2002년에 어촌체험마을로 지정된 175가구(어가 46호, 비어가 132호) 396명(남 180명, 여 215명), 어촌계 51명 규모로, 어촌체험마을 참여 인구는 75명(어업인 62명, 비어업인 13명)이다. 경기도가 조성한 요트항으로 매년 국제보트쇼가 개최되고 있으며, 요트와 보트 등 수상레저 체험, 선상 바다

---

4 경기도 화성시 서신면 전곡리 973번지에 위치한 전곡리 어촌계를 필자가 어촌어항협회 지원으로 2010년 4월부터 11월까지 14회 경기대 관광개발학과 석사과정 대학원생들과 현장방문과 주민 면담, 설문조사 등을 통해 인접한 어촌과 차별화 차원에서 전곡항 어촌체험마을의 발전 방안을 수립하고 주민들과 공유한 컨설팅 결과를 정리한 것이다.

그림 Ⅶ-1_ 경기도 화성시 전곡항 수산물센터

낚시, 요트 아카데미 등이 주요 체험활동이다. 마을 관광자원으로는 요트항, 유람선, 선상 바다낚시, 낙조 등이 있으며, 인접한 관광자원으로는 송산면 공룡알 화석지, 탄도방조제, 입파도, 제부도, 대부도 등이 있다. 마을 특산물로는 꽃게와 활어 등이 있다.

(2) 문제점 및 한계

전곡리 어촌체험마을은 전곡항을 중심으로 형성된 매립지역을 기반으로 하고 있어서 기존의 공동체 중심 어촌체험마을과는 달리 접근해야 했다. 전곡리 어촌체험마을 어촌계가 요구하는 컨설팅 방향은 체험 프로그램 개발에 의한 체험객 수의 증가가 아니라 어촌계가 직영하는 수산물센터 이용객의 증대였기 때문에 시장 활성화를 위한 접근이 요구되는 상황이었다. 추가적으로 기존의 독립상가 상인들과 어촌계 직영 수산물센터 상인들 간에 센터 내 조리시설 허용 여부에 대한 의견 대립이 있는 상태였고, 상호 간에 소통을 시도한 적이 거의 없었으므로 이에 대한 해결책도 필요한 상태였다.

전곡항에 보트쇼와 낙조 등을 보러 오는 젊은이들이 더 많아지려면 기존의 횟집 위주 접근보다는 좀더 저렴하고 신세대 기호에 맞춘 해산물 먹거리 개발과 매력도 제고를 위한 축제개발이 필요했지만, 두 집단 간의 마찰로 인해 각종 사업을 추진하기에 어려움이 있을 것으로 판단되었다. 더욱이 주민들이 자발적으로 전문가의 진단을 요구한 것이 아니고 어촌계장의 판단과 정부의 지원으로 전문가 컨설팅이 시행되었기에 컨설팅에 대한 주민의 이해와 절박함도 미흡할 수밖에 없어 주민참여도 매우 소극적일 것이라고 판단되었다.

(3) 현장답사, 관련자 면담 및 주민 협의 결과

겨울철과 이른 봄철의 비수기를 타개하기 위해 수산물을 활용한 축제를 개최할 필요성을 제시했으며, 다양한 계층이 즐길 수 있는 이벤트(가족 해물요리 대회, 파티보트 운영)가 필요하다는 점을 강조하였고, 그에 대해 어촌계원들이 공감대를 형성하였다.

경기국제보트쇼 방문자들을 대상으로 한 축제와 먹거리 개발을 통해 수산물센터를 홍보하고, 단골을 만드는 전략이 필요하다는 점을 강조하였으나 어촌계원들은 보트쇼 기간 중에는 오히려 기존의 수산물센터 고객들의 방문이 줄어 매출액이 감소되었다고 불평하였다.

인접한 어촌보다 접근성이 양호하므로 전곡항만의 대표 요리를 개발하여 인지도를 높이고 젊은층의 방문을 유도하는 것이 시급하다는 생각이 들었고, 수산물센터 입주 상인들과 기존 상인들 간의 소통 및 화합을 위한 프로그램이 필요하다는 것을 알 수 있었다. 또한 어촌 주민들의 의식 전환을 위한 주민 역량 강화 노력 없이 전곡항 발전은 어려울 수 있다는 생각이 들었다.

주민들을 대상으로 한 여가, 문화, 요리, 헬스 프로그램 제공의 필요성에 대해서는 공감대가 형성되었으나, 이에 대한 화성시의 예산 지원을 위해서는 별도의 노력이 필요하다고 판단되었다. 백미리 어촌체험마을의 여름 휴가철 운영 현황 조사를 통해 객단가 증대를 위한 음식 개발 필요성을 체감하였고, 제부도, 궁평항의 여름 휴가철 운영 현황 조사를 통해서는 제부도의 쏙체험이 가족단위 방문객에게 인기 있는 체험상품이라는 것을 파악하였다. 또한 궁평항의 수산물직판장에서는 조리가 가능하기 때문에 전곡항에 비해 더욱 활발히 운영되고 있음을 알 수 있었다.

(4) 컨설팅 방향 설정

1) 인접 어촌마을 답사를 통한 전곡항 포지셔닝 방향 도출

여름 휴가철에 인근에 있는 경쟁 지역을 답사하여 그곳의 운영 실태를 조사하고 방문객들의 선호 활동 및 경쟁력을 갖춘 체험활동 등을 파악한 후 타 어촌체험마을이나 항구와의 차별화 방향을 모색한다.

2) 방문객 설문조사를 통한 포지셔닝 실시와 만족도 평가

설문조사 결과를 분석하여 주변의 해양관광지와 비교하고, 관광객의 활동 성향을 파악하는 동시에 전곡항의 개선점을 도출한다. 이와 함께 해양관광지를 선택할 때 고려하는 사항이 무엇인지를 파악하며, 전곡항 방문객의 체험활동 참여 의사를 파악하여 선호도를 분석한다.

3) 전곡 어촌체험마을 명소화를 위한 마중물 사업 발굴

전곡항이 인접한 타 어항과 차별화되면서 이해집단 간 공감대 형성에 근거한 지속가능한 관광명소로 발전하기 위해 우선적으로 요구되는 마중물 사업을 도출한다. 마중물 사업의 첫 번째 목적은 주민 역량 강화와 참여 촉진이며, 두 번째 목적은 전곡항 변화의 전환점이 될 수 있는 사업적 모멘텀과 이미지 변화의 모멘텀을 제공하는 것이고, 세 번째 목적은 '근자열 원자래' 원칙 아래 주민들이 먼저 소통하고 행복할 수 있도록 하는 것이다.

(5) 전곡리 어촌체험마을 방문객 설문조사 분석 결과

방문객 설문조사를 통해 당일형 해양관광지 선택 시 고려사항과 전곡항 관광객들의 행동 패턴을 파악하고, 동시에 전곡항 방문객들이 가지는 이미지와 주변 어촌에 대해 가지는 이미지를 조사하였다.

표 Ⅶ-1_ 표본의 특성

변수	내용	명(%)	변수	내용	명(%)
성별	남성	85(42.1)	나이	10대	12(5.9)
	여성	115(56.9)		20대	24(11.9)
	무응답	2(1)		30대	72(35.6)
동반 형태	가족, 친척	128(63.4)		40대	49(24.3)
	친구, 연인, 선후배	43(21.3)		50대	27(13.4)
	직장 동료	15(7.3)		60대 이상	14(6.9)
	단체	5(2.5)		무응답	4(2.0)
	혼자	5(2.5)	거주지	지역 내(화성, 안산, 수원)	86(42.6)
	기타	5(2.5)		지역 외 경기도	69(34.2)
	무응답	1(0.5)		서울	37(18.3)
				기타 지역	6(3.0)
				무응답	4(2.0)

경기국제보트쇼가 개최된 2010년 6월 11일(금)과 13일(일) 양일 간 경기 대학교 관광개발학과 석사과정 학생들에 의해 전곡항 국제보트쇼 상설공 연장과 어촌체험마을 사무소 앞 중심 도로에서 편의표본추출법에 의해 자 기기입식 설문조사가 시행되었다. 설문조사 결과 202매의 유효 조사지가 회수되었고, 모두 분석에 사용되었다.

1) 표본의 인구통계적 특성

표본의 특성을 살펴보면, 성별은 응답자 202명 중 남성이 42.1%, 여성이 56.9%로 여성의 비율이 높게 나타났다. 동반 형태를 살펴보면 가족 및 친 척이 63.4%로 가장 많았으며, 이어서 친구, 연인, 선후배가 21.3%로 뒤 를 이었다. 방문 연령층은 30대가 가장 많았으며, 그 뒤를 이어 40대가 많 았다. 방문자의 거주지는 화성 전곡항과 근거리에 있는 화성, 안산, 수원

표 Ⅷ-2_ 당일형 해양관광지의 이미지 속성 중요도

이미지 속성	평균	표준편차
특색 있는 먹거리	3.86	1.02
수려한 경관	3.93	0.91
접근의 용이함	4.13	0.88
다양한 체험거리	4.19	1.06
동반자 모두의 즐거움	4.39	0.80

거주자가 42.6%으로 상당수를 차지했으며, 이어 인접 지역을 제외한 경기도 지역이 34.2%였고, 서울은 18.3%를 나타냈다.

2) 해양관광지 이미지 속성 중요도 분석

전곡항 방문자들이 해양 관광지에서 중요하게 생각하는 이미지 속성에 대하여 조사하였다. 분석 결과 '동반자 모두의 즐거움(4.39)', '다양한 체험거리(4.19)', '접근의 용이함(4.13)' 등의 중요도가 높은 편이었고, '특색 있는 먹거리(3.86)', '수려한 경관(3.93)' 등은 상대적으로 이보다 낮은 중요도를 보여 주었다.

3) 전곡항 이미지 포지셔닝 분석

해양관광지 경쟁 구조와 이미지 속성 결합 분석을 위해 전곡항 방문객들에게 전곡항과 인접한 탄도항, 궁평항, 제부도 간의 유사성을 측정하는 동시에 각각의 해양관광지들이 각각의 이미지 속성들과 어떻게 결합되어 포지셔닝되고 있는지 파악하기 위해 다차원 척도법의 하나인 PROXSCAL 기법을 사용하여 포지셔닝 맵을 도출하였다.

　포지셔닝 맵에서 서로 가까운 위치에 있는 관광지들은 유사한 포지셔닝

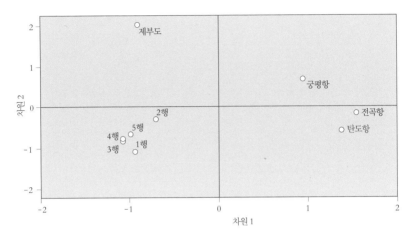

그림 Ⅶ-2_ 관광지 이미지 속성 결합 포지셔닝 맵

표 Ⅶ-3_ 관광지별 유사성 좌표값

관광지	1차원	2차원
전곡항	1.5531	-0.1638
탄도항	1.3829	-0.5778
궁평항	0.9532	0.6693
제부도	-0.9068	1.9930
1행-특색 있는 먹거리가 있어야 함	-0.9412	-1.0799
2행-경관이 수려해야 함	-0.7024	-0.2916
3행-접근이 용이해야 함	-1.0791	-0.8846
4행-체험거리가 많아야 함	-1.0729	-0.8421
5행-동반자 모두가 즐길 수 있어야 함	-0.9849	-0.6537
스트레스 값	0.074(적합)	

을 가진 것을 의미하고, 그 거리가 멀면 유사성이 낮다는 것을 의미한다. 또한 속성들과의 관계도 가까우면 가까울수록 해당 관광지와 결합되어 인식되는 정도가 높다는 것을 의미한다.

표 Ⅶ-3의 결과를 분석해 보면, 전곡항은 탄도항과 가장 유사한 포지셔닝을 가지고 있어서 경쟁관계에 있음을 보여 주며, 그 중에서도 2행의 '경관이 수려해야 함' 속성에서 가장 큰 경쟁관계에 있는 것으로 나타났다. 이는 전곡항과 탄도항이 지리적으로 매우 가까운 위치에 있어서, 해안 경관의 상당 부분을 공유하고 있기 때문인 것으로 보인다. 3행과 4행의 '접근이 용이해야 함' 속성과 '체험거리가 많아야 함' 속성은 두 관광지가 비슷한 수준이어서 경쟁관계임을 보여 주고 있다. 이는 두 관광지가 근접해 있고, 각 관광지가 차별화된 체험거리가 부족하기 때문으로 보인다. 1행의 '특색 있는 먹거리가 있어야 함' 속성과 5행의 '동반자 모두가 즐길 수 있어야 함' 속성의 경우 탄도항이 더 근접한 위치에 있다. 즉, 탄도항은 전곡항에 비하여 규모가 큰 수산물 판매장과 식당, 그리고 어촌박물관이 있어서, 1행과 5행의 속성에서 좀 더 경쟁력이 있는 것으로 보인다.

궁평항과 제부도는 전곡항과 탄도항에 비해 전체적으로 5가지 이미지 속성에 더 근접해 있다. 특히 제부도는 5개의 속성 모두에서 근접한 정도가 가장 높은 것으로 나타났다. 제부도는 '모세의 기적'으로 알려진 바닷길이 열리는 장소로 인지도가 높고, 기반시설과 먹거리, 다양한 활동이 제공되므로 포지셔닝맵상에서도 그러한 특성이 잘 나타나고 있다.

4) 중요도-성취도 분석

그림 Ⅶ-3에서 전곡항과 제부도의 중요도-만족도 분석 결과를 보면, 전곡항은 관광객이 몰리는 제부도에 비하여 '특색 있는 먹거리' 항목에서 만

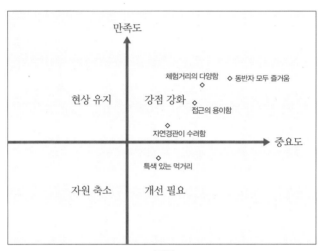

전곡항

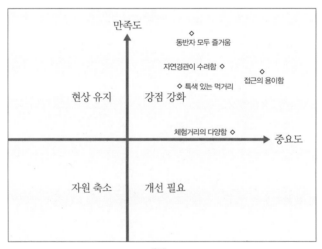

제부도

그림 Ⅶ-3_ 중요도-만족도 분석

족도가 낮게 나타나므로 이에 대한 개선이 필요한 것으로 보인다. 이는 관광지의 특성을 가지고 있으나 고유의 먹거리가 부재한 전곡항의 실상이 분석 결과에도 나타난 것으로 보인다.

5) 방문객 관광 행태 분석

① 전곡항 방문 전후 방문지

응답자 가운데 전곡항을 최초 목적지로 방문한 사람들이 47.8%이고, 제부도를 거쳐 방문한 사람이 24.4%, 탄도항을 거쳐 방문한 사람이 12.7%, 궁평항을 거쳐 방문한 사람이 10.7%였다. 한편 전곡항 방문 후에 바로 귀가한 사람이 32.2%, 제부도 방문으로 이어진 사람이 23.4%로, 탄도항을 방문한 사람 21.5%와 큰 차이가 없었으며, 궁평항을 방문한 사람은 16.1%였다.

제부도를 첫 번째 목적지로 선택한 집단과 두 번째 목적지, 즉 경유지로 선택한 집단의 비율은 48%로 비슷하였으며, 전곡항을 방문한 후에 타 어항을 방문한 사람은 61%로 바로 귀가한 사람 32.2%보다 두 배 가량 비율이 높게 나타났다. 한편 인근 지역을 과거에 방문한 경험으로는 제부도가 62%로 가장 많았다. 이러한 사실에 비추어 볼 때, 제부도가 주요 목적지가 되고 인접한 탄도항, 전곡항, 궁평항이 제부도를 중심으로 서로 연계되어 있다고 판단할 수 있다. 전곡항 입장에서는 이들과 어떻게 차별화를 유지하며 클러스터링하여 메가 어트랙션으로 협업할 수 있는지가 중요한 과제이다.

② 구매 활동

202명 응답자의 쇼핑 구매 품목으로는 먹거리 해산물이 30.2%, 기타 먹거리 19%, 기념품 16.6% 순이었으며, 구매하지 않은 사람도 23.4%였다. 한편 먹거리 구매 품목은 활어회 34.6%, 해물요리 22%, 기타 음식 21%

순으로 나타났으며, 식사를 하지 않은 응답자도 21%나 되었다.

③ 활동 참여 의사

향후 가오리·간재미축제에 대한 보통 이상의 참여 의사를 보인 응답자는 총 151명 중 81.5%이며, 긍정적 참여 의사를 보인 응답자는 32.5%로 나타났다. 한편, 피싱피어fishing pier를 조성할 경우 그곳에서의 낚시에 대해 보통 이상의 참여 의사를 보인 응답자는 역시 151명 중 79.5%이며, 긍정적 참여 의사를 보인 응답자는 48.4%로 나타났다. 반면에 파티(낙조)보트 운행 시 참여 의사는 보통 이상의 참여 의사가 91.4%, 긍정적 참여 의사는 69.7%로 다른 활동보다 더 강하게 선호하는 것으로 나타났다. 가족해물요리대회와 같은 이벤트도 보통 이상의 참여 의사가 93.6%, 긍정적 참여 의사는 69.9%로 가장 높게 나타났다. 이러한 활동 외에 해산물 먹거리 구매에 보통 이상의 참여 의사를 보인 응답자는 154명 가운데 82.5%였고, 긍정적 참여 의사를 보인 응답자는 40.3%로 나타나 해산물 쇼핑에 대한 관심을 보여주고 있다.

④ 개선 사항

전곡항에 대한 개선 사항을 묻는 항목에서 '특색 있는 먹거리' 항목이 가장 높은 비율(14.6%)을 차지했으며, 이어 '자연 경관'(13.7%), '편의시설'(13.1%), '회 이외의 먹거리'(10.6%)의 순으로 나타났다. 특히 먹거리에 관한 개선 사항이 25.2%에 이르는 것으로 보아 전곡항을 대표할 수 있는 특색 있는 먹거리가 필요함을 시사하고 있다. 한편 서비스 수준 개선도 8.5%나 되었다.

⑤ 시사점

방문자 설문조사 분석 결과 도출된 시사점은 다음과 같다.

동반자 모두가 함께 즐길 수 있는 다양한 활동과 프로그램이 필요하다. 해산물 먹거리에 대한 요구는 있으나 전곡항만의 특색 있는 먹거리가 없고, 해산물 구매나 음식 구매가 부진하므로 이에 대한 개선이 필요하다. 특히 인접한 다른 어항과 차별화하기 위해서도 전곡항을 대표하는 음식 개발이 필요하다. 또한 일반적으로 어촌이나 어항에서는 비수기와 성수기에 참여 가능한 활동 수의 차이가 크므로 비수기를 타개할 수 있는 체험활동이나 축제를 개발하여 차별화를 시도하여야 한다. 그러나 이보다 더 중요한 사항은 인접한 어항들이 제부도를 중심으로 통합 마케팅을 실시하여 전체적인 매력도를 증진시키는 노력이 필요하다는 것이다. 전곡항의 경쟁 상대가 제부도와 탄도항, 궁평항이 아니라 오히려 안면도와 당진군이 될 수도 있다는 점을 간과해서는 안될 것이다.

(6) 마중물 사업으로 가오리축제 제안 및 주민 의견 수렴

'전곡항 아싸! 가오리축제' 기획보고서 초안 보고회를 개최하여 마중물 사업의 필요성과 이에 대한 주민 의견을 수렴하였다. 개최 시기와 프로그램 등 전반적인 내용은 경기대 안을 지지하는 편이었으나 축제 명칭은 '가오리·간재미 축제'를 선호하였다. 축제 개최의 여부는 수산물센터(가칭 회센터) 상인과 식당 상인 간의 의견 조율이 필요하므로, 어촌계가 이를 주도하여 시행하는 것이 바람직하다는 데 동의하였다. 또한 가오리·간재미 축제를 개최할 때 홍보 방안을 보다 세밀하게 수립할 필요가 있으며, 축제 방문객의 입파도 방문 시 유람선 할인 혜택 부여 등 제안된 연계 활동 구상에 대한 긍정적인 반응을 얻어낼 수 있었다.

(7) 전곡항 어촌관광 포지셔닝 전략

1) 전곡항 차별화와 주민 통합을 위한 마중물 사업 예산 확보

주민들이 요구사항은 어촌체험프로그램 개발에 의한 체험객 증가가 아니라

어촌계 직영 수산물센터의 이용객 수 증대였으므로, 시장 활성화 방안의 제시가 반드시 필요한 실정이었다. 기존의 독립상가 상인들과 어촌계 직영 회센터 상인들 간의 회센터에 조리시설을 허용하느냐 마느냐에 대한 의견 대립이 상존해 왔음에도 불구하고 상호간에 소통을 시도한 적이 거의 없었다. 수차례 주민들을 대상으로 의식 개선 교육과 가오리·간재미 축제 기획 보고서 발표와 의견 수렴 과정을 통하여 가오리·간재미 축제가 전곡항 활성화에 절대적으로 필요하다는 데에는 두 집단 모두가 동의하였으나, 실제로 축제가 추진되는 과정에서는 축제 음식 제공을 위한 회센터의 조리 허용 여부에 관해 의견 일치를 보지 못하였다(시에서 축제 기간 중에만 조리하는 것을 허용한다 해도 기존 독립상가 상인들이 매출액 감소를 우려해 반대할 수도 있음).

이를 개선하기 위해 전곡항 어촌계원들을 위한 전곡항 문화학교를 개설해서 주민 소통의 계기를 마련(계원 단합을 위한 노래교실, 요가교실뿐만 아니라 서비스 아카데미, 요리교실 등)할 필요가 있었다. 화성시 담당자와 수차례 면담하고 설득하였으나 팀장이 교체되어 축제 개최와 문화학교 개설을 위한 사업비 지원 계획이 원점으로 돌아갔다. 실무 담당자가 주민 교육에 대한 설명회에 참석하였으므로 지속성은 유지될 수 있을 것으로 판단되나, 이번 컨설팅 결과의 핵심인 가오리·간재미축제와 문화학교 예산 확보는 불확실하므로 지속적인 주민들의 요구가 필요할 것으로 보인다. 특히 가오리·간재미 축제는 기존의 주민 갈등을 풀어낼 수 있는 기회를 제공함은 물론 전곡항의 이미지를 새롭게 포지셔닝할 수 있는 대안이 될 수 있다는 점에서 반드시 필요한 사업이다.

2) 국제보트쇼와 먹거리를 활용한 젊은 전곡항 만들기
요트축제와 먹거리를 활용한 프로모션 전략으로 요트축제 방문객의 단골화 전략(저렴한 가격으로 단골 확보)과, 전곡항 대표 요리 개발을 통한 인지도 증대 및 젊은층의 방문 유도가 있다. 전곡항의 장기적 발전 방안을 '전곡항 명소화 기본 계획'이라는 이름으로 수립할 필요가 있으며, 기본 계획 내용에 전곡항의 장기적 발전을 위한 전략적 시사점 도출과 타 항구와의 차별화 전략 제시가 포함되어야 한다.

3) 4계절 체험 프로그램 개발

가오리·간재미 축제의 프로그램 중 하나로 젓갈담기 체험이 필요하며, 국제보트쇼 기간 중 방문자들을 대상으로 가족해물요리대회를 개최하고 새우꼬치 등 해산물꼬치를 축제 음식으로 개발할 필요가 있다. 또한 여름철 성수기에는 석양을 배경으로 파티보트를 운행하는 방안도 생각해 볼 수 있다. 바다낚시의 허브로 포지셔닝하기 위해서 선상 바다낚시대회를 개최하고, 가족동반을 유도하기 위해 별도의 가족 대상 체험 프로그램을 제공하여 만족도를 제고하는 등 기존 전곡항 방문객들을 대상으로 한 시장침투 전략을 구사할 수도 있을 것이다.

4) 정부 지원이나 컨설팅 지원의 차별화 필요

주민들이 먼저 자발적으로 컨설팅을 요구한 것이 아니고 어촌계장의 판단과 정부의 지원으로 외부 자문이 시행되었기에 컨설팅 효과가 미흡한 측면이 있으며, 주민 참여도 매우 소극적인 편이었다. 향후 어촌체험마을 전문가 컨설팅을 진행할 때 단순히 체험 프로그램 개발에 초점을 맞추어야 될 마을과, 마을 비전 설정을 위한 기본계획 수립부터 시작해야 할 마을을 구분할 필요가 있다.

자원성이 크고 접근성이 좋은 경기도의 어촌체험마을의 경우에는 단지

체험 프로그램 개발에 의한 방문객 수의 증대를 위한 컨설팅이 아니라, 향후 어촌체험마을이 가야 할 비전 설정과 이에 대한 주민 동의와 확신을 이끌어낼 수 있는 컨설팅이 필요하다. 또한 어촌체험마을의 활성화 방안에 있어서도 향후 전문적인 어촌관광마을로 육성할 마을과 어촌체험관광에 의해 지역 수산물 브랜드 가치 제고와 판매고 증대를 목적으로 할 마을을 구분하여 컨설팅하고, 이에 따른 정부 지원 방식도 차별화할 필요가 있다. 정부 지원의 기준으로는 주민들의 서비스 마인드와 단합이 매우 중요하게 고려되어야 함은 물론이다.

3. 어촌 6차산업화를 위한 관광 기술

(1) 어촌의 6차산업화 방향

어촌지역의 수산자원을 이용하여 주민 주도의 특화 계획에 따라 1~3차산업의 융·복합을 통해 새로운 부가가치를 창출하기 위해 R&D, H/W 및 S/W 등 복합적인 지원을 하여 마을 공동체 기업 등 6차산업의 기반을 구축해야 한다.[5] 어촌 6차산업화 시범사업을 추진하기 위해 2013년 4개 마을이 대상지로 선정되었고, 마을이 제안한 시범사업 내용을 전문가 집단이 자문[6]하는 과정에서 논의되었던 내용들을 정리함으로서 어촌 6차산업화 시

---

5 해양수산부 어촌 6차산업화 개념에 관한 정의를 인용하였다.

6 2013년 해수부 어촌 특화 역량강화사업 대상지 8개 마을 중에서 선정된 거제 해금강, 여수 안포, 태안 중장5리, 해남 송호·중리마을에 2014년부터 2015년까지 총사업비 40억(국고 50%, 지방비 50%, 1개소당 총사업비 10억(1개소×5억(국비 2.5억+지방비 2.5억)×2년), 비수익 사업은 자담 10%, 수익 사업은 자담 20% 이상 포함)을 투자하는 어촌 6차산업화 시범사업의 일환으로, 생산, 가공, 유통, 관광 등 기존 자원을 연계하고 부족한 부분을 보완하여 마을 공동체 주도의 6차산업화를 지원하기 위한 현장 자문단(지역 개발 2명, 향토 산업 1명,

범사업에서 관광 기술의 활용 가능성을 검토하고자 한다.

해수부가 제시한 어촌 6차산업화 유형은 첫째로 마을 공동체의 수산물의 생산 증대를 위한 기반시설인 종묘 육성장, 공동 양식장 등의 환경 개선을 지원하는 1차 중심형과, 둘째, 마을 공동체 기업의 수산물 가공 등 창업을 지원하기 위하여 상품 시장조사, 상품 기획, 가공 시설 등을 지원하는 2차 중심형, 그리고 셋째로 수산물과 수산식품의 판로 확보를 위해 지역 내 단체급식 공급 연계, 직거래 판매장(전자 상거래) 등의 지원 및 어촌 관광 활성화를 위해 어촌체험마을 서비스 고도화, 경관 정비 등을 지원하는 3차 중심형으로 구분된다. 1차 중심형은 수산물 생산을 증대시키기 위한 지원을 통해 6차산업화를 도모하려고 하는 생산기반형으로, 해삼마을, 꼬막마을, 전복마을, 새조개마을 등을 예로 들 수 있다. 2차 중심형은 시장조사, 상품 기획, 경영·기술, 제조·가공 시설 지원 등을 통해 6차산업화를 도모하려고 하는 제조·가공형으로, 훈제굴마을, 키조개·흑진주마을 등이 포함된다. 그리고 3차 중심형은 수산물과 가공식품 판매 촉진을 지원하고, 어촌체험관광, 해양레저, 경관 정비 등을 통해 6차산업화를 도모하려고 하는 유통·관광형으로, 문화어촌체험마을, 어촌경관마을 등이 해당된다(해수부 6차산업화 시범사업지침 인용).

시범사업 내역은 S/W 분야 단위사업으로 사업 역량 제고, 연구개발, 컨설팅, 홍보·마케팅 분야 등에는 총 사업비의 10% 이상 책정이 가능하며, H/W 분야는 6차산업화를 위해 불가피한 필수 시설에 한해 지원하되, 단위사업으로 생산 증대를 위한 종묘 육성, 양식 기반 시설, 그리고 제조·가

외식상품 개발 1명, 마케팅 1명)으로서 필자의 자문(2014년 8월 26~29일) 내용을 발췌하여 서술하였다.

공·유통 분야 시설, 체험관광 관련 시설에 한정하고 있다.

(2) 어촌 6차산업화 시범사업(2013년)의 관광 기술

1) 거제 해금강 마을

해금강에 자생하는 동백나무숲을 기반으로 관광객에게 동백기름과 동백 가공품을 판매하는 6차산업화를 제안하고 있으나, 해수부 6차산업화 지구 대상으로 동백나무숲이 1차산업의 대상으로 적정한가에 대한 논란이 있다. 그러나 거가대교 개통으로 인해 기존의 목적형 관광객이 경유형 관광객으로 바뀌면서 위기에 처한 기존 민박과 식당을 대체할 사업을 개발하려는 주민들의 진지한 고민은 해금강마을이 6차산업화 시범사업에 참여하는 계기가 되었다.

　① 현장 자문 시 제안 내용

　거가대교의 개통은 기대와 달리 수입의 증가가 아닌 수입의 감소를 유발하였다. 그 이전에는 최종 목적지였던 대상지가 경유형 관광지로 전락하게 되어 체류시간이 감소하게 되었고, 그로 인해 민박이나 식당의 수요는 줄고 카페의 수요만 증가하게 되었다. 기존의 민박과 식당 운영에서 벗어나 새로운 마을공동체사업을 찾을 수밖에 없는 상황에서 동백을 활용한 아이디어는 '여성들이 찾는 해금강'의 이미지를 만드는 데 유효하다고 판단되었다.

　해금강 6차산업화는 동백기름을 활용한 발마사지와 인근에서 생산되는 해조류와 해수를 이용한 족욕탕, 동백나무 장식품 만들기와 동백기름을 활용한 음식 체험이 가능한 체험장을 동백기름 가공공장과 수산물 건조 작업장으로 복합화하여 조성하되 가능하면 규모를 최소화하는 것이 사업 성공의 관건이 될 것이다. 이 복합 시설을 6차산업 컴플렉스라 명명할 수 있을 것이며, 해금강마을의 공동체 활성화를 위한 마을 만들기의 마중물 사업이라 할 수 있을 것이다.

현재의 투자계획은 1차산업의 기반 없이 2차산업에 너무 치우친 느낌이 있을 뿐만 아니라, 2차산업과 3차산업과의 연계도 직접적이지 않으므로, 계획 내용의 개선이 절대적으로 필요하다. 동백나무 외에는 1차산업 기반이 취약하지만, 수산물과 관련한 1차산업 기반이 없음에도 주민 대부분이 민박, 횟집 등 관광 서비스업의 경험이 있으므로 6차산업화에 대한 적응이 상대적으로 빠를 수 있다고 생각된다.

동백나무를 심을 때 개화 시기가 맞물리면서 수려한 경관을 연출할 수 있는 수선화도 함께 심을 필요가 있다(충남 서천군 동백마을의 동백꽃수선화축제 참고). 또한 동백나무 식재와 함께 수국 등 초화류를 보강하는 것도 고려해야 할 것이다(향후 마을 이름도 해금강꽃마을로 개칭할 수 있을 것임).

2차산업으로 건조 작업장과 동백기름 가공공장을 복합화하되 장식품만들기, 음식체험 등 체험 프로그램 관련 공간을 포함하도록 설계하는 것이 반드시 필요하다(특히 동백기름 발마사지 서비스와 동백기름으로 튀긴 음식 등을 개발할 필요가 있음). 유람선 매표소 앞 부지에 건조 작업장과 가공공장을 별도로 설치하려는 기존안은 1차산업의 기반이 약한 사업 대상지로서는 과다한 투자라 판단되므로 과감히 복합화하여 규모를 줄이지 않으면 시범사업의 성공이 불투명할 수 있다.

3차산업으로는 석개해수욕장을 대대적으로 보강하기보다는 계절성을 고려해 주변을 정화하는 정도로 투자를 최소화해야 한다. 기타 3차산업을 위한 투자가 너무 산발적이고, 1, 2차산업과의 연계가 부족하므로, 사업비를 집행할 때 선택과 집중이 요구된다. 단순한 개별 수산물의 브랜딩보다는 해금강마을의 자원성을 바탕으로 한 축제 개발이 더 효과적일 수 있다. 특히 동백꽃수선화축제(겨울)를 필두로 봄에는 도다리쑥국축제와 같이 해금강마을의 두 가지 소재를 계절별로 복합화하여 4계절 축제를 개최하면 브랜딩에 크게 기여할 것이다. 특히 도다리쑥국축제는 한반도에서 육지 중 봄을 가장 먼저 맞게 되는 거제도의 입지적 특성을 활용할 수 있으며, 자연산 도다리만을 사용하고 공급량을 제한하면 해금강의 고유한 브랜드 파워를 제고할 수 있을 것이다.

지역역량 강화사업으로 주민들의 공동체 의식 함양을 위해 집중적인 의식 개선 교육이 필요하며, 축제 개발을 통해 농수산물 브랜드가 강화된 사례 지역을 중심으로 선진 지역을 견학할 필요가 있다. 사업 시행 시에는, 잠재적 경쟁지 출현 가능성, 해금강 등 경관 자원에 대한 관심 저하, 그리고 거가대교 개통으로 인해 관광 목적지에서 경유지로 전락(해남 땅끝마을과 유사), 외도 유람선 탑승지 경쟁 심화(7개 선사)와 외도 방문객 감소 등을 유의할 필요가 있다. 거제도는 1세대 관광지 마을의 시설 노후화와 고령화로 극단적 위기에 몰려 있다. 앞으로는 1차산업을 보강한 6차산업을 통해 젊은이들이 귀향하는 정주 환경을 만드는 것을 목표로 인접한 2세대 관광지인 '바람의 언덕'과도 차별화하여 '근자열 원자래'하는 자연친화형 해양마을을 지향하는 것이 타당하다고 판단된다.

이제 번성했던 과거를 뒤로 하고, 어촌마을의 특성도 약화된 상태에서 주민 주도로 마을만들기 사업을 통해 새로운 시작을 모색해야 할 상황에 이르렀다. 그간 구성원들이 개별 서비스업에 종사했기 때문에 공동체 정신이 약화된 상태에서 공동체 중심의 마을만들기 사업을 잘 진행할 수 있을지 염려가 된다. 그러나 극단적인 위기를 통한 대안 발굴의 절박성이 성공을 견인할 수도 있으리라는 기대를 하게 된다.

마을길의 미관 개선은 사유지들이 관여되어 있으므로 이를 성공시키려면 먼저 공동사업에 필요한 협력정신으로 무장이 되어 있어야 한다. 그러므로 경관 관리를 위해 경관 협정 체결을 서두르기보다는 시간을 가지고 주민들이 공감하는 규약을 만들어가는 과정이 더욱 중요하다.

향후 어촌 6차산업화 사업 대상지를 선정할 때 1차산업의 기반 정도가 가장 중요한 고려사항이므로, 거제 해금강마을과 같이 1차산업의 기반이 약하고 3차산업이 주를 이루는 마을은 대상지 선정에서 되도록 배제하는 것이 원칙적으로 타당하다.

② 통합 워크샵에서의 제안

전반적으로 거제 해금강마을은 비교적 제반 조건(자연 경관, 인지도, 서비스 마인드, 사업 성공 의지 등)을 잘 갖추고 있다. 해수부의 6차산업화 성공 사례가 되려면 동백나무 요소와 수산물을 연계한 상품 및 체험 프로그램 개발이 절대적으로 필요하다. 또한 본 사업의 핵심은 여수 안포마을 사례와 같이 융·복합 개념 아래 가능하면 2차산업 공간과 3차산업 공간을 복합화하여 가공·건조시설을 체험상품과 연계시키는 것이 가장 중요한 성공 키워드이지만 이에 필요한 노력이 미흡한 것으로 보인다.

선박 접안시설 조성사업이 3차산업 지원 분야로 2억 원 책정된 것은 본 사업 취지에 합당하지 못하다고 판단되며, 아름다운 어촌체험마을을 조성하기 위해 6차산업과 직접적인 연관이 없는 광장을 조성하는 것은 합당한 투자라 할 수 없다. 2차산업 공간인 가공공장과 3차산업의 연관성을 더욱 강화할 수 있는 상품과 서비스를 개발하는 것이 선결과제이다. 사업계획서에 제시하고 있는 '동백기름으로 구운 김'이 좋은 사례이기는 하지만 이것만으로는 부족하고, 동백기름 발마사지도 해조류 가공품을 연계하여 시행하는 것도 대안이 될 수 있다.

액세서리 제작과 동백기름 발마사지 등 체험 프로그램 장소와 신규 개발된 음식 판매 장소가 어느 곳이 되어야 할지를 명시할 필요가 있다. 그렇지 않으면 3차산업 공간 의미가 탐방로에 한정되므로 문제가 있다고 볼 수 있다. 그러나 체험장이 가공건조장과 융·복합될 수 있다면 더욱 바람직할 것이다. 동백나무와 수산물이 연계된 서비스와 상품 개발이 본 사업 성공의 키워드이다(이 문제만 해결할 수 있다면 본 사업지도 6차산업 성공 마을로 성장할 수 있을 것이라 확신함).

2) 여수 안포마을

여수 안포마을은 새로이 개설되는 국도 상에 위치하여 접근성이 양호하며 도로 휴게소가 위치할 수 있는 한옥마을이다. 이미 15가구에서 한옥체험 등의 관광 서비스가 가능하며, 새조개 양식과 종묘 생산으로 특화된 마을이기도 하다. 이미 조성된 행복마을[7]을 새조개 체험과 연계시키는 프로그램이 필요한데, 마을에서 1,200평 규모의 부지를 이미 확보하고 있으며, 이를 판매장과 가공시설 부지로 활용할 계획을 가지고 있다.

① 현장 자문 시 제안 내용

안포마을은 어촌과 농촌의 6차산업이 또다시 융합되는 농어촌 6차산업의 모델로 발전될 가능성이 있다. 6차산업화를 성공시키기 위해서는 다음과 같은 사항을 반드시 고려해야 한다.

새조개를 중심 테마로 가지고 가려면 야외 갯벌체험 공간 확보가 절대적으로 필요하다. 여기서 새조개 종묘 중간 양성장을 체험장으로 활용하기 위해서는 조개 모양의 아이캐처 디자인을 위한 건축 설계가 필요하다. 그

---

7 한옥 1채당 4,000만 원 지원, 저리 융자 4,000만 원, 건축비 평당 550만 원, 26평 이상, 방 한 칸 이상 민박 허용, 공공 기반시설 3억 지원: 한옥 체험학습장, 이동식 바지선 건조 지원

러므로 이를 담당할 건축가 선정에 총력을 기울여야 한다. 또한 종묘 중간 양성장에 새조개 가공시설과 판매시설을 체험시설과 복합화하여 '새조개 콤플렉스'를 조성하는 것이 바람직하다. 물론 방문객을 위한 전시 공간과 식음 공간, 해설할 수 있는 동선의 확보도 필요하다. 피조개, 새조개, 바지락 등 어패류 생산 등 1차산업이 기반이므로 상대적으로 타 마을보다 유리한 사업 조건이라 할 수 있다. 한국해양연구소는 방학을 활용해 새조개 아카데미 형식의 전문 체험 프로그램 개발과 새조개해설사 양성, 어패류 양식캠프 관련 교육을 담당하는 것도 필요하다. 이들 프로그램 참여자들은 이미 조성된 행복마을 한옥 펜션을 이용할 수 있다. 기존 사업계획안에서 새조개이야기길 조성이 특화되어 있지 못하며, 관광체험 서비스 마인드를 제고하기 위한 주민 교육도 선결되어야 한다. 또한 이미 안포마을의 특화 품목인 블루베리, 장류, 새조개를 연계한 음식 개발도 필요하다.

② 통합 워크숍 시의 제안

1차산업과 2차산업, 그리고 3차산업 투자가 균등하게 융·복합된 가장 모범적인 사례라 판단된다(그러나 아직도 1~3차산업이 융·복합된 6차산업 콤플렉스에 대한 개념 이해가 부족한 듯함). 1차산업인 새조개 종묘 중간 양성장을 바로 수산해양전시관으로 이용하여 체험공간화함으로서 3차산업화한 시도가 돋보이나, 2차산업인 가공공장의 건조, 가공, 포장 과정을 활용한 체험 프로그램 개발은 보완되어야 할 것으로 보인다. 그래야 이번 사업비로 가장 모범적인 6차산업 콤플렉스가 조성될 것이다. 기존의 해수부 6차산업화 시범 지역이 사업 효과를 극대화하기 위해 하나의 마을만을 대상으로 하고 있듯이 1~3차산업이 복합화된 하나의 콤플렉스를 본 시범사업에서 추진한다면 보다 눈에 띄는 성과를 보여줄 수 있을 것이다.

새조개축제는 해수부가 벌인 시범사업의 효과를 마을에서 생산되는 모든 농산물에도 확산시킬 수 있는 절호의 기회이기 때문에 반드시 성공하기 위해 보다 많은 사업비가 책정되어야 한다. 또한 갯벌체험장은 상징적으로 1차산업과 3차산업이 복합된 양상을 상징적으로 보여 주는 최적의 장소이므로 조성비 안에 도로표지판, 안전수칙 안내판 설치비와 안전 장비, 체험 보조 도구 구입비 등이 포함되어야 한다.

2차산업인 가공공장의 건조, 가공, 포장 과정을 활용한 체험 프로그램 개발은 반드시 보완되어야 하며 수산물 판매장도 별도의 공간이 아닌 수산해양전시관 내에 포함되어야 한다. 본 사업지구의 성공을 위한 가장 중요한 사항은 1차산업인 새조개 중간 양성장과 2차산업 공간 즉 가공공장, 그리고 3차산업 공간인 수산해양전시관과 판매장을 어떻게 멋지게 융·복합할 것인가에 달려 있다. 그러므로 이것을 설계할 건축가를 단지 설계비 한도 내에서만이 아니라 재능기부 차원에서 물색해 보는 것도 고려할 필요가 있다. 또한 새조개 체험이 상시 가능하도록 인공독살 조성도 고려해 볼 수 있다. 인공독살은 체험장이기도 하지만 물놀이장 기능도 할 수 있도록 조성하는 것이 유리하다. 이 지역이야말로 해수부 6차산업 시범사업의 성패가 달려 있는 매우 중요한 사업 대상지이므로 완공 단계까지 지속적으로 전문가의 모니터링이 요구된다.[8]

3) 태안 중장리마을

태안 중장리마을은 국내 최초로 김양식이 시도되었던 곳으로, 수년 전 한

---

8 필자는 여수 안포마을이 해수부 6차산업화 시범사업의 가장 성공적인 모델이 될 수 있을 것으로 판단하고 상기한 바와 같이 1~3차산업의 융·복합 공간으로 가칭 '새조개 중간 양성장'을 제안하였으며, 다른 자문위원들도 공감하였으나 이후 기본계획 확정 과정에서 전혀 다른 방향으로 바뀌어 추진되고 있다고 듣고 있다. 과연 안포마을 6차산업화 기본계획이 성공적으로 조성, 운영될지 지속적인 관심을 가져볼 필요가 있다.

국어촌어항협회가 주도한 어촌체험마을 미관개선사업이 시행된 바 있다. 주민들은 우럭을 양식하여 활어로 포장해서 팔거나 말린 우럭을 안동의 간고등어와 유사한 방식으로 가공 판매하는 시스템을 구상하고 있다. 9월부터는 갑오징어와 주꾸미 철이므로 낚시객들을 위한 이벤트로 먹물축제를 준비 중이다.

① 현장 자문 시의 제안 내용

태안 중장리 대야도마을의 6차산업화 기본 목표는 김양식, 우럭가두리양식, 해삼양식 등을 포함한 바다목장마을이다. 안면도에서는 흔히 볼 수 없는, 어촌 경관이 잘 보존되어 있는 마을이므로 새로운 방문 수요와 신규 주택 공급 수요에 무조건적으로 대응하는 무분별한 개발은 지양되어야 한다.

일부 전문가들의 의견인 폐교를 활용하는 중장기적 관점의 투자 계획보다는 해안가에서 중단기적 목표를 해결하는 차원에서 주민들이 뜻대로 레스토랑 사업계획을 수립, 시행하는 것이 타당해 보인다. 수족관, 로컬푸드 레스토랑, 가공장, 체험장 등을 포함한 '바다목장 콤플렉스'로 단일 부지에 복합화하는 전략이 필요하며, 이러한 6차산업 콤플렉스를 기반으로 각종 수산물과 가공품의 브랜드파워를 제고할 수 있을 것이다.

수산물 수족관 및 로컬푸드 레스토랑의 신규 조성이 필요하나 4억 5천만 원의 투자비로 부지 매입 없이 신규 조성이 가능한지 면밀히 검토해야 할 것이다. 기존의 체험시설을 리모델링하여 사용하는 것도 대안이 될 수 있다. 해삼 등 양식 분야를 다변화하고, 로컬푸드 레스토랑을 포함하여 바다목장 모델하우스 개념으로 포지셔닝하는 것도 필요해 보인다.

기존의 제조가공공장을 단순 건조처리장에서 체험가공시설로 리모델링하는 것이 6차산업화 사업의 당위성을 확보하기 위해 절대적으로 필요하다. 안면도의 외식산업 발전에 대응한 중장리 대야도 특유의 로컬푸드 레스토랑 사업은 매우 타당하다고 판단되며 반드시 '대야도'라는 명칭을 활용하여 브랜딩할 필요가 있다. 로컬푸드 레스토랑을 이용한 후 30분 정도 소요되는 산책을 유도하기 위해 폐교를 연계하는 마을길 조성도 필요해 보인다.

폐교를 활용한 마을공원화사업(캠핑장 포함)은 주민과 방문객을 동시에 겨냥한 적절한 사업이라 판단되나 본 6차산업화 시범사업의 성격과는 맞지 않으므로 타 사업으로 추진하는 것이 타당하다. 폐교 운동장에 캠핑장을 조성하기 전에도 도농교류 활동의 일환으로 별도의 시설 투자 없이 마당스테이를 시도하거나 교사 건물을 마을의 양식 역사를 담은 마을박물관으로 우선 활용해 볼 필요가 있다.

주민 역량 강화를 위해 전통시장 활성화에 성공한 사례를 답사하고 벤치마킹하는 것도 필요하다(수원시 조원시장 마을기업 마돈나 운영 사례). 마을 인근에 펜션이 다수 입지하고 있으며, 마을 내에서도 신규 주택이 활발히 조성되고 있어, 바다목장의 마을 경관 보전을 최선의 목표로 세우고 이를 위해 마을경관보존규약을 제정할 필요가 있다.

6차산업화 시범사업을 시행하기에 앞서 본 사업이 마을의 발전 과정상 다음 단계의 어떠한 사업 유치를 위한 마중물 사업이 될 수 있는지 고민할 필요가 있다. 그래야만 이후의 국고보조사업 지원과 연계 차원에서 본 사업을 시행할 수 있을 것이다. 이번 6차산업화 시범마을사업은 경관 보전과 로컬푸드 레스토랑 사업에 집중하고, 향후 농촌권역 개발사업을 유치하여, 정주환경의 질적 향상을 도모하는 것이 다음 목표가 되어야 할 것이다.

마을 입구로부터 전개되는 진입 경관을 조성하기 위해 가로수나 초화류 식재가 필요하다. 안면도에 진입할 때부터 대야도마을 홍보를 위한 안내 유도판 설치도 필요하며, 기존 안면도 내 관광명소 곳곳에서 대야도를 홍보하는 전략도 필요하다.

② 통합 워크샵 시의 제안

폐교를 마을식당과 마을박물관, 농수산물 직판장으로 활용하여 3차산업
화하는 것과 수산물 가공공장(선별처리장과 수산물 보관시설 포함) 등 2차산업
시설을 별도로 이원화하는 것은 집중화 차원에서 바람직하지 않다(해변가
를 방문하는 경유형 방문객이 폐교와 연계될 확률은 안면도 관광객 체류시간을 감안
할 때 그다지 높지 않음). 폐교의 마을 식당과 농산물직판장을 수산물 가공공
장으로 복합화하고, 폐교는 경관 개선과 함께 마을박물관과 캠핑장(저투자
시설)으로 활용하면서 추후에 여건이 변하면 폐교에 식당을 만드는 것이 타
당한 접근 방법이라 생각된다.

마을 입구 경관 개선을 위해 계절별 초화류 식재 관련 사업비를 포함할
필요가 있으며, 경관 개선과 보존에 성공한(특히 경관 규약을 제정한) 어촌마
을을 현장답사할 수 있는 경비를 우선적으로 책정해야 한다. 폐교 내 마을
식당과 농수산물 판매장을 수산물 가공공장으로 이전하여 투자비를 집중
하고 수산물 가공공장 내 수산물 가공, 또는 선별처리 체험 프로그램을 보
강하는 것이 타당할 것으로 판단된다(특히 대야도는 김양식에서 역사성을 지니
고 있으므로 전통방식의 김 건조 체험 프로그램을 가공공장에서 제공하도록 하는 것
이 필요함). 수산물 가공품으로 신선해도 상품성이 떨어지는 우럭을 활용한
어묵 가공도 고려할 수 있으며, 이 과정은 체험 프로그램으로도 이용될 수
도 있다.

마을이 발전하기 위해서는 중간 목표 설정과 최종 비전 설정의 차이를
반드시 감안해야 한다. 폐교에 마을식당과 농수산물 판매장을 설치하여
가공공장과 분리하는 것은 이 마을의 최종 비전이 되어야 하는 것이지 현
재 상태의 마을관광 유인력 정도(목적형 관광지라기보다는 경유형 관광지에 가
까움)에서 6차산업 지원비로 달성할 수 있는 현실적 중간목표는 아니라고

판단되기 때문이다.[9]

4) 해남 송호마을

이미 전복양식사업으로 소득 수준이 높기 때문에 본 사업비를 받아 별도의 부지(기존 마을과 해수욕장에서 떨어진 곳에 위치)에 가공공장이 포함된 신규 어항을 조성하려는 의지가 강한 마을이다. 그러므로 6차산업화에 대한 이해가 떨어질 수밖에 없고 향후 6차산업화 기본계획이 확정된다 하더라도 막상 사업을 추진할 때에는 여러 가지 불만이 나올 수 있는 가능성이 높다. 인접한 땅끝마을의 방문객 수가 연간 43만 명(호남 지역민 30%) 수준이며, 과거에는 여름에 집중되었는데 최근에는 사계절 꾸준하게 방문객이 찾고 있다. 송호마을에는 2개의 식당이 연중 영업을 하고 있으며, 민박은 15가구이나 거의 영업을 하지 않고 있고, 김 가공공장은 7개소에 이르고 있다.

　① 현장 자문 시 제안 내용

　6차산업화를 통해 어촌에서 차세대 바다마을로 전환하는 것이 필요하다. 1차산업 생산물인 청각, 김, 전복을 소재로 활용한 해조류 월풀사우나(3차산업)를 조성하는 것이 사업 성공의 관건이라 판단된다. 물론 이 시설은 신어항이 아닌 기존의 해수욕장에 입지시켜 전후방 효과를 극대화할 필요가 있다. 또한 중규모의 해조류 월풀사우나에 식당은 물론 해조류 가공시설을 복합화하고, 여기에 체험 프로그램(전복빵만들기, 김포자붙이기 등)이 하나의 건축물 안에서 가능하도록 설계된다면 성공적인 6차산업 '해조류

9　폐교에 식당 등 핵심 시설을 유치할 것인가 아니면 바다와 인접한 기존 가공시설 부지에서 복합화할 것인가에 대해서는 전문가들이 의견을 달리하고 있지만 필자 생각에는 후자가 타당한 것으로 생각되며, 어떻게 진전되며 어떤 결과를 초래할 것인지에 관한 모니터링이 필요하다고 생각된다.

컴플렉스'가 탄생할 수 있을 것이다(보성 해수욕장 해수녹차탕 참고). 송호 해조류 콤플렉스가 관광명소가 되면 지역에서 생산하는 김과 전복 등이 경쟁력 있는 브랜드파워를 갖게 될 것이다.

해조류 제조 가공시설에 대한 구체적인 사업 구상이 없는데 월풀사우나(쉽게 이야기하면 김해수탕인데, 젊은층도 겨냥하기 때문에 월풀사우나로 명칭함) 이용객을 대상으로 체험활동 차원에서 가공품 생산을 시도하는 것이 필요하다. 예를 들면 전복 모양의 빵틀을 활용하여 전복의 내장 색깔인 녹색 '소'를 넣어 송호식 전복빵을 만드는 체험활동을 생각해 볼 수 있다. 기존 사업계획에 있는 로컬푸드 식당 및 판매장 설치는 기존의 상가와 마찰이 있을 수 있으며, 특히 마을과 떨어져 있는 신어항 부지에 설치하는 것은 전후방 효과를 고려치 않은 시도로 보인다.

땅끝마을에 오는 43만 명의 방문객을 유인할 수 있는 차별화된 사계절형 관광 매력물이 없는 것으로 판단된다(식사를 포함 체류시간 3시간 이내의 시설이 적합할 것임). 따라서 신규 축제 개발을 위한 투자가 필요하며(본 사업계획에 포함해야 할 것임), 인제군 용대마을과 같은 마을기업이나 완도의 해조류 테마파크와 같이 잘 운영되는 곳을 견학하는 것이 필요하다.

주민들의 역량 강화 사업의 일환으로 주민 의식개선을 위한 마당스테이를 개최해 볼 필요가 있다. 마당스테이는 기존 오토캠핑장과는 달리 잠만 텐트에서 자고 인근 농어촌에서 체험하고 식사하는 신개념 도농교류이다. 이미 조성되어 운영 중인 황토나라 테마촌의 저조한 관리 운영 실적을 거울 삼아 신규 조성되는 시설은 철저한 관리 운영 계획을 수립할 필요가 있다.

기존의 황토색 경관의 정비와 더불어 경관관리규약을 제정할 필요가 있다. 6차산업 콤플렉스의 건축 디자인이 매우 중요하므로 건축가 선정에도 신중해야 한다. 전봇대 지중화 사업은 행자부 안심마을사업에 지원하여 처리하는 것도 대안이 될 수 있다.

② 통합 워크샵 시의 제안

마을에서 여러 종류의 수산물이 다량으로 생산되므로 브랜드 가치를 높이기 위해 3차산업의 적용이 사업의 핵심이나, 이와 연계할 수 있는 2차 가공시설 활용에 대한 구체적 계획이 부족한 편이다. 그러나 마을 부지에 직접 가공시설과 식당을 복합화한 시설을 조성하고자 하는 마인드는 그나마 긍정적이다. 제각祭閣이 주요 경관 포인트이기는 하지만 제각 신축에 본 사업비가 사용되는 것이 타당한 것인지는 재고해 보아야 한다.

이 지역의 6차산업화 성공 여부는 2차와 3차산업을 복합화한 콤플렉스 내 식당과 카페 외에도 1차산업의 브랜드 파워를 창출할 수 있는 가공공장과 체험 프로그램의 복합화에 달려 있다. 공예품만들기 체험과 전복빵만들기 체험만으로는 부족한 느낌이 들므로, 해조류와 해수를 활용한 월풀 시설이나 해조류 가루를 활용한 해조류 팩, 발마사지(족탕) 등을 도입하는 것이 매력도 강화에 바람직할 것으로 보인다.

(3) 6차산업화 시범사업(2016년)의 관광 기술[10]

1차산업은 원물의 고유성과 공급량이 중요하고, 2차산업과 관련해서는 원

---

10 2016년 4월 26일부터 29일까지 전국 8개소(경북 포항 신평마을, 경남 거제 계도마을, 남해 전도마을, 전남 고흥 신평마을, 장흥 신리마을, 전북 고창 두어마을, 부안 모항마을, 충남 서산 중왕마을)를 현장 답사하고 각 지구당 총투자비 15억 원(지자체 일부 대응)으로 6차산업화를 진행할 5개소를 선정하는 일과 관련하여 개인적인 의견을 기술하였다. 시범사업 대상지 선정에 참여한 전문가들은 단지 2차산업의 유통망 확장이 6차산업화 성공의 키워드라고만 생각하는 것 같아 3차산업과 연계하려는 6차산업의 본래 취지를 미처 이해하지 못하는 것 같았고, 더욱이 6차산업화 투자가 대상지 발전의 최종 목표가 아니고 중간 단계라는 인식, 즉 마을 발전의 마중물 사업이라는 관점이 미흡한 것으로 느껴졌다. 대상지 주민들의 인식이 이보다 더욱 못미치는 것은 당연하였다.

물의 고유성과 공급량에 기반한 경쟁력 있는 가공품 개발이 중요하다. 그러나 3차산업과 연계할 때에는 시장성이 중요한데 일반 유통시장만을 고려하면 사업의 성공 여부는 제한적일 수밖에 없으므로 반드시 해당 지역의 관광 시장까지도 고려해야 한다. 3차산업과 연계하여 단순 체험 프로그램 개발을 통한 관광 수입 증대만이 아니라(실제 관광 수입 증대도 미미할 수밖에 없는 경우가 대부분일 것임) 체험관광을 통해 해당 원물이나 가공품의 브랜드 가치를 제고하는 데 총력을 기울여야 할 것이다. 최근에는 전통적으로 강조되어 온 관광객 유치를 통한 지역 경제의 활성화보다 관광에 기반한 지역 브랜딩 등 커뮤니케이션 효과가 더욱 강조되는 추세이기 때문이다.

수산 가공품의 전국 유통화 가능성(공급량, 시장성)만을 생각할 것이 아니라, 현지 관광 유통을 통한 브랜딩을 위해 문자 그대로 1차, 2차산업과 연계된 3차 서비스 사업 발굴이 핵심이어야 하며, 전자만 생각하면 과거의 방식인 2차산업 활성화로밖에 볼 수 없다. 전국 유통화가 지속적으로 가능한 아이템은 남해의 죽방멸치 정도밖에 없을 것이며, 나머지 아이템들은 다른 지역에서도 생산, 가공이 가능한 것이므로 어느 특정 지역의 아이템을 전국 유통화하기는 어려울 것으로 판단된다.

현재 대부분 시범사업의 경우 6차산업화를 각각의 상소와 공간이 아니라 하나의 지역에서 융·복합해서 추진하는 경향이 있다. 같은 마을 같은 장소에서 6차산업화를 추진하는 것도 초기 단계에는 효과를 극대화하는 데 바람직하다고 판단되므로 특히 2차산업 공간의 체험 공간화가 성공 키워드가 될 것이다. 김치공장과 화장품공장을 산업 관광 차원에서 방문객들에게 개방하는 것이 바로 그 사례이다. 그러나 반드시 하나의 6차산업 콤플렉스로 융·복합할 필요는 없으며, 마을 상황에 따라 변형도 필요하다. 현장 답사 대상지별로 제시 가능한 관광 기술을 종합하면 표 Ⅶ-4와 같다.

표 VII-4_ 2016년 해수부 6차산업화 시범사업 신청지 관광 기술 적용 사례

지역	1차산업: 고유성, 공급량	2차산업:경쟁력 (차별성, 시장성)	3차산업: 정통성(지속가능성)	제안
서산 중왕 마을	가로림만(풍력발전소 반대와 환경성), 감태, 바지락 등	감태 가공 상품 기개발(조미감태, 감태양갱 등. 여성층, 젊은층 취약)	• 학교 급식, 수협, 온라인 판매 등 일반 유통에만 관심 • 계절 체험(감태 경관, 감태 풀장)을 강조한 겨울 감태축제 개발 필요(감태 브랜딩)	• 추후 감태해수탕 조성도 가능 • 수도권에서 접근이 양호하여 축제 성공 가능성 큼
고창 두어 마을	• 유네스코 생물권 보전 지역, 람사르 습지의 다양성, 환경성 • 핵심 자원: 맨손어업과 수산물 희소성, 마을 기반 사업 추진	고창 방문 관광객	• 자연 생태계의 일부로 주민들의 맨손 어업을 스토리텔링하는 마당극 개발과 주민배우 공연 필요 • 해양생태교육장 운영	• 한정된 원물량 때문에 공급자 위주 관리 • 수용력 산정 필요(창녕 람사르 습지 내 우포늪 붕어즙 성공 사례 참고) • 가무락 활용 도시락 판매도 가능
거제 계도 마을	• 어촌체험마을(관광 레저 기반시설 갖춤) 운영 경험(객단가 증진 필요성, 51가구 전부 참여) • 어촌계 식당 운영, 거제 명물 대구 공급량 확보	대구 덕장 바다 풀장 활용계획(대구포 가공)과 거제 영어조합법인 소유 가공시설 공유	• 관광 관련 시설투자에 집중된 예산 계획 시정 필요 • 기존 대구축제와 차별화된 '생대구쿠킹 축제' 개최로 브랜딩	• 어촌체험마을 업그레이드 선도 사례 가능성 • 다양한 가공품(대구필렛, 스테이크, 약대구, 대구 떡국 등) 개발 가능하나 관광 시장 거냥하므로 매출 제한적임. 단, 거제 펜션업체 622개소 숙박객 대상 유통도 가능
고흥 신평 마을	• 미역 공급량 풍부 • 60년대 어항 경관 유지. 구 수협 건물 문화유산(1918년) • 권역개발사업 시 숙박시설 조성	• 건미역 가공 공장 구 수협 건물 부지 내 계획 • 경관 훼손 가능성	• 일반 유통 시장성 검토 미흡 • 기존 수협 건물 해태전시관으로 활용, 관리 운영 고려 미흡	• 건미역 가공 공장 위주의 사업계획은 마을 경관 훼손과 문화유산 충돌을 촉진 • 오히려 60년대 어항 경관 보전 시 녹동항 관광객 유치 가능성 큼
남해 전도 마을	원물의 고유성(파래, 멸치, 쑥 등)과 공급량 모두 미흡하나 다양한 채취 체험 가능	멸치액젓, 파래김 등 기존 가공식품 외 신규 가공식품 개발 필요	• 군 추진 대형 주차장 사업 배제하고 연꽃 축제 개최 가능 • 남해 방문 관광 시장에 의존	• 체험장 시설을 공공 디자인 차원에서 혁신적으로 접근 필요 • 신 가공식품(참다래, 멸치액젓, 손미역 등)과 연잎쏙밥 등 향토음식 개발 필요

제Ⅷ장
관광사업 추진 기술

Chapter Reviewer 김재호 교수

인하공업전문대학 관광경영과에 재직 중이며, 전공분야는 관광자원 및 문화관광이다. 주요 관심분야는 '문화관광자원 개발'로, 현재 문화체육관광부 규제개혁위원·축제평가위원·정책연구심의위원, 농림축산식품부 농촌융복합산업중앙자문위원, 한국관광공사 등 정부기관 정책자문위원 등으로 활동하고 있다. kimjh@inhatc.ac.kr

1. 지역관광 활성화를 위한 단계적 추진

(1) 마중물 사업이 먼저

지역관광 진흥의 목표는 지역경제 활성화와 지역다움 창출, 그리고 주민
생활의 질적 향상으로 집약된다. 이 세 가지 목표를 달성하기 위한 기본
적인 전제 조건은 지역주민들이 공감대를 형성하여 적극적으로 참여하는
것이다. 최근 외국에서는 관광객들 때문에 야기되는 교통체증, 물가와 임
대료 인상 등에 시달린 주민들이 관광객을 더 이상 받지 말자는 캠페인을
펼치는 지역도 있다. 그러나 한국에서는 관광을 통해 어떻게든 지역을 살
려 보겠다는 의지가 강한 나머지, 주민들을 설득하고 공감대를 형성하고
역량을 강화시켜 참여를 촉진하는 거북이형 상향식 사업 추진보다는 지자
체가 주도적으로 판을 벌려 끌고가는 토끼형 하향식 사업 시행이 일반적
이다.

　지역주민들이 앞을 내다보는 능력이 부족하다고 생각한 지자체가 직접
나서서 발동을 거는 것을 이해하지 못하는 것이 아니라, 지속가능한 관광
을 유지하려면 결국 주민이 주도하는 관광생태계가 조성되어야 하기 때문
에 지자체가 이끄는 하향식 사업 추진보다 주민이 주도하는 상향식 사업
추진이 장기적으로는 더 바람직하다고 할 수 있다. 주민의 이해를 구하고
참여를 촉진하기 위해서는 집체교육과 선진지 견학 등을 통해 주민 역량
을 강화하는 것이 필요하지만, 무엇보다도 효과적인 방법은 적극적인 참
여 의지를 가진 일부 주민들에게 소규모 선도 사업을 실제로 시행해 보도
록 지원하여 주민들 스스로 참여를 통해 자신감도 얻고, 과실도 맛볼 기회
를 갖도록 하는 것이다. 목표를 낮추어 시간을 갖고 프로세스 플래닝이라
는 차원에서 시행된다면, 이러한 선도 사업의 성과는 신속하게 지역사회

그림 Ⅷ-1_ 경주 양동마을의 방문 거절 사례

에 확산되어, 보다 많은 주민들이 더욱 더 적극적인 의지를 가지고 참여하는 계기가 될 것이다. 이것이 이름 그대로 마중물 사업이다.

즉, 마중물 사업은 주민들의 이해도 증진을 통한 공감대 확산, 자신감 터득과 성과체험을 통해 참여를 촉진하는 데 그 중요성이 있다. 경주시 양동마을은 세계문화유산으로 등재된 후 많은 관광객들이 찾아오고 있다. 그러나 양동마을을 세계문화유산으로 추진하면서 등재된 후에 야기될 여러 가지 현상에 대해 주민들의 이해와 의견 수렴이 소홀해서인지 일부 주민들은 그림 Ⅷ-1과 같이 관광객 방문을 거부하고 있다. 사전에 이같은 문제가 발생할 것이라는 것에 대해 충분히 예상하였다면 주민들과 합의하여 방문객 수를 통제하거나 방문 시간을 제한하는 등의 다양한 관리 방법을 시도할 수 있었을 것이다. 이러한 사례야말로 마중물 사업을 통해 충분히 해결할 수 있는 문제이다.

세계문화유산의 지속가능한 보존 관리라는 궁극적 목표 달성을 위해 서두르다 보면 시간적인 제약 때문에 이해 관계자들stake holders의 요구가 서로 조화를 이루지 못한 채 등재되어 이후의 보존관리에 여러 가지 문제점을 야기할 수 있다. 그러므로 지자체가 각종 관광 활성화 사업을 시행할 때에는 이해 관계자들의 요구를 수렴하고 조화시키는 사전작업 단계가 마중물 사업의 첫 번째 기능이다.

두 번째 기능은 이해 관계자들이 본 사업을 시행하기 전에 관광을 통해 나타날 수 있는 긍정적 부정적 결과를 미리 체험해 보는 것이다. 긍정적 부정적 결과를 사전에 체험하면 긍정적 과실에 대한 기대를 통해 참여를 촉진시킬 수 있으며, 부정적 영향의 폐해를 감소시킬 방안을 강구할 수도 있다.

세 번째 기능은 판매촉진을 위한 이벤트와 같은 역할이다. 즉, 본사업을 제대로 추진하기 위해 이해 관계자들의 참여를 촉진하는 것도 중요하지만, 잠재 이용자들에게 홍보하는 의미도 크다. 혁신확산모형[1]에 근거해 볼 때 마중물 사업에 대한 이용자들의 호응은 구전을 통해 본사업의 이용자를 유치하는 데 크게 기여할 수 있다.

마중물 사업의 네 번째 기능은 마중물 사업을 통해 이용자들의 니즈와 선호도를 직접 파악할 수 있을 뿐만 아니라 그들의 적극적인 반응을 통해 주

---

1 혁신확산모형model of innovation diffusion process은 경영학 분야에서 신상품이 개발되면 어떻게 사회에 확산될 것인가를 설명하는 모형이다.

민들이 자신감을 갖게 되는 계기가 된다는 것이다. 즉 마중물 사업은 테스트 베드의 성격을 가지고 있으므로, 성패를 따지기보다는 사전 경험의 의미를 강조하기 위해 추진 목표와 추진 기간을 충분히 설정할 필요가 있다.

(2) 마중물 사업 추진 사례

1) 임진강변 생태탐방로 프로그램 활성화 사례[2]

임진각 주변의 임진강변 민통선 철책을 따라 650m 생태탐방로를 인근 군부대와 파주시, 경기관광공사가 협의하여 개설하였다. 개설 당시 150~300명 한도로 생태관광을 허용하였으나, 향후 탐방로를 1km까지 연장할 계획을 가지고 있었다. 이 지역은 임진각 평화누리에서 통일대교, 초평도, 임진나루를 지나 율곡 습지공원까지 이어지는 9.1km의 구간 중 일부로, 2016년 1월부터 민간인에게 개방되었다. 원래 임진각 생태탐방로에는 민간인 통제를 위해 철책을 설치하고 군인들이 순찰하던 곳이었으나 지금은 CCTV가 그 역할을 담당하고 있다. 또한 베를린 이스트사이드갤러리 사례를 참고해 철책에 155mile 아트프로젝트(MAP)를 시행하여 예술작품을 전시하고 있다.

　이 사례는 임시 허용부터 시작하여 상시 개방으로 가기 위한 단계적 추진 전략의 모범사례라 할 수 있다.

2) 생태교통 수원 2013

수원시가 예산 155억 원(기반시설 조성 130억 원, 국제행사 비용 25억 원)을 투

2　2016년 경기관광공사가 직원들을 대상으로 개최한 '경기 관광 활성화 우수사례 경진대회' 심사위원으로 참가하면서 수집한 자료를 활용해 기술하였다. 2018년 1월 현재 전 구간 9.1km(탐방에 3시간 정도 소요됨)가 개통되어 사전 신청자에 한해서 탐방을 허용하고 있다.

자해 2013년 9월 1일부터 30일까지 한 달간 행궁동(신풍동, 장안동) 일원에서 '생태교통 수원 2013'을 개최하였다. 이 행사는 예산 규모와 노력에 비해 축제 성격이 명확하게 정의되지 못해 아쉬움을 갖게 하는 대형 이벤트였다. 지속가능한 수원 발전이라는 맥락context에서 보면 생태교통축제는 단순히 일회성 행사로 끝나는 것이 아니라 지역 활성화를 위한 마중물 사업으로 추진 목표를 명확히 하고 단계적 로드맵을 가지고 있었다면 접근 방식과 추진 결과가 달라졌을 것이다. '생태교통 수원 2013' 주최자들은 2,200세대 4,300명이 사는 지역(차량 1,500여 대)에 한 달간 '차 없는 마을'을 구현하여 보행과 사람 중심의 생태교통을 실천하였고, 다양한 문화·예술 행사와 국제회의 등의 개최를 통해 관광객을 유인하여 원도심 재생 및 수원시의 이미지 제고에 기여하였다고 한다. 물론 이러한 결과를 기대한 것에 대해서 토를 달 생각은 없으나 과연 투자 대비 면에서 효용성이 있었는가에 대해 명확한 답변을 찾기 어렵다. 물론 투자비의 84%가 지역 인프라 조성에 투자되었고, 16% 정도만 행사 비용으로 소요되었기에 어느 정도 해명이 가능하겠지만, 어떤 수치를 제시하여도 투입된 노력에 비해 높게 평가받지 못하는 것은 눈에 보이는 구체적이고 실천적인 추진 목표를 제시하지 못하였기 때문이다.

'생태교통 수원 2013'의 성격을 규정할 때 비전vision 성격인 '보행 중심, 사람 중심 도시, 환경 수도 수원'을 만들기 위한 시범사업이라는 것도 중요하지만, 징검다리 개발 전략으로 좀 더 구체적이고 실천적인 중간 목표와 연계시키지 못한 점이 아쉽다. 다시 말해서 2016년 개최 예정이었던 '수원화성 방문의 해'를 성공적으로 준비하기 위한 마중물 사업이었다는 점을 강조하였다면, 수원시민 역량 강화뿐만 아니라 기반시설 조성 면에서 적절한 행사였다는 점을 확신시킬 수 있었을 것이다.

이어서 개최된 '2016년 수원화성 방문의 해'와 '2017년 수원 야행'의 성
공적 수행으로 수원화성을 경기도 '화성'에서 전국 '화성'으로 확실하게 포
지셔닝한 징검다리 개발 전략의 우수사례라 할 수 있었다. 그러나 이것이
사전에 계획되고 설정된 목표가 아니라는 점에서 평가를 덜 받고 있는 점
은 매우 아쉬운 일이다. 결과적으로 수원화성 방문의 해를 통해 서울시민
의 방문 비율이 늘어났고, 수원 야행을 통해 젊은이들의 방문 비율이 늘어
나 수원화성의 방문객 시장의 다변화에 큰 획을 그은 행사라 할 수 있다.
실질적으로 이 두 행사도 2013년 생태교통축제를 할 때 성곽 내 환경 정비
가 이루어졌기 때문에 성공할 수 있었다고 보면, 결과적으로 생태교통축
제는 2016년 수원화성 방문의 해와 2017년 수원 야행의 마중물 사업이었
다고 볼 수도 있다.

(3) 징검다리 개발 전략

전문가는 현재 상황보다 멀리 보고 현재 범위보다 더 넓게 보면서 미래지
향적이고 이상적인 지역 활성화 대안을 제시한다. 또한 지역개발과 관련
된 대상지 주민, 일반 주민, 지자체, 기존 관광사업자 등 각 이해 관계자
의 요구를 그대로 받아들이긴 어려워도 궁극적으로 모두가 잘될 수 있도록
하는 상생적 대안을 제시하는 경우가 대부분이다. 그러나 분명한 것은 이
러한 이상적이고 상생적인 대안은 절대로 현시점에서 대부분의 이해 관계
자들에게 받아들여질 수 없다는 것이다.

설악산 오색케이블카 설치 논쟁[3]에서도 양양군을 비롯한 오색지구 개발

---

3 2016년 국무총리조정실 산하 중앙행정심판위원회는 문화재청 문화재위원회가 의결한 양양군
   오색삭도 설치 반대안에 대해 행정처분 재결을 요청한 바 있다.

론자들의 기대가 너무 크기 때문에 그들의 생각이 현실에 부딪쳐서 깨어지기 전까지는 문화재청의 대안 제시뿐만 아니라 필자와 같은 중도론자의 합리적인 대안조차도 수용하기 어려울 수 있다. 그렇기 때문에 전문가 입장에서 볼 때 삭도 설치를 포기하는 것이 지속가능한 발전의 최선책이지만, 주민들과 투자자들의 요구를 감안해 수익을 창출하고 차별화를 모색하는 동시에 천연보호구역 환경 훼손을 최소화하는 중재안을 도출해내야 한다. 이렇게 하는 것이 결국 오색지구를 지켜내는 일이라는 것을 영월 동강 사례를 통해 깨달은 바 있다.

영월 동강에서는 전문가들이 생태관광을 포함한 지속가능한 보존책만을 추구하다 결국 주민들의 공감을 얻어내지 못해 주민들 의견대로 교량 건설 등 생활여건 개선 쪽으로 흘러가고 말았다. 수년이 경과한 시점에서 주민들은 한동안 반짝했던 방문객들은 물론 명소성도 사라진 것을 후회하고 처음부터 다시 시작하는 마음으로 마을만들기 사업을 추진하기 위해 전문가들을 찾아왔지만 그 당시 영월 동강은 이미 생태적 매력을 잃고 난 후였기 때문에 돌이킬 수가 없었다.

결국 당시 전문가로 참여했던 필자는 '주민들 생각이 잘못된 것이 아니라 현실적인 것이며, 전문가의 생각은 옳은 것이 아니라 이상적인 것'이라는 지혜를 경험하게 되었다. 즉, 전문가들의 이상적 대안을 수정해 주민들의 현실적 요구를 좀 더 수용했더라면, 그래서 주민들이 일단 참여토록 하여 의식 수준과 안목이 일정 수준 높아지게 한 후 이들의 공감대를 얻어서 다음 단계를 추진하였더라면 지금과 같이 동강의 환경 훼손과 매력도 상실은 어느 정도 막을 수 있지 않았을까 하는 생각이 든다. 다시 말해서 주민들이 일단, '지속가능한 동강 보존'이라는 눈에 보이지 않는 개울 건너편의 목표를 향해 첫걸음을 뗄 수 있도록 그들의 눈높이에 맞춘 징검다리를 놓았더라면 시간이 조금 더 걸리더라도 개울 건너편에 있는 최종 목표를 이해할 수 있었을텐데 전문가들이 처음부터 전혀 보이지도 않는 최종 목표를 제시하였기에 주민들은 동의할 수 없었을 것이라 판단된다.

수원시가 1994년 전문가들의 반대를 무릅쓰고 영동시장, 지동시장 등 수원천에 인접한 전통시장의 주차난과 접근성을 개선하기 위해 실시한 수원천 일부 구간 복개사업은 바로 징검다리 개발 전략의 하나로 볼 수 있다. 당시 필자를 포함한 전문가들은 앞으로 수원천이야말로 수원시의 가장 중요한 녹지축이고 수원화성이 세계문화유산으로 관광객을 유인할 때 수원천에 인접한 지역이 교토의 카모강 주변과 같이 문화특구로 조성될 가능성이 있기 때문에 그대로 보존하는 것이 바람직하다고 주장하였다. 그러나 당시의 시장 상인들은 심각한 주차난을 겪고 있었기 때문에 복개를 한시도 늦출 수 없다고 생각했다. 결국 수원시는 복개를 시행했고, 이후 15년이 지난 2009년 다시 수원천을 복원하기 위해 복개한 콘크리트를 뜯어내고 말았다. 이러한 사실로 볼 때 일반인들은 전문가들과는 달리 안목이 부족하기 때문에 앞을 멀리 내다보지 못하지만 전문가들보다 더 현실적이므로 현재의 여러 가지 문제들을 간과할 수 없었고, 그래서 수원천 복개를 원할 수밖에 없었다. 그러나 여기서 수원시가 취한 행보는 주목할만하다. 다시 말해서 일단 주민이 원하니까 덮더라도 나중에 전문가들의 의견대로 꼭 필요하다고 생각되면 다시 열면 된다는 생각이 바로 징검다리 전략이다. 당시 필자를 포함한 전문가들은 수원시의 행보에 상심하였으나 일이 거기서 끝난 것이 아니라 15년만에 다시 복개하는 것을 보고 수원 시민들의 의식 발전과 정책 결정 시 수원시의 단호함에 다시 한번 감탄하게 되었다. 결국 영월 동강의 사례와 같이 일반 주민들은 수원천을 덮어 봐야 열어야 된다는 것도 알게 된다. 그러므로 강 건너 모습을 볼 수도, 연상할

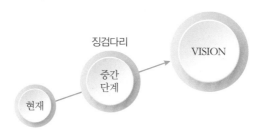

그림 Ⅷ-2_ 징검다리 개발 전략 개념도

수도 없는 주민들의 눈높이에 맞추어 한두 발자국만 앞으로 전진할 수 있도록 디딤돌을 놓고, 그 돌을 밟고 건너와서 강 건너의 모습을 본 주민들이 동참하여 앞으로 전진하게 된다는 논리가 바로 징검다리 전략이다.

(4) 징검다리 개발 전략의 원칙

관광을 통한 지역 활성화 사업에 징검다리 개발 전략을 시행하기 위해서는 다음과 같이 지켜야 할 몇 가지 원칙이 있다.

첫째, 지역 활성화를 위한 목표를 설정할 때 최종 목표와 더불어 반드시 주민들과 이해 관계자들이 공감 가능한 단계별 목표를 설정해야 한다.

둘째, 징검다리 개발 전략의 가장 초보적인 1단계 목표가 마중물 사업의 성과 목표가 되어야 한다.

셋째, 징검다리 개발 전략의 단계별 목표는 사업 추진 단계에 따라 설정되기도 하나 이해 관계자들의 공감 단계에 따라서 설정될 수도 있다. 다시 말해서 이해 관계자인 사업 대상지 주민과 일반 주민들(기초지자체 내에 거주하는 주민)의 공감 정도가 다르므로 목표도 다르게 설정될 수 있다.

넷째, 징검다리 개발 전략의 최종 목표는 결국 '주민 공동체 단위의 생

그림 Ⅷ-3_ 전남 보성군 율포의 해수녹차탕과 녹차 음식 전문점

활문화 생태계 조성을 통한 지역다움 창출과 이에 유인된 지속가능한 관광의 실현'이다. 다시 말해서, 관광을 통한 지역 활성화 사업은 주민에 의한, 주민을 위한, 주민들의 특성을 살린 사업이 되어야 하므로, 주민들을 중심으로 한 다양한 규모와 유형의 문화 생태계가 유지되면서 창출된 지역다움에 유인된 생활여행자들이 만드는 지속가능한 관광의 실천이 바로 징검다리 개발 전략의 최종 목표이고, 이 책에서 주장하는 관광 기술의 핵심이다. 그러므로 최종 목표를 달성하기 위한 단계별 목표는 사업 추진 과정에서 여건이 변화함에 따라 수시로 달라질 수 있다.

(5) 징검다리 개발 전략 적용 사례

1) 보성군 해수녹차탕

전남 보성군은 녹차가 지역 농업소득의 30%를 차지하고 녹차 재배면적이 전국대비 36%, 생산량은 40%를 차지하는 한국 녹차의 주산지이다. 또한 1,200억 원 규모의 지역경제를 이끌어가는 향토산업으로 기여할 뿐만 아니라, 율포의 해수녹차탕과 보성 다향대축제, 녹차밭 빛축제 등을 통해 많은 관광객을 유치하고 있다. 이 중 특히 율포의 해수녹차탕은 보성이 녹차관광의 메카로 포지셔닝하는 데 결정적인 기여를 했다고 볼 수 있다.

지금은 보성군의 율포 해수녹차탕이 과거에 비해 녹차관광의 대명사로 명성을 발휘하고 있지는 못하나, 나름대로 보성 지역의 관광 활성화에 큰 기여를 하고 있다. 율포 해수녹차탕이 개장될 당시만 해도 지역의 고유성을 수요자의 니즈와 연결시켜 컨셉을 설정한 개발사례는 흔치 않았다. 이후 지속적으로 관광객이 유입되면서 이제는 녹차김치, 녹차돼지 등 녹차의 6차산업화지구로 융복합화하는 단계로 자연스럽게 이어지고 있다. 이러한 관점에서 율포 해수욕장의 해수녹차탕은 지역 발전의 디딤돌 역할을 수행한 측면에서 징검다리 개발 전략의 우수사례라고 평가된다.

관광객들의 니즈를 수용하여 만족도 제고는 물론 보성군 내 타 관광 사업체와 연계를 이루는 데 앵커 역할을 담당했고, 관광객과 함께 관광 사업체 종사자들의 눈높이도 향상시키는 데 크게 기여하여, 보다 업그레이드된 관광 시설과 상품(녹차 트래킹 등)을 창출하게 하였다는 점에서 그 자체가 훌륭한 징검다리였다. 돌이켜 보면 그 당시 보성 관광의 핵심 시설로 율포 해수녹차탕이 개발된 것은 바로 개발 주체가 민간이었기에 가능했다. 물론 지자체가 인허가에 도움을 주었지만 민간사업체의 마케팅 마인드가 없었다면 지금의 보성 관광이 있을 수 없기에 지속가능한 관광을 위한 상향식 개발에 주민 주도는 물론이고 민간 주도도 포함되어야 하는 것이다.

2) 수원 조원시장 활성화 사업 사례

2012년 1시장-1대학 자매결연 특화사업 컨설팅 및 시범사업[4]으로 시행된 '경기대학교와 조원시장 활성화 사업'의 사례 중에 징검다리 개발 전략이 적용된 공공미술 프로젝트를 살펴보자.

조원시장은 수원시 장안구 조원동에 있는 상점 120여 개(임대 107개, 직영 23개)의 작은 전통시장이다. 전체 종사자 수는 210여 명(상용 80명, 자영업 120명, 노점상 10명)에 달하며, 농수산물을 비롯하여, 의류, 신발, 가정용품, 음식점 등 다양한 품목을 취급하고 있는 시장이다.

---

4 본 사업은 필자가 경기대 이벤트학과 김창수 교수와 공동연구로 진행한 사업으로, 필자가 지도하였던 대학원생들(김재원, 조경신, 김세은)과 학부생들(김위정, 이은비, 조창희)이 참여해 컨설팅과 시범사업을 추진하였다. 이후 황금희(박사과정)가 필자 수업시간에 제출한 리포트를 요약, 정리한 내용이다.

조원시장의 강점은 주민과의 활발한 교류 및 화합이 이루어지고 있다는 점과, 상인들의 전문성이 높다는 것이며, 기회 요인으로는 정부 차원의 전통시장 활성화 노력이 활발하다는 점이다. 그러나 시설 노후화 및 시장 홍보 부족, 낮은 인지도 등이 약점이며, 시장 주변에 있는 6개의 대형마트가 조원시장의 위협요소이다.

따라서 조원시장이 활성화되려면 특화시장으로 차별화해야 한다는 것이 전문가들의 의견이었다. '조원'의 의미는 '조棗(대추나무 조)'와 '원園(동산 원)'으로, 대추나무골이라는 뜻이다. 이와 같은 지명의 유래와 정조대왕의 효심으로 만들어진 마을이라는 스토리텔링을 적극 활용하여 조원시장을 '대추장아찌'를 비롯한 '장아찌' 특화시장으로 포지셔닝하는 것으로 설정하였다. 아울러 조원시장의 비전으로는 주변 마을과 함께 하는 시장으로 '마을을 품은 시장'으로 설정하였다.

조원시장의 마중물 사업은 공공미술 프로젝트를 통해 전통재래시장을 시각적으로 개선하는 것이었다. 따라서 그림 Ⅷ-4와 같이 다소 슬럼화된 환경을 개선하고 즐거운 시장이라는 상징성을 확보하기 위해 다양한 설치물을 제안하였다.

이러한 시각적 요소의 설치와 더불어 상인들을 콘텐츠로 활용하여 점포의 개별 브랜드화를 시도하였다. 그래서 마을 주민들의 발길을 시장 안으로 유도하고, 시장 안에서 시장 상인들과 마을 주민들 간에 활발한 소통이 이루어지면서 자연스럽게 시장이 활성화되는 방안을 도모하였다.

그러나 조원시장의 시각적 상징화 설치물들은 지역주민들이 공감할 수 있는 것은 아니었다. 상인들은 오히려 조형물이 조원시장에 설치되는 것에 대해 의미 부여는 커녕 불필요한 것이라고 여기고 있었다. 따라서 이러한 상징적 조형물 설치는 실현되지 못하였고, 대신에 개별 점포에 고르게

그림 VIII-4_ 수원 조원시장의 시각적 개선(안)

혜택이 돌아갈 수 있는 개별 점포들의 '종합안내판'을 요청하였다(그림 Ⅷ
-5 참조). 그러나 조원시장 자체가 인지도가 낮아 주민들이 찾아오지 않는
상태에서 종합안내판은 의미가 없다는 것이 전문가의 의견이었다. 결국
상인들의 요구인 종합안내판과 전문가가 제시한 조원시장의 상징적 설치
물 사이에서 그 해결점을 찾아야만 했다.

해결점을 찾기 위해 상인들의 요구를 수용하면서도 앞으로 다양하게 활
용하기 위한 아이템을 선정해야 했고, 이에 대한 시간 투자가 이어졌다.

사업 아이템을 선정하기 위하여 사업이 시작된 2012년 8월부터 11월까
지 다양한 방안을 놓고 연구진과 상인들이 논의하였다. 논의의 초점은 조
원시장 개별 점포들에게 사업의 혜택이 고르게 분배되면서도 전체적으로
조화를 이루고, 또한 조원시장의 비전(마을을 품은 시장)으로 이어질 수 있
는 방안을 찾는 것이었다.

최종적으로 각 점포의 브랜드 가치를 높이고
시장 상인들을 콘텐츠화하여 '스타'화할 수 있
는 캐리커처를 디자인하기로 결정하였다. 이
캐리커처를 활용하여 점포마다 '캐리커처 현판'
을 제작하여 부착하였고, 조끼도 만들어 배포
하였다. 또한 개발된 캐리커처는 그림 Ⅷ-6과
같이 앞치마, 티셔츠, 가방, 명함 등에 다양
하게 확대 적용하기로 하였으며, 이를 활용하
여 점포별로 캐리커처 현판도 설치되었다.

조원시장의 공공미술 프로젝트를 통해 만들
어진 캐리커처와 이를 활용해 제작된 현판이
시장을 찾아오는 주민들의 주목을 끌게 되면

그림 Ⅷ-5_ 종합안내판(안)

그림 Ⅷ-6_ 다양한 캐리커처 활용(안)

서, 단순히 물건만 사가는 것이 아니라 주민과 상인이 서로 소통하게 되면 상인들이 시장과 자신의 점포에 대한 자긍심을 갖게 되고, 나아가 각 점포의 브랜드 가치가 제고될 것이다.

2. 스폰서십이 바로 투자 유치

(1) 참여시장도 주목하라

지역관광을 활성화시키려고 할 때 어떻게 하면 관광객을 많이 끌어들일지, 그리고 어떻게 하면 관광객들이 오랫동안 머물면서 더 많은 돈을 쓰게 할 지에 대해 가장 관심이 많다. 물론, 관광객들의 만족도를 높여서 재방문 비율을 높이는 데에도 관심을 둔다.

수입과 지출면에서 관광 수입의 결정요인인 방문자 수, 체류시간, 객단가, 재방문율은 매우 중요하다. 그러나 궁극적으로 수입에서 지출을 뺀 순이익을 생각하면 지출을 줄이는 데에도 관심을 가져야 한다. 지출을 줄이려면 인건비를 절감하거나, 시설투자비를 유치하거나, 또는 기자재를 무상으로 임대하는 등을 통해서 가능하다. 지역활성화사업이 표적으로 삼아 유치해야 할 대상자는 '돈을 쓰는 사람' 중심의 이용시장과 '돈을 절약해 주는 사람' 중심의 참여시장으로 나눌 수 있는데, 지출 감소 노력은 당연히 참여시장의 몫이다. 참여시장의 구성은 프로그램 운영을 위한 자원봉사자들, 시설투자비 분담을 위한 기부자들과 스폰서십 대상자들, 그리고 기자재 무상임대를 제안할만한 대상자들로 이루어진다. 물론 수익을 원하는 공동투자자들도 이에 포함된다.

사업기획이나 상품기획을 할 때 시장분석은 수요자의 니즈와 규모 파악을 위해 중요한 단계이다. 그러나 대체로 시장분석을 할 때 이용시장만 집중 분석할 뿐 참여시장 분석은 간과하고 있다. 향후 지역관광 활성화사업의 성공 여부는 이러한 참여시장을 어떻게 유치하여 지출을 줄이느냐에 달려 있다. 이미 관광개발사업에서는 민자유치, 또는 외자유치라는 미명 아래 떠들썩하게 팡파레를 울려왔다. 그러나 공공부문개발사업에서 민자유치는 대부분 분양 형식을 통하기 때문에 별개로 하더라도, 외자유치는 명분과 소문에 비해 실제로 유치한 사례는 손꼽을 정도라 해도 과언이 아니다. 민자유치와 외자유치는 참여시장 분석을 통한 도네이션, 스폰서십, 파트너십의 형식에서부터 출발해야 한다. 이러한 시도는 사업전체 또는 사업대상지 전체의 차원에서 볼 때에는 작은 것 같아도 해당 프로그램, 또는 해당 시설 차원에서 보면 결코 간과해서는 안되는 부분이다.

외국인 관광객이 많이 몰리는 경기도 파주 임진각에서 관광객들의 주목을 끄는 대상물 중 하나가 '철마는 달리고 싶다'의 주인공인 폐증기기관차이다(그림 Ⅷ-7 참조). 원래 비무장지대에 방치되어 있던 것을 2년에 걸쳐 보전 처리 작업을 한 후 2009년에 현재의 위치로 이전하였다고 한다. 그동안 녹슬어 부식되었던 철마를 보전 처리하는 비용이 만만치 않았을 터인데 과연 어떻게 조달했을까? 바로 여기에 스폰서십이라는 방식이 등장한다.

우리나라 철강 생산의 주력 기업인 포스코가 2004년 문화재청과 체결한 문화재지킴이협약 덕분이었다. '철마는 달리고 싶다'의 주인공인 철마는 한국전쟁의 상흔을 그대로 담고 있을 뿐만 아니라 통일의 염원을 상징하기 때문에 비무장지대보다는 임진각에 위치하는 것이 보다 많은 사람들이 볼 수 있고, 그 의미도 커질 수 있었다(위치와 오브젝트의 연계성). 기관차가 철로 만들어진 것이어서 자연스럽게 포스코가 연상되었고, 이에 포스코와 접촉한 결과 긍정적인 답변을 얻어낸 것이라고 생각된다. 물론 포스코뿐만 아니라 다른 제철 관련 기업들도 검토 대상이 되었을 수 있겠지만(참여 시장 분석), 임진각에 철마이전사업을 지원하여 그 홍보 효과로 회사의 이미지를 제고(스폰서 추구편익)할 수 있을 것이라고 판단한 포스코가 이를 수용했을 가능성이 높다.

(2) 스폰서십 추진 이론

스폰서십을 기존의 마케팅 믹스 중 프로모션 및 커뮤니케이션(광고, 인적 판매, 판매촉진, 퍼블리시티)의 또 다른 하나로 보는 견해도 있을 만큼 그 역할이 중요시되고 있다. 스폰서십의 배경이 되는 이론으로는 하이더[5]의 균형이론balance theory을 들 수 있다.

그림 Ⅷ-8에서 균형이론에 의해 스폰서십 과정을 설명하면, 먼저 1단계에서 소비자는 관광 대상이 되는 장소에 대해 긍정적이거나 부정적 태도를 형성하고 있다. 2단계에서 스폰서는 장소에 대해 금전적 또는 물질적 지원을 통해 연관성을 형성하고, 3단계에서는 이 연관성을 각종 매체를 통해 소비자에게 적극적으로 커뮤니케이션(관광에서는 현장 중심으로 커뮤니케이션)한다. 4단계에서는 이러한 연관성 때문에 관광 활동을 통해 긍정적으로 형성된 장소 태도가 그대로 스폰서에 전이되어 스폰서 태도도 긍정적으로 형성되거나 강화된다. 마찬가지로 만약 관광 활동 시 장소에 대한 태도가 부정적으로 형성되면 스폰서와 장소와의 연관성에도 불구하고 스폰서 태도역시 부정적으로 전이될 수 있다.

---

5 Heider, F. (1958) The Psychology of Interpersonal Relations, New York: John Wiley.

그림 Ⅷ-7_ 임진각 철마와 디즈니월드 코카콜라 스폰서십 사례

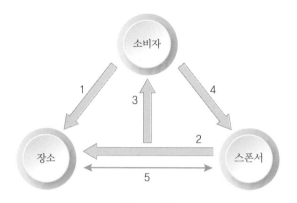

그림 Ⅷ-8_ 균형이론에 의한 스폰서십 개념도

(3) 스폰서십 추진 전략

스폰서십 성공을 위해 전략적으로 접근하기 위해서는 세 가지 문제를 더 고려해야 한다. 즉 그림 Ⅷ-8의 1단계에서 관광활동process을 통해 얻어진 무엇output이 장소에 대한 태도를 긍정적으로 만드는가와 그 무엇output이 커지면 커질수록 장소 태도와 스폰서 태도의 상관관계가 더 커지는지, 만일 그렇다면 그 무엇output을 어떻게 하면 크게 할 수 있을 것인지에 대한 물음이 첫 번째 연구문제이다.

그림 Ⅷ-8의 5단계에서 보듯이 장소와 스폰서의 연관성이 단순한 지원 관계로 생긴 연관성이 아니고, 지원 이전 관계로부터 기인할 경우 장소 태도에서 스폰서 태도로 전이하는 강도, 즉 상관관계가 차이가 나게 되는지에 관한 물음이 두 번째 연구문제이다.

세 번째 연구문제는 3단계의 소비자에 대한 장소와 스폰서의 연관성을 설득하는 커뮤니케이션 매체의 유형에 따라 과연 소비자의 스폰서 태도가 차이가 있는지를 연구문제로 설정할 수 있다. 대부분 현장활동이 주가 되는 관광경험의 경우 어떻게 커뮤니케이션하는가에 따라 스폰서 태도가 달라진다고 생각된다. 즉, 단순히 각종 간판에 스폰서 로고가 들어간 경우와 특정 체험활동의 성과에 따라 스폰서 제품을 포상했을 때 효과가 어떻게 다른지를 밝혀낼 필요가 있다.

이와 같은 연구문제는 다음과 같이 스폰서십 전략 수립에 크게 영향을 미칠 수가 있다.

첫 번째 연구문제의 답을 일단 필자의 경험에 근거해 기술하면 관광활동의 '만족도'와 '탈일상성'이라고 할 수 있다. 관광활동을 통해 만족도가 커지면 커질수록, 그리고 제Ⅱ장의 그림 Ⅱ-4와 같이 관광 대상의 고유성과 관광객의 일상성에 의해 탈일상성이 커지면 커질수록 장소 태도가 더 좋아질 것이고 균형이론에 근거해 그것이 그대로 스폰서 태도에 전이되므로 스폰서 태도도 좋아질 것이다. 다시 말해서 관광활동을 통해 만족도와 탈일상성이 고조될수록 장소 태도와 스폰서 태도의 상관성도 커진다. 그러므로 관광 현장은 모두가 광고나 스폰서십이 적용될 수 있는 장소이거나 상황이라고 이야기할 수 있다.[6]

두 번째 연구문제에 대한 답은 단순한 지원관계만 있을 때보다는 스폰서십 이전에 장소와 스폰서가 가지고 있는 의미적, 이미지적 연상관계가 있을 때 장소 태도가 스폰서 태도에 쉽게 전이될 수 있으므로 장소 태도와 스폰서 태도와의 상관관계는 더 크다. 그러므로 스폰서십 전략수립에서 가장 중요한 것은 스폰서십 대상 리스트를 작성할 때 관광 대상 즉 장소나 관리 주체와 관련된 모든 요소를 바탕으로 의미적, 이미지적으로 연상되

---

6 향후 관광지에서 광고나 스폰서 홍보는 기업 입장에서 매우 유효한 커뮤니케이션 수단이 될 수 있다. 왜냐하면 일반적으로 관광지에서는 탈일상성 때문에 마음이 열려 있으므로 커뮤니케이션 메시지를 보다 긍정적으로 수용하기 때문이다.

는 스폰서를 리스트에 열거할 필요가 있다. 물론 이들을 대상으로 접촉해 수락되었을 때에만 성사되겠지만 리스트를 작성할 때 중요한 전략이 될 수 있다.

세 번째 연구문제에 대한 답은 단순한 정보 제공 차원의 메시지 커뮤니케이션보다는 체험에 대한 보상이나 스폰서와 장소와의 관계를 스토리텔링한 프로그램을 직접 개발해 참여토록 하면 더욱 스폰서 태도의 차이는 커질 것으로 판단된다. 다시 말해서 일방향보다는 양방향 소통의 도구로 커뮤니케이션을 활용하면 효과가 증대될 수 있다.

이제 양평 수미마을의 실제 스폰서십 사례를 대상으로 한 설문조사와 분석을 통해 앞의 세 가지 연구문제에 대해 종합적으로 검토한 내용과 결과를 기술하면 다음과 같다.[7] 경기도 양평에 위치한 수미마을은 봄에는 딸기축제, 여름에는 메기축제, 가을에는 몽땅구이축제, 겨울에는 빙어축제 등 1년 내내 축제를 지향하는 농촌체험휴양마을로, 객단가가 2만 원에 근접하는 인기 있는 농촌관광 목적지이다. 또한 이 마을은 투명하고 공정한 수익 배분과 마을 규약을 바탕으로 마을 주민이 골고루 사업에 참여하는 모범적인 농촌관광마을 사례로 잘 알려져 있다.

수미마을의 스폰서십은 마을 이름 '수미'와 (주)농심의 '수미칩'의 연관성을 바탕으로 마을이 주도적으로 기업 스폰서십을 요청해 수미칩 로고가 들어간 화장실, 간판, 안내판 설치에 소요되는 비용을 지원받았다. 또한 축제 시에 수미칩 사진모델과 사진 찍을 수 있는 입간판도 설치하였고, 축제 기간 내내 지속적으로 수미칩을 제공하였다. 한편, 수미마을은 수미칩은

---

7 조혜진(2014) "농촌체험휴양마을 기업 스폰서십이 방문자 태도 변화에 미치는 영향", 경기대학교 관광전문대학원 석사학위 논문(지도교수 엄서호).

그림 Ⅷ-9_ 수미마을 스폰서십 사례

물론 (주)농심의 사발면이나 음료 등을 판매하고, (주)농심은 수미마을에서 재배되는 수미감자를 전량 수매하고 있는 등 관계가 강화되고 있다.

균형이론에 근거한 연구문제를 해결하기 위해 수미마을 방문자들을 대상으로 실험집단(스폰서십 내용 공개) 170명과 통제집단(스폰서십 내용 비공개) 141명을 의도적으로 샘플링하여 설문조사를 시행하고, 두 집단의 차이를 분석하였더니 다음과 같은 결론을 도출할 수 있었다.

첫째, 수미마을에 대한 태도와 관련하여 농촌관광활동 전과 후의 차이를 분석한 결과 마을 태도는 실험집단과 통제집단 모두 통계적으로 유의미하게 긍정적으로 변하였다. 그리고 집단 간 마을 태도의 변화량도 실험집단과 통제집단에서 통계적으로 유의미한 차이가 없었다. 다시 말해서 실험집단, 통제집단 모두 농촌관광활동 후에 유사한 정도로 태도 변화가 일어났다고 할 수 있다.

둘째, 스폰서 태도는 통제집단의 경우 농촌관광활동 전후 차이가 거의 없었으나, 실험집단의 경우에는 통계적으로 유의미한 차이를 보였다.

셋째, 농촌관광활동 후 만족도를 평균 이하 집단(1집단 89명)과 평균 이상 집단 (2집단 81명)으로 나누고 각 집단별로 마을 태도와 스폰서 태도의 상관관계를 분석한 결과 상관계수가 각각 .415와 .543으로 나타났다. 따라서 상기한 첫 번째 연구문제의 일부의 답을 해결할 수 있었다. 즉, 농촌관광활동의 만족도가 높은 집단일수록 마을(장소) 태도와 스폰서 태도의 상관관계가 커지므로, 스폰서십 효과를 극대화하기 위해서는 농촌관광활동의 만족도를 높이는 것이 중요하다는 것이다.

(4) 스폰서십 성공사례

1) 강원도 화천 토마토축제

강원도 화천 토마토축제는 방문객들에게 인기가 높다. 특히 토마토풀장은 축제 방문객들이 가장 선호하는 체험시설이다. 화천 토마토축제장에 설치된 토마토풀장의 설치 비용을 기업이 스폰서로서 제공했다면 과연 어느 기업이 연상될까? 수년 간 강의를 통해 질문을 던져봤지만 역시 답은 (주)오뚜기이다. 그만큼 (주)오뚜기의 토마토케첩은 브랜드파워가 강해서 만일 토마토축제장의 스폰서로 다른 케첩 회사가 선정되었다면, 많은 사람들이 (주)오뚜기는 대체 무얼하고 있었냐라고 반문할 정도로 토마토와 (주)오뚜기의 연관성이 강하다. 스폰서 리스트 작성 시에 (주)오뚜기가 먼저 리스트에 올랐고 담당자가 (주)오뚜기와 접촉하면서 스폰서십이 성사되었겠지만 여기서 중요한 것은 (주)오뚜기와 찰떡궁합이라 할 정도로 이미 상당한 기간 동안 연관성이 축적되어 온 대상을 찾아내는 것이다. 서울 불꽃축제의 메인 스폰서가 '불꽃'을 상징하는 한화그룹일 수 밖에 없는 것도 같은 이치이다. 이렇게 찰떡궁합 스폰서를 찾아내기 위해서 필요한 기술이 관광 커뮤케이션과 스토리텔링에서 언급된 근원성, 화제성, 의미성, 연상성 찾기이다. 한화그룹이 서울 불꽃축제에 참여한 것은 연상성(기업 이미지)과 의미성(다이너마이트 그룹)이 모두 연관된 우수사례이다. 다시 말해 4가지 자원성이 모두 연관될 때, 관광활동을 통해 제고된 긍정적 장소(관광 대상) 태도가 더욱 쉽고 강하게 스폰서 기업 태도로 전이될 수 있기 때문이다. 바로 상기한 연구문제 2에 대한 답이기도 하다.

2) 3M사의 정동진 해돋이열차

관광활동과 연계되어 시도된 우수 스폰서십 사례는 정동진 해돋이열차에 부착된 소지를 후원한 3M기업 사례이다. 2007년 12월 중순 정동진행 열차에 소망을 담은 포스트잇을 열차에 붙이는 이벤트를 시행하였다. 코레일은 관광객에게 즐거움을 선사하고, 3M은 최종 목적지까지 떨어지지 않은 소지 가운데 10개를 선정해 경품권을 증정하는 프로그램을 제공하였는데, 열차에 붙여진 소지 중 최종까지 98%가 남아 있었다는 것을 강조하면서 제품 홍보는 물론, 회사 이미지 제고를 위한 스폰서십에 성공했다. 3M이 먼저 스폰서십을 제안했는지 정동진열차를 운행하는 코레일이 먼저 시도했는지는 알 수 없지만 중요한 점은 두 기업 모두 스폰서십을 통해 브랜드파워를 제고할 수 있었다는 것이다. 그런데 해당 기업 조건이 유사할 경우 먼저 스폰서십을 제시한 기업의 이미지 변화 효과가 더 클 수 있다는 연구가 있다.[8]

---

8 강대인과 엄서호(2001) "기업 후원에 의한 국립공원 시설관리 효과의 평가", 국토계획 V.(36): 2

인천 국제공항 라운지의 LG TV 설치 사례도 스폰서십의 하나라고 볼 수 있다. 물론 LG TV만 유치 가능한 것은 아니었지만 선점을 통해 스폰서십을 쟁취한 사례라 할 수 있다.

3) 외국의 스폰서십 사례

외국의 스폰서십 사례는 먼저 페퍼리지팜이라는 빵 제조회사가 뜀틀 매트를 제작한 다음 각급 학교에 제공한 사례이다. 이것은 페퍼리지팜이 생산하는 빵과 뜀틀 매트의 모양이 서로 유사하다는 이미지적 연상성을 활용해 스폰서십을 구사하여 호응을 받은 경우로, 앞서 언급한 연구문제 2에 해당하는 사례라고 볼 수 있다.

영국 스테이플포드 파크호텔이 17세기 성을 호텔로 개조하면서 스폰서십을 통해 52개의 객실을 차별화하였는데, 코카콜라 소품과 제품으로 가득 채워진 코카콜라방 이외에 MGM방, 크랩트리 & 이블린 방 등이 그 예이다. 실제로 가능할지 모르지만, 코카콜라방의 변기의 물 내리는 버튼을 코카콜라 병뚜껑 모양으로 하면 더욱 실감날 것으로 생각된다.

마지막으로 디즈니월드에서 발견한 코카콜라 병 모양의 에어컨박스는 매우 성공적인 스폰서십 사례로, 디즈니월드에는 편의시설 설치 비용 절감이라는 이득을, 그리고 코카콜라 회사는 홍보 효과를 얻어낸 사례이다. 여기서도 궁금한 것은 과연 어느 기업이 먼저 스폰서십을 제안했는가이다. 일반인들은 보통 코카콜라사가 먼저 제안했을 것으로 짐작한다. 그래서 스폰서 제공자에 대한 긍정적인 태도 변화가 스폰서 수혜자에 대한 긍정적인 태도 변화보다 더 크게 나타날 수 있다.

(5) 스폰서십 기획 및 시행 사례: 관광문화시민연대[9]와 유니텔의 스폰서십

관광문화시민연대는 1999년 8월 6일 여름철 여행 성수기를 맞이하여 김포 공항에서 출국하는 젊은 배낭여행객과 해외여행객을 대상으로 "자랑스런 한국인 가슴마다 나라사랑"이라는 캐치프레이즈로 I'm a Korean! 배지 달 아주기 캠페인을 실시하였다. 이 사업은 유니텔의 후원으로 해외에서 어 글리 코리언, 보신관광, 추태관광, 호화쇼핑 등의 불건전 행위를 방지하 고 한국인으로서 자긍심을 함양시키며 해외에서 나는 한국인이라는 점을 자랑스럽게 밝혀 민간외교관으로서 홍보 역할을 할 수 있게 하는 것이 목 적이었다.

1) 스폰서십 추구 배경

관광문화시민연대의 창립 목적은 건전 관광의 정착, 바람직한 기업문화 조성, 관광자의 권리 신장 및 확보이므로, 시민연대 사업 추구의 일환으로 당시 여름철 해외여행객들의 불건전 관광 행위를 계도하기 위해 행사를 기 획했다.

시민연대는 자금이 부족하고 사회적 인지도가 낮아 이 사업을 후원할 스 폰서가 필요하였고, 그래서 여름철 해외여행과 관련이 있는 기업을 대상 으로 스폰서십을 추진하게 되었다. 이 캠페인이 젊은층을 대상으로 하기 때문에 타겟마켓이 젊은층인 정보통신 관련 기업들도 리스트에 포함시켰 다. 이 스폰서십은 후원하는 기업의 이미지와 더불어 행사가 소개될 언론 매체의 공신력을 통해 비영리단체인 관광문화시민연대의 이미지를 제고할

---

9 필자가 대표로 있었던 관광문화시민연대는 2001년 문화관광부 비영리민간단체(제7호)로 등록
된 NPO로 영월동강 보존 운동, 수학여행 거듭나기, 전라남도 관광해설가 양성 등에 참여한
바 있다.

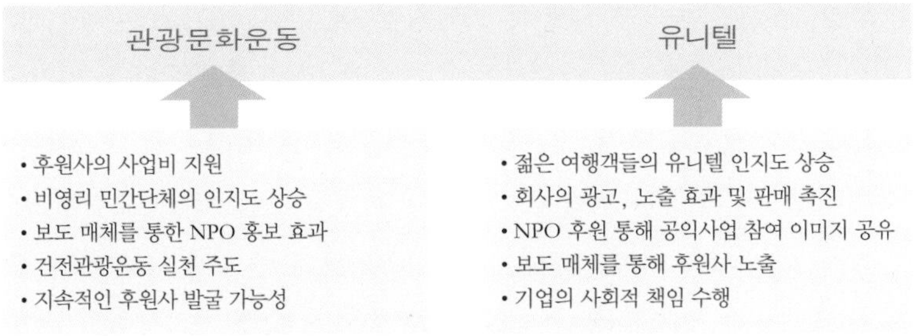

관광문화운동

유니텔

- 후원사의 사업비 지원
- 비영리 민간단체의 인지도 상승
- 보도 매체를 통한 NPO 홍보 효과
- 건전관광운동 실천 주도
- 지속적인 후원사 발굴 가능성

- 젊은 여행객들의 유니텔 인지도 상승
- 회사의 광고, 노출 효과 및 판매 촉진
- NPO 후원 통해 공익사업 참여 이미지 공유
- 보도 매체를 통해 후원사 노출
- 기업의 사회적 책임 수행

그림 Ⅷ-10_ 관광문화시민연대와 유니텔의 스폰서십

수 있는 기회라고도 판단되었다. 마침 기업들이 공익사업에 관심을 갖는 시기여서 유한킴벌리의 '우리 강산 푸르게 푸르게' 캠페인처럼 제품 차별화의 수단으로 스폰서십이 효과적일 것이라고 생각하였다.

관광문화시민연대가 시행하고자 하는 건전 관광 프로그램을 후원하는 기업은 스폰서에 대한 광고, 노출효과 및 판매촉진을 기대할 수 있으며, 관광문화시민연대는 사회운동과 병행하여 스폰서의 이미지를 높이는 선진 형태의 Win-Win Promotion을 추구하게 되는 것이다. 후원사는 단순한 광고 효과뿐만 아니라 시민연대라는 비영리단체에 후원함으로 인해 공익사업에도 참여한다는 이미지를 창출할 수 있었다.

2) 접근 방법[10]
① 건전관광 캠페인을 후원할 예상 사업체 리스트 작성
먼저 젊은층 해외여행과 관련된 기업군으로 항공사, 여행사, 정보통신사를

---

10 Crompton, J. L. (1987) Doing More with Less in Parks and Recreation Services, State College, PA: Venture Publishing, Inc. pp. 54-57. 필자의 지도교수였던 크롬턴 교수가 집필한 사례연구집에 소개된 내용을 근거로 기술하였다.

선택하였다. 그 다음으로 항공사 이미지를 제고하기 위해 이용객이 많은 여름철 성수기에 건전관광 캠페인을 후원할 수 있을 것이라 판단하여 대한 항공을 리스트에 포함하였고, 여행사 중에는 하나투어가 '98, '99 해외 송출객 1위를 달성한 젊은 사람들로 구성된 여행사로 판단되어 포함하였다. 또한 당시 타겟시장을 젊은층에 두고 회원확보를 하고 있고 빠르게 성장하는 정보통신사 중 유니텔도 후원업체로 가능성 있다고 판단하여 포함하였다.

② 타겟 정하기

대한항공과 하나투어, 유니텔을 잠재 후원사로 선정한 후 일차적으로 NPO 간사가 연고가 있는 삼성계열의 유니텔을 타겟으로 관계자를 통해 접근하기로 하였다. 대한항공은 관계자를 찾기 어려웠고 하나투어는 유니텔이 스폰서로 성사되지 않으면 접근을 시도할 최종 타겟으로 생각하고 있었다.

③ 준비

사업기획서를 작성한 후 관광문화시민연대 간사와 유니텔의 과장, 대리와 접촉하였다. 200만 원 이하의 후원은 부장급에서 결재가 가능하였기에 유니텔 과장에게 사업의 필요성 및 효과에 관해 충분히 설명하였다. 사업계획서에는 기본 컨셉, 프로그램, 사업비 내역, 배지 디자인, 현수막 및 어깨띠 디자인, 관광문화시민연대의 사업추진 실적, 이미 실시된 건전관광 캠페인의 배지, 신문 보도내용과 사진을 포함하였다.

④ 반대 의견 다루기

프리젠테이션을 할 때 발생할 수 있는 반대 의견을 사전에 파악하고 이에 대응할 수 있는 시나리오를 작성하는 등 철저한 대비가 필요하다. 본 사업이 시민단체의 일시적인 단발성 캠페인으로 끝날 가능성이 있다는 우려와 캠페인의 실질적인 홍보 효과에 대한 의문, 관광문화시민연대에 대한 인

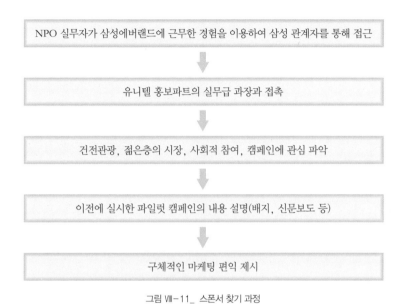

그림 Ⅷ-11_ 스폰서 찾기 과정

지도 미흡으로 인한 신뢰성 문제에 대처하기 위해 다음과 같은 대응책을 준비하였다.

- 관광문화시민연대의 홈페이지와 유니텔 간에 상호 캠페인 홍보
- 홈페이지, 신문 보도, 관광 관련 잡지 보도 시 유니텔 후원 명시
- 시민단체 난립으로 신뢰성에 의문을 제기할 경우 사업실적 제시 및 관광 부문 최초 문화관광부 등록 NPO 강조, 등록증 별첨
- 1999년도 사업실적 및 계획서 제시(동강 관련 환경운동연합과의 연대, 세계 NGO대회 참가, 수원시 친절도 조사 등)
- 관광문화시민연대의 가입회원 목록(교수, 여행사, 호텔 등 200여 명) 준비

⑤ 마무리(지원의 폭 결정)

마무리는 스폰서십의 범위를 결정짓는 마지막 단계로, 후원 사업비와 후

표 VIII-1_ 프리젠테이션(잠재 스폰서 대상 발표)

■ **행사명: "I'm a Korean!" 캠페인**

"I'm a Korean!" 캠페인이란 1999년 8월 6일 김포공항에서 출국하는 젊은층 해외여행 객들 대상으로 "I'm a Korean!" 배지를 달아주면서 한국인의 자긍심을 인지시켜 건전관 광을 다짐하고, 귀국 시 외국인들에게 선물하는 일종의 '여행실명제' 운동임.

■ **행사 개요**

• 행사 일정: 1999년 8월 6일

• 행사 장소: 김포국제공항

• 시행 인원: 관광문화시민연대 회원 10여 명

• 행사 주최: 관광문화시민연대(국내 시민단체 중 관광부문에 있어서는 유일)

• 행사 비용 : 약 1,665,000원

항목	수량(개)	단가(원)	계(원)
인쇄물 제작	–	100,000	100,000
배지 제작	2,000	450	900,000
현수막 제작(받침대 포함)	3	65,000	195,000
어깨띠 제작	30	5,000	150,000
자원봉사자 교통비 및 식대	8명	4회(인당 1만원)	320,000
합계	–	–	1,665,000

■ **후원사 홍보 및 지원 방법**

• 배지 제작 시 뒷면 전체 또는 앞면에 후원사 로고 삽입

• 공항 내에 현수막을 설치할 때 후원사명 명기

• 공항에서 캠페인할 때 유니텔 홍보자료 배포 가능(유니텔 직원 공동 배포 가능)

• 신문사 등 각종 언론매체에 스폰서사로 보도 예정

원사 요구 조건 등을 포함한다. 본 사업에서는 다음과 같이 스폰서십을 마무리하였다.

- 사업비 지원(1,665,000원)
- 유니텔에 캠페인 내용 홍보
- 유니텔 사보에 캠페인 내용 게시
- 사업 시행 결과 서면 보고

⑥ 추후 사업 처리follow-up

이 단계는 스폰서십의 가장 중요한 단계로, 사업 성과 및 개선점을 스폰서에게 자세히 통보하는 것은 물론 부수적인 홍보효과도 소개하면서 사업을 마무리하고 상호간 신뢰를 구축하도록 한다.

- 신문보도 내용(조선일보, 내일신문, 관광저널) 및 행사 사진 스크랩 제공
- 후원사의 협조에 감사하다는 전화 및 메일 발송
- 관광문화시민연대 홈페이지에 사업 내용 홍보

3) 스폰서십을 통해 얻은 효과

당 사업을 통해 관광문화시민연대는 스폰서십 성공사례를 창출하여 경비를 절감하였을 뿐만 아니라 보도매체를 통해 시민단체를 홍보하는 효과를 얻었고, 궁극적으로 건전관광캠페인이 자리매김하게 되었다. 반면에 유니텔은 기업의 사회 참여 이미지를 제고하게 되었을 뿐만 아니라 보도매체를 통해 기업 홍보 효과를 얻을 수 있었으며, 젊은 해외여행객들에게 보다 친근한 기업으로 이미지를 포지셔닝하는 계기가 되었다.

4) 스폰서십 시사점

스폰서십의 성공 요인으로는 철저한 준비 과정(관련자 사전 접촉에 의한 만남

주선 포함), 후원자가 얻게 되는 편익을 구체적으로 제시한 사업계획서, 사업 추진의 적극성 및 적절성(적정 시점 선택), 그리고 행사 후 사업 처리의 명확성(보도 결과 통보 등 약속 이행)을 들 수 있다. 그러나 무엇보다도 건전한 관광문화 확산을 위해 노력하는 NPO의 진정성과 첨단 정보통신기업 유니텔의 열린 기업정신이 스폰서십을 성공적으로 이끌 수 있었다.

사업 아이디어가 좋으면 아무리 작은 행사라도 반드시 후원을 원하는 기업이나 대상을 찾아낼 수 있다는 점과, 관광분야 최초의 시민단체에서 건전관광 실천을 위한 행동을 스폰서십을 통해 수행했다는 점도 주목해야 한다. 결국 교환편익 추구와 공동의 공공성publicity을 통해 상호간에 윈윈할 수 있는 스폰서십이야말로 유효한 사업 추진 수단이다.

제IX장
지역관광 활성화 상세 기술

Chapter Reviewer 박창규 교수

전남도립대학교 호텔관광과에 재직 중이며, 전공분야는 명소마케팅이다. 주요 관심 분야는 '지역관광의 명소화'로, 남도이순신길(백의종군로, 조선수군재건로), 담양오방길 등을 기획하였으며, 현재 전남 문화관광해설사 주임교수와 지역균형발전위원회 균형발전 옴부즈만으로 활동하고 있다. tourcity@dorip.ac.kr

1. 치유목적 여행지로서 섬 관광 활성화

치유여행이 새로운 관광트렌드로 주목받고 있는 시점에서 충남 서해안 지역에 산재된 섬 관광을 치유여행의 차원으로 업그레이드하여 새로운 관광수요를 창출할 필요가 있다. 섬 관광을 치유목적의 여행지로 전환하는 데에는 별도의 투자비가 들지 않고 현재 서해안 도서의 상태와 자원을 있는 그대로 활용하는 구슬꿰기식으로 가능하므로 즉시 시행이 가능한 방안이다.

치유형 섬 관광을 활성화하기 위해서는 두 가지 전략이 요구된다. 첫째 내일로 티켓[1]을 이용한 대학생 등 젊은층을 대상으로 보령역에 섬 관광 환승센터를 운영하고, 여기에 섬 여행 체험학교를 설치해 섬 여행이 치유여행이 될 수 있도록 제반 수칙을 사전교육하도록 한다. 순천만 갈대밭 관광이 순천역을 환승역으로 하는 내일로 티켓 이용자를 중심으로 점화되었다는 것을 상기할 때, 섬 관광 활성화 역시 내일로 티켓 이용자들이 선도적 표적시장이 될 수 있다.

둘째, 섬 관광의 타겟은 현재 가장 괄목할만한 양적 성장을 보이는 60대 액티브 시니어가 될 수 있다. 이들은 시간적으로 여유가 있고 가처분 소득에도 여유가 있으며, 웰빙에 대해 관심도 많아서 적합한 타겟일 수밖에 없다. 섬 관광을 활성화하기 위해서는 숙박시설과 접근성 등 관광 인프라를 개선할 필요가 있으나, 치유여행에서는 인프라 개선이 오히려 도서지역의 자연환경과 문화 등 고유한 매력을 상실시킬 수도 있기 때문에 비교적 인프라가 열악한 조건에도 방문하기를 원하는 몰입형 방문객을 유치해

---

1 내일로(Rail路) 티켓은 만 29세 이하를 대상으로 2007년 여름부터 코레일이 판매한 패스형 철도 여행상품이며, 점차 이용객이 늘어나고 있는 추세이다.

야 한다.

마침 치유여행은 편의성을 우선하는 패키지여행과는 달리 도서지역의 섬다움 그대로의 모습을 원하는 생활여행이므로, 치유 효과를 부각시키기 위해 섬 치유지수를 개발하는 것이 절대적으로 필요하다. 즉, 섬 생활여행 치유지수를 통해 각 섬에서의 치유력을 비교 가능하게 할 뿐만 아니라 방문객이 섬 관광 후 얼마나 치유가 될 수 있는가를 보여 주는 지표가 된다.

섬 관광 치유지수에는 자연환경 그대로의 섬 환경 여건과 잘 보존된 민속과 전통문화, 그리고 민박을 통한 주민과의 관계 형성에 더 높은 가치를 두기 때문에 섬 관광 인프라 개선을 위한 별도의 투자 없이 있는 그대로의 환경과 자원, 인심을 구슬 꿰듯이 엮어 방문객을 맞이할 수 있다. 섬 관광을 주도할 섬 여행 치유지도사는 섬 주민을 중심으로 교육을 하여 양성할 필요가 있다. 또한 이와 함께 섬 관광의 핵심이 될 수 있는 유람선해설사도 유람선 승무원을 대상으로 함께 양성되어야 한다.

2. 공급자 중심의 관광관리 기술

(1) 삼척 대금굴 모노레일 입장 사례

2000년대 초반 문화재청에서 문화재 활용이라는 개념을 도입할 때 어떻게 문화관광부의 관광과 차별화하느냐가 핵심적인 논점이었다. 여기서 필자는 "여러 가지 차별화를 모색할 수 있지만 가장 중요한 것은 관광은 수요자에 따라가는 것이고 활용은 공급자에 따라가는 것이다"라고 주장하였다. 문화재청은 보존과 보호가 우선이니까 공급자 중심이 될 수밖에 없으며, 같은 대상이라도 문화관광부가 접근하면 수요자인 관광객 중심이 될 수밖에 없다는 의미이다.

사드 문제로 중국인 관광객이 급감하면서 인바운드 시장의 다변화와 더불어 대량관광보다 품질관광에 대한 관심이 증대되고 있다. 품질관광의 핵심도 바로 수요자 중심보다 공급자 중심의 관광을 의미한다. 앞서 언급한 문화재 활용의 공급자 중심과 품질관광의 공급자 중심의 차이는, 전자는 양적인 문제와 관련되어 문화재 보호를 위한 수용력이 우선 고려되는 반면에 후자는 관광상품의 질적인 문제로 공급자가 보유한 자원성 활용에 대한 무게를 의미하는 것이다.

삼척 대금굴 입장객 수 제한 사례는 문화재 활용과 품질관광이 양립되는 공급자 중심 관리의 대표적 사례라 볼 수 있다.

삼척 대금굴은 이미 잘 알려진 환선굴 옆에 위치한 천연기념물이다. 문화재 현상을 변경할 때에는 문화재위원회의 허가를 얻어야 하는데, 대금굴을 개방할 때에는 특별한 조건이 부가되어 허용되었다. 즉 접근성이 불량하기 때문에 모노레일을 이용해서만 입장하도록 되어 있었고, 입장객 수도 모노레일 수용력에 근거하여 매일 40인승 18회 운행에 720명으로 한정하였다. 입장권 판매도 현장 판매보다는 인터넷 예매를 우선으로 하였으므로 인접한 환선굴의 무조건 입장에 익숙한 대부분의 방문객들에게는 불평의 대상이 될 수밖에 없었다. 그러나 이러한 불만도 개장 초기에 불과하였고 시간이 경과하면서 오히려 선발주자인 환선굴보다 더 매력적인 동굴로 인식되면서 공급자 중심의 품질관광 사례로 회자되기 시작하였다.

제주 선흘2리도 당초에는 생태관광 우수사례로 알려질 만큼 공급자 중심의 관리 성공사례였다. 거문오름이 세계자연유산으로 등재됨에 따라 거문오름 입구에 위치한 선흘2리는 이장님을 중심으로 마을해설가를 양성하고 마을해설가를 동반한 경우에만 하루에 300명까지 거문오름 입장을 허

그림 IX-1_ 삼척 대금굴(천연기념물) 모노레일 입장 사례

용하는 공급자 중심의 관리를 수행하였다. 그러나 앞서 언급한 바와 같이 세계자연유산센터가 거문오름 바로 앞에 설치되어 관리 주체와 동선이 바뀌는 바람에 주민 주도의 공급자 중심 관리 우수사례는 그만 사라져버리고 말았다. 세계자연유산이 위치한 지역의 주민들이 유산의 가치를 인식하고 주민과 유산이 하나가 되어야 되는데 그 사이에 자연유산센터가 들어와 둘 사이의 관계를 훼손시킨 것이다.

(2) 연천군 한탄강 활용의 적용 가능성[2]

연천군은 생태적 수용력에 근거하여 탐방객 수를 구간별로 차별적으로 제한하여 지질유산으로서의 한탄강의 보존도 추구하면서 관광 매력도를 높이기 위한 관리방안을 강구하였다. 사전예약을 통해 몰입도가 일정 수준 이상인 탐방객만을 대상으로 지질유산 보존을 위한 수요와 공급의 균형을 유지하여 탐방객의 만족도를 극대화시키는 데 집중하였다. 궁극적으로 한탄강의 자원적 가치를 이미 알고 있는 집단을 겨냥하여, 수요자 중심의 대량관광이 아닌 공급자 중심의 품질관광을 계획한 사례이다. 한탄강의 자연환경 보존과 이용이라는 상반된 목표를 동시에 얻기 위해서는 미국의 공원관리방식인 ROS(recreation opportunity spectrum) 방식에 의해 용도 지역으로 구분, 차별적으로 관리해야 한다.

  표 IX-1에서 보듯이 한탄강 유역의 비둘기낭은 적극 이용 지역으로 한탄강 탐방의 벌통 기능을 담당하게 되고, 바로 건너편에 위치한 교동 가마소도 보조 벌통으로 기능하도록 하여 탐방객이 한탄강을 방문할 때 숙박이

---

2 연천군이 수립한 한탄강 지질유산 활용 계획 용역에 필자가 공동연구자로 참여하면서 작성한 관광 관련 내용을 요약 게재하였다.

표 IX-1_ 한탄강 지질유산의 ROS

편리성/안전성 ←	(양자의 중간) →	자유/정적
상시이용구역	제한이용구역	보존구역
• 비둘기낭 • 교동 가마소 • 화적연	• 한탄강 대교천 현무암 협곡	• 아우라지 베개용암(군사지역인 관계로 협의하면 주말에만 개방) • 구라이골 • 샘소(도보로 접근이 어려움) • 멍우리 주상절리대

나 캠핑, 식당 등의 편의시설을 세울 수 있도록 토지 이용을 허용해야 한다. 이와는 반대로 아우라지 베개용암이나 구라이골, 샘소, 멍우리 주상절리대는 원칙적으로 개방이 안되지만 관리자와 동반해 제한적으로 입장이 가능한 지역으로 보전 관리한다. 이 중간에 위치한 한탄강 대교천 현무암 협곡은 인공시설의 입지가 불가하고 탐방객도 인공적인 장비가 없이 자연적인 활동만 허용되는 중간 단계의 관리지역이라 할 수 있다.

이렇듯 차별적인 관리정책에 따라 탐방객 시장을 세분화하여 차별화 마케팅을 하면 결국 공급자 중심의 관리전략에 의거한 지질유산 보존은 물론 몰입된 탐방객의 만족도 제고에도 기여할 수 있다.

3. 체류시간 증대와 관광자원 연계를 위한 관광교통수단

관광교통은 목적지인 관광지까지의 교통수단을 의미하지만 관광지 내의 탈거리도 포함된다. 관광지 내의 교통수단은 고정시설 투자를 최소화하면서 재미와 체험을 이끌어낼 수 있다는 점에서 그 역할이 주목된다. 기존의

그림 IX-2_ 문경 레일바이크

폐철도를 이용한 문경 레일바이크와 같은 관광교통수단은 탈거리 역할은 물론 관광객들의 체류시간을 늘리고 이동 범위를 확대하는 새로운 기능을 창출하고 있어 화제가 되고 있다.

체험관광시대에 접어들었다고는 하지만 언제든지 체험이 가능한 시설과 프로그램은 사실 많지 않다. 농어촌관광도 예약 위주의 단체관광에만 신경을 쓰고 있으며, 각종 축제의 체험 프로그램도 개최 시기가 제한적이기 때문에 개별 관광객이 원하는 시기에 언제든지 체험이 가능한 곳을 찾기는 어려운 실정이다. 결국 관광지 안팎의 음식체험밖에 가능하지 못한 현실에서 체험관광 수단인 레일바이크와 둘레길이 가지는 의미는 상당하다.

특히 레일바이크는 인기가 있음에도 불구하고 수용력이 제한되어 있어 일찍 도착해서 표를 사지 않으면 대기시간이 길어질 수밖에 없다. 그러므로 문경에서 레일바이크를 타려고 할 때에는 바로 인접한 석탄박물관 등의 관광자원을 방문하거나 인근에서 점심식사를 하게 되어, 체류시간과 객단가의 증대, 이동 동선의 확장으로 인한 관광자원 간의 클러스터링 등 긍정적 효과가 발생하게 된다.

경주 스카이월드에서 체험할 수 있는 계류형 헬륨 기구는 150m 고도에서 세계문화유산과 역사문화의 도시인 경주를 한눈에 볼 수 있는 장점이 있어 많은 사람들이 몰리는 관광교통수단이다. 탑승 시간은 30분 내외이나 많은 사람들이 방문 시에는 대기시간이 길어지므로 이 시간을 활용해 바로 인접한 승마체험이나 꼬마기차 체험 등의 시설이 들어오는 등, 클러스터링 효과를 창출하고 있다. 동선의 차이는 있어도 문경 레일바이크의 인접한 자원 간의 클러스터링이나 경주 헬륨기구의 체험 프로그램 간의 클러스터링 효과는 마찬가지이다.

(1) 수원화성 계류형 헬륨기구와 벨로택시

2016년 세계문화유산 수원화성에서도 헬륨기구 논란이 있었다. 그간 각종 복원 비용을 시가 부담하면서 관광수입 창출에 대한 압력도 있었고, 무엇보다도 아름다운 화성 성곽을 상공에서 조망할 수 있으면 좋겠다는 염원에서 수원화성 성곽 인근에 계류형 헬륨기구를 설치하는 것을 신중히 검토하였다. 두 가지 논점은 30m 이상의 높이로 띄운 계류형 헬륨기구가 성곽 등 역사 경관을 훼손할 가능성이 크다는 점과, 헬륨기구 장치를 고정시키기 위해 800평 규모의 유보 공간이 필요한데 이 점을 고려해 어디에 위치시키는 것이 적합할 것인가에 관한 것이다. 마침 수원시에 관광과가 창설된 시점이라서 이들을 중심으로 문화재위원회를 설득하여 방문객들이 상대적으로 덜 찾고, 간선도로에서의 시각적 경관 훼손도 적고, 계류공간 부지의 확보가 가능한 창룡문 주차장으로 입지가 결정되었다.

당초 2016년 수원화성 방문의 해 기간에 한시적으로 운영하려고 했던 수원화성 헬륨기구는 행사기간 중에 성황을 이루고 현재까지도 잘 운영되고 있다. 2013년의 생태교통축제가 노력과 투자비에 비해 성과를 제대로 평가받지 못한 반면 헬륨기구는 민자유치 사업임에도 성공적으로 평가받는데, 그 이유는 헬륨기구의 설치에 대한 반대 의견에 대해 수원시 관광과가 상황적 맥락situational context을 감안한 마중물 사업임을 이해시켰기 때문이다. 즉 2016년 수원화성 방문의 해를 성공적으로 수행하기 위해 탈것이 필요하며, 이 기간 동안 운영해 보고 문제가 있으면 바로 해체할 수 있다는 마중물 사업의 성격을 강조한 이유로 반대론자의 압박을 피해갈 수 있었다.

실제 운영 결과 경관 훼손은 우려한 만큼 크지 않았고 탑승객 반응과 체류시간 증대로 긍정적인 영향을 미쳤기 때문에 지속적인 운영을 보장받을 수 있었다. 단지 수원화성 인접 지역 중 가장 관광 영향이 적은 창룡문 인근 지역의 활성화를 위해 다른 관광자원(예: 지동 벽화골목)과의 클러스터링은 아직 미흡한 실정이므로 이를 개선할 필요가 있다.

벨로택시는 생태교통축제 때 선보인 관광교통수단으로, 현재는 인기 있는 탈거리 중 하나로 인정받고 있다. 관광객 만족도 제고를 위한 탈거리로도 중요하지만 지역주민 고용 창출(벨로택시 운전수)의 기회도 제공하고 있어 일거양득의 효과를 보여 주고 있다. 이미 수원화성에서 유명한 화성열차는 이름을 어차로 업그레이드하고 노선도 증설하여 성황리에 운영되고 있는 성공적인 관광교통수단 중의 하나이다.

(2) 관광교통수단의 변화 가능성

관광경험을 풍부히 하고 탈일상성을 강화시키기 위해 관광교통수단에 가미될 사항들은 무엇이고, 관광교통수단의 역할에 더 부가할 수 있는 기능은 무엇일까? 수원화성 어차와 안동 하회마을 버스를 사례로 알아보자.

1) 수원화성 어차

수원화성의 어차는 과거 화성열차의 외양과 기관을 업그레이드하여 이름도 바꾸고 노선까지 늘린 것으로, 많은 방문객들의 사랑을 받는 관광교통수단이다. 대부분의 나들이형 방문객들이 우선적으로 이용하게 되는 화성어차에서부터 화성관광에 대한 커뮤니케이션은 일어나게 된다. 단순히 탈거리가 아닌 문화관광해설사와 함께하는 커뮤니케이션 매체의 기능도 부가할 수 있고, 보다 3차원적인 탈바꿈을 원한다면 화성어차를 타임캡슐로보고 재현배우를 활용해 200년 전으로 돌아가 스토리텔링하는 신개념 커뮤니케이션 공간으로 활용할 수도 있을 것이다. 여기에 운전수는 물론 안전도우미도 조선시대 복장을 한 스탭 재현배우로 분장한다면 더욱 시대감에 몰입할 수 있을 것이다. 물론 항상 이렇게 타임캡슐화하는 것이 어렵다면 화성문화제 기간 중만이라도 마중물 사업으로 시행하는 것이 좋지 않을까? 화성어차가 안동 하회마을 버스와 비교해 여러 면에서 앞서가고 있지만 기능면에서 부가되어야 할 사항은 교통 연계 기능이다. 안동 하회마을은 앞서도 언급하였듯이 벌통으로서 주차장과 편의시설로부터 마을 입구까지 연결하는 교통수단으로 버스를 활용하고 있다. 이와 같이 수원화성에도 적용하면 현재 구도심 화성행궁 주차장을 비롯해 성곽 내 주차장이주말이나 화성문화제 기간 중에는 만차인 경우가 많으므로 벌통 역할을 하는 주차장을 임시로 도심 외곽(수원야구장 등)에 설치하고 이곳에서 화성어차로 이동하게 하는 전략을 구사하여 기존의 탈거리 기능에 벌통 연결 기능을 부가한다면 관광교통의 모범사례가 될 것이다.

2) 안동 하회마을 버스

안동 하회마을 방문 시 대부분 개별 방문객들은 마을 입구 훨씬 앞의 상가 주차장에 주차하고 일반버스로 마을 입구까지 이동하게 된다. 일반버스를 활용해 벌통에서 꽃(목적지)까지 이동시키는 방안은 매우 실질적이고 현명한 원 소스 멀티 유즈one source multi use: OSMU 사례이기도 하지만 탈일상성을 추구하는 관광객의 입장에서는 이 구간을 일반버스보다는 화성어차와 같은 테마형 탈거리를 활용해 이동하는 감성적 체험을 원할 것이다. 이동시간 중 문화관광해설사가 탑승하여 하회마을의 스토리를 미리 이야기해 준다면 기대감을 높여 만족도 제고에도 기여할 수도 있을 것이다. 더불어 관리 운영면에서는 화성어차와 같은 이동 수단이 투자비에 비해 수익률이 좋으므로 수입도 증대될 것으로 판단된다.

수원화성 어차와 안동 하회마을 버스는 서로 상반되는 사례인데, 화성어차의 경우 외형적인 테마를 부여한 탈거리로 인기를 끌고 있지만 스토리텔링면에서 콘텐츠를 더 보완할 필요가 있으며, 성수기에 주차난의 해결책으로 외곽에 주차하고 원도심으로 이동하는 관광교통수단으로 활용된다면 금상첨화일 것이다. 반면에 안동 하회마을 버스를 수원화성 어차와 같이 테마형 탈거리로 바꾼다면, 방문객들의 감성체험을 유발하고 수입도 올리는 일거양득의 효과를 얻어낼 수 있을 것이다.

4. 관광성과 평가 기술

관광성과output를 수요자 차원에서 객관적으로 평가하기 위해서는 일단 관광객의 경험을 분석하는 것이 필요하다. 과거에는 관광객 만족도가 질적인 평가기준이었지만 이것은 연구자가 의도적으로 만들어낸 기준이고 실제 관광객이 지각하고 반응하는 지각 구조체cognitive construct로서 탈일상성 정도와 즐거움이 관광성과output의 질적 평가 기준이 되고, 그들의 관광결과outcome는 행복감과 치유 및 회복 정도가 질적 평가기준이 될 수 있다. 그러나 관광성과를 수요자 개인 차원disaggregate level이 아닌 집단적인 관광 차원aggregate level에서 평가하려면 보다 객관적이고 양적인 평가기준이 필요하다. 이러한 평가기준이 바로 비수기 타개 정도와 체류시간 및 객단가, 그리고 재방문 증대이다. 다시 말하면 비수기 타개와 체류시간 및 객단가 증대, 재방문 증대를 통해서 관광성과를 제고하고 관리해 나갈 수 있다는 의미이다.

(1) 비수기 타개

비수기는 관광자원의 계절성seasonality으로 인해 나타나는 현상이다. 물론 주중 비수기도 있으나 이보다는 보통 계절성으로 나타나는 겨울 비수기, 여름 비수기를 일컫는다. 비수기는 관광자원의 유형에 따라 달라질 수 있으나 표 IX-2 무주리조트의 경우와 같이 여름시장과 겨울시장으로 세분화할 경우 각 세분시장별로 비수기를 찾아내는 것이 바람직하다. 다시 말하면 여름시장 즉 계곡과 산을 찾는 사람들의 비수기는 겨울철이고, 스키를 즐기는 사람들의 비수기는 여름철이 된다는 의미이다.

　　비수기를 분석하기 위해서는 첫째로 시장 세분화가 우선되어야 한다.

표 IX-2_ 무주리조트 세분시장별 방문객 수 추이

연도	연간 방문객 수	7~8월(여름 시장)	12~2월(겨울 시장)
1991년	453,421	134,341	159,260
1992년	1,006,437	381,251	370,419
1993년	1,047,725	279,343	478,826
1994년	1,310,703	302,688	700,887
1995년	1,347,131	332,594	698,474

시장 세분화는 활동유형별, 동반유형별, 연령별 등의 기준에 의해 가능하며 관광자원의 특성에 따라 시장 세분화 기준변수는 달라진다. 즉 세분시장별로 월별 방문객 수 추이를 살펴보는 것도 중요하지만 주중과 주말의 방문객 수 비율이 일정 비율(예: 30%) 이하면 주중 비수기도 구분해 보는 것이 좋다.

둘째로, 비수기는 관광 매력물의 개장 후 10년과 10년 이후를 나누어 분석하는 것이 좋다. 개장 후 10년 간은 최초 방문객의 확산 기간이다. 보통 개장 후 2~3년을 정점으로 방문객 수가 점차 줄어들면서 재방문객도 조금씩 늘어나는 현상을 보이므로 특히 개장 초기에는 최초 방문객 수와 재방문객 수를 세분화하여 비수기를 분석해야 한다. 즉, 개장 후 4~5년까지는 최초 방문객 수의 월별, 주중, 주말의 차이를 비교해 볼 필요가 있지만, 그 이후에는 재방문객들의 관점에서 비수기를 분석하는 것이 타당하다. 물론 10년 이후에는 관광지 전체적인 관점이 아니라(오프닝opening 이노베이션이 끝났다고 봄), 새롭게 도입된 시설이나 시도된 이벤트의 개별 관점(매니지먼트management 이노베이션 시작)에서 최초 방문객과 재방문객의 비수기 추이를 분석하는 것이 타당하다.[3]

셋째로, 비수기를 근본적으로 타개하기는 어려우므로 비수기를 최소화하고 성수기를 최대화하는 전략이 요구된다. 과거 용인자연농원(에버랜드의 전신)이 12월과 1월 비수기를 타개하기 위해 눈썰매를 도입하였고, 4월 튤립축제와 6월 장미축제를 통해 5월 봄나들이 성수기를 연장한 것은 국내의 대표적 비수기 타개 성공사례라 할 수 있다.

(2) 체류시간, 객단가 증대

체류시간과 객단가는 서로 상관관계가 큰 변수이다. 객단가를 높이기 위해서는 관광지 내에서 체류하는 시간을 늘려야 하는데, 가장 대표적인 사례가 디즈니월드의 마법의성 레이저빔쇼이다. 방문객들이 밤에 개최되는 이벤트를 보려고 하다 보니 체류시간이 늘어날 수밖에 없으며, 체류시간이 늘어나다 보니 저녁식사를 관광지 내에서 해결하게 되어 객단가가 늘어나게 된다. 가족형 관광지에서 체류시간 증대를 위한 이벤트는 보통 어린이들을 대상으로 진행되는 경우가 많은데, 이는 부모들의 자녀 사랑 욕구를 겨냥한 것이다. 객단가 증대에 영향을 미치는 또 다른 요인은 앞서 언급한 탈거리, 먹거리, 살거리 등의 개발과 함께 가족할인과 같은 가격 전략을 통한 마케팅 노력이 될 수도 있다.

농촌관광의 대명사로 알려진 양평군 수미마을의 객단가는 2만원 정도인데, 이는 봄 딸기축제, 여름 메기축제, 가을 몽땅구이축제, 겨울 빙어축제 등 '365일 축제'라는 캐치프레이즈를 내걸고 각종 체험 프로그램을 운영하기 때문이다. 그래서 비수기도 최소화하고 객단가도 증진하는 경영 우

---

3 오프닝 이노베이션은 새로운 관광지 개장에 따른 방문객 수 변화를 의미하는 반면, 매니지먼트 이노베이션은 오프닝 이노베이션의 효과가 없어진 이후에 관리 수단으로 시도한 새로운 시설이나 이벤트 등의 도입에 따른 방문객 수 변화를 의미한다. 새로운 관광지나 시설 설치 후 방문객 수 변화는 이노베이션이 타겟 마켓에 확산되는 과정이라는 혁신확산모형에 근거해 필자가 작명하였다.

수마을일 뿐만 아니라 수익의 공정 배분을 통해 주민 참여를 촉진하는 모범적인 마을이기도 하다.

(3) 재방문 증대

재방문은 개별 관광경험의 결과outcome인 치유와 행복감이 유발하는 관광객 행동이다. 재방문객이 중요한 이유는 최초 방문객을 유치하는 것보다 비용이 적게 들 뿐만 아니라 이전 방문을 통해 무엇을 경험할 것인가를 인지하고 있기 때문에 보다 몰입되고 충성된 행동을 보일 수 있다는 점이다. 그러므로 최초 방문객들을 재방문객으로 만들지 못하고 최초 방문객만을 유치하려고 하면 비용은 더 커질 수 밖에 없다. 그러면 최초 방문객을 재방문객으로 만들기 위해 가장 필요한 것은 무엇인가?

치유와 행복감을 느낄 수 있는 가장 중요한 선행변수는 탈일상성이며, 탈일상성은 관광자원의 고유성과 방문객의 일상성, 그리고 체험 방법(몰입정도)에 기인하므로 이에 근거한 적극적인 마케팅 전략이 요구된다.

먼저 체험 방법은 앞서 Ⅱ장, Ⅲ장에서 언급한 현지인 모드의 생활여행 시 장소체험에 있어서는 관광자원의 고유성에 근거해 감성적hedonic 체험을 극대화하는 전략(예: 수원화성의 경우 팔달산을 수목원으로 조성해 4계절 감성체험장으로 전환하는 방안)이 필요하다. 또한 관계체험을 위해서는 주민해설사나 재현배우를 통해 상호 소통하는 방법과 주민들이 즐겨 찾는 전통시장이나 향토음식점, 민박 등을 통해 현지인과 만날 수 있는 다양한 접점을 만들어야 한다. 일탈체험은 전문 재현배우를 통한 스토리텔링 퍼포먼스나 '나도 재현배우'의 형식을 빌린 한복체험 등을 통해 강화될 수 있다. 일탈체험과 장소체험, 관계체험을 통해 탈일상성과 즐거움이 고조되고 이를 통해 치유와 행복감이 생기면 재방문의 가능성은 높아질 수밖에 없다.

　재방문을 창출하기 위해 중요한 것은 방문객들을 그들의 일상성에 따라 세분화한 후 차별적 마케팅을 구사해야 한다는 점이다. 앞서 언급한 세 가지 체험이 방문객에게 제대로 어필되려면, 방문객들을 세분화하여 관리해야 한다. 수원화성의 경우 나들이형 방문객과 답사형 방문객들은 방문 동기부터 다르므로 마케팅 전략, 좀 더 구체적으로 커뮤니케이션 전략이 차별화되어야 한다. 나들이형 방문객은 자기회피 동기가 상대적으로 강하므로 관계체험이나 일탈체험을 선호하는 반면, 답사형 방문객은 자기확장 동기가 상대적으로 강하므로 장소체험과 관련된 활동을 선호하게 된다.[4] 그러므로 수원화성의 경우 우선적으로 답사형 방문객과 나들이형 방문객을 세분화하여 관리하는 것이 타당하다. 제Ⅳ장에서 두 집단을 각각 타겟으로 스토리텔링형 지도를 제작한 후 이용 효과를 실험한 이유도 이 때문이다. 거듭 말하지만 비수기 타개, 체류시간 및 객단가 증대, 재방문 증대가 바로 지역관광 활성화를 지속가능하게 하는 3가지 핵심 요인이다.

5. 지역다움 창출을 위한 문화영향평가

문화기본법에 명시된 문화영향평가가 2015년 시범평가 과정을 거쳐 2016년부터는 15개 사업을 대상으로 개별평가 차원에서 시행되었다. 문화영향평가가 향후 가져올 임팩트는 전방위 차원에서 적지 않을 것으로 판단되나 시행 초기는 환경영향평가보다 당위성 측면에서 떨어지므로 난관을 겪을

4　김지효(2016), 탈일상동기와 관광지 현장체험, 치유효과 간의 인과관계 분석, 경기대학교 대학원 박사학위 논문(지도교수: 엄서호).

것으로 예상된다.

　문화영향평가는 문화기본권, 문화정체성, 문화발전을 평가영역으로 삼고, 공공부문 각종 개발계획과 정책수립을 할 때 문화적 관점에서 국민의 삶의 질에 미치는 영향을 분석하여, 긍정적 영향을 확산하고 부정적 영향을 최소화할 수 있는 방안을 마련하여 문화적 가치가 사회적으로 확산될 수 있도록 하는 제도이다.[5] 한국문화관광연구원이 잡은 골격을 보면 영향권 범위 설정이나 문화영향평가 결과outcome 차원에서 문화의 기본단위인 지역과의 연계가 부족해 보인다. 문화영향평가의 성과output는 문화기본권 침해 방지, 문화정체성 훼손의 최소화, 문화발전 촉진 등에 두고 있고, 결과outcome를 문화가치 확산, 문화역량 강화, 삶의 질 향상으로 삼고 있으나 평가대상이 되는 사업주체들이 그 결과를 공감하고 수용하는 상황은 아니다. 문화영향평가의 주관기관인 한국문화관광연구원은 문화라는 접점을 통해 평가주체와 평가대상이 교감할 수 있다고 생각할지는 모르지만 적어도 시행 초기에는 문화영향평가의 수요자를 국민뿐만 아니라 평가대상자도 포함하고, 평가주체의 평가항목의 부정적 영향을 최소화하고 긍정적 영향을 강화시키는 방법으로 평가대상자를 유인해야 사업이 원활하게 추진될 것이다.

　문화영향평가 항목의 초점을 문화적 가치 확산에만 둔다면, 평가대상 사업주체들의 관심을 끌기 어렵기 때문에 문화적 가치 확산을 통해 유발되는 유무형의 편익도 포함하도록 재구성되어야 한다. 더욱이 문화영향평가의 결과가 단지 지속가능한 발전과 삶의 질 향상 차원에서만 제시되지 말고 평

5　2016년 8월 31일 경기연구원이 주최하여 경기청년문화창작소에서 개최된 문화영향평가제도의 추진 방향과 활용 방안에 관한 문화영향평가 워크샵에서 발표되고 논의된 내용을 지역관광 활성화 차원에서 재구성한 글이다.

가대상자가 구체적으로 공감할 수 있는 문화적 가치 확산의 유형적 결과를 보여 주어야 한다. 그 중 하나가 지역다움[6] 창출이며, 이것이 차별화와 브랜딩을 통해 평가대상 사업이 경쟁우위를 점할 수 있다는 공감을 불러 일으켜야 할 것이다. 왜냐하면 지역다움이야말로 지역의 역사, 전통, 창조, 생활, 여가문화가 축적 융합되어 나타나는 결과[7]로, 평가대상이 추구하는 지역 활성화의 필수요소인 지역 브랜딩의 기초가 되기 때문이다.

지역다움 창출의 지향점을 문화영향평가의 목표인 문화적 가치 확산과 평가대상 사업의 목표인 지역 활성화에 같이 두지 않는다면 평가대상 사업의 주체는 문화를 단지 본인들의 목표를 달성하기 위한 수단으로만 생각하고 해당사업에 문화를 상업적으로만 채워 넣는 우를 범하기 쉽다. 환경영향평가나 교통영향평가와 같이 영향평가의 계량화가 쉽지 않고 시급성[8]이 상대적으로 떨어지는 문화영향평가를 확산시키려면 수요자가 평가 대상자보다 덜 수동적으로 참여하게 하는 의도적 노력이 필요하다.

이러한 관점에서 볼 때 평가대상자가 문화영향평가를 통해 얻을 수 있는 편익은 다음과 같다. 첫째, 차별화된 지역, 직장의 생활문화 창출이다. 특화된 문화는 바로 관련 집단의 정체성 형성은 물론 자긍심을 고취시킨다. 둘째로, 지역, 기관의 인지도와 선호도를 제고하여 브랜드파워를 형성한

---

6 지역다움이란 지역의 자연환경과 역사·전통·창조·생활문화를 바탕으로 형성된 지역 정체성이 주민과 방문자에게 공유된 장소 이미지로, 주민에게는 자긍심, 방문자에게는 고유성의 형태로 생활여행을 유발한다.

7 지역다움의 결과는 생활여행 즉 현지인 모드 여행이라는 새로운 관광 트렌드(제주 한달살기 여행, 템플스테이 등)를 창출하고 있으며, 생활여행자는 준주민으로 분류되어 향후 주민등록자들과 함께 그 지역의 경제활동인구에 큰 비중을 차지할 것이기 때문이다.

8 환경영향평가가 잘못 되었을 때 자연이 한번 훼손되면 복구하기가 매우 어려우며, 교통영향평가가 잘못 되었을 때 교통 혼잡과 체증이 바로 실생활에 불편을 초래하는 반면, 문화영향평가의 경우 문화적 가치 고려 미흡의 결과로 실질적 불편을 공감하기 어렵고, 기회비용의 측정도 쉽지 않은 경향이 있다.

다. 셋째로, 문화영향평가를 통해 평가대상지의 새로운 문화가치를 창출할 수도 있다. 예를 들면 경기도 신청사 건립과 관련해 문화영향평가 과정에서 신청사를 랜드마크적 문화유산이 될 수 있도록 상징성과 건축적 가치를 고려해 조성하면 인접한 수원화성과 광교 호수공원을 연계하는 관광벨트가 가능해진다. 특히 경기도 신청사 앞의 환승센터는 수원역에서 민속촌과 에버랜드 등과 연계되는 경기남부권 관광환승센터의 일부 기능을 흡수하게 되어 새로운 문화적 영향권을 창출하게 될 것이다. 넷째로, 문화영향평가를 통해 일자리 창출 문제를 다소나마 해결할 수도 있다. 지금까지의 일자리 창출은 고용안정과 노후대책을 위한 생계형 일자리에만 집중해왔지만, 향후에는 성취감을 목표로 한 여가문화형 일자리 창출도 중요하기 때문이다.[9] 이러한 편익을 감안할 때 초기 단계에 시행되는 문화영향평가는 평가 대상자들에게 지역 활성화를 통해 지역다움을 창출할 수 있도록 컨설팅 차원에서 시행되는 것이 마땅하다.

문화영향평가의 영향권 구분을 공간적 범위에만 의존하는 것도 문제이다. 평가 대상지와 인접한 지역과 그렇지 않은 지역으로 구분해 수요자 문화 니즈를 파악하는 것은 물론이고, 평가대상사업의 이해관계 정도에 따라 수요자를 세분화하는 것도 필요하다. 2016년 경기도가 시행한 시범사업인 '경기도 신청사 건립사업 문화영향평가'의 경우에도 공간적 범위에만 의존해 광교, 용인, 수원 지역과 기타 지역으로만 영향권을 구분하고 있으나,[10] 이

---

9 경상북도 내 공공기관들이 시행 예정인 주4일근무제가 전국적으로 확산되면 금·토·일요일을 중심으로 한 여가문화형 일자리 창출이 가속화될 수밖에 없다. 생계형 일자리는 나누어 공유하는 형태로 진전되는 반면 여가문화형 일자리로 부족한 부분(성취감, 존재감)을 보완하는 정책이 필요할지도 모른다.
10 경기도 경기문화재단(2017) 문화영향평가 전문가 포럼: 경기도형 문화영향평가 모델 개발 자료집, p.39

와 함께 신청사 관련 이해관계 정도에 따라 실제 이용할 도청 직원 집단, 민원인 집단, 그리고 일반 주민으로 나누어 문화 영향 정도를 평가하는 것이 각기 다른 문화 니즈를 수용하는 데 유효한 접근일 수 있다.

문화영향평가의 대상 사업으로 문화요소에 대한 고려가 꼭 필요해 보이는 타 부처 사업만 한정하는 것도 설득력이 떨어진다. 일부라도 문화체육관광부가 주도하는 문화융성사업 또는 문화향유권제고사업 등에 적용하여 문화 가치를 증대하는 노력과 처방을 해 주는 것이 더욱 의미가 있다. 향후 개선이 되겠지만 전반적으로 수요자 위주라기보다는 공급자 위주로 문화영향평가를 시행하고 평가 지침을 작성한 듯 하다. 다시 말해 문화영향평가의 실질적 수요자는 일반 국민이기 때문에 문화영향평가 대상 사업주체는 고려할 필요조차 없다고 생각한다면 문화영향평가 제도가 정착되기 어렵다는 점을 인식하고, 이러한 태도를 전면적으로 바꿔야 한다.

지역다움 창출과 가장 관련이 깊은 문화영향평가지표는 '문화정체성'이라는 평가항목 중 '문화유산 및 문화경관에 미치는 영향'이란 평가지표와 '공동체에 미치는 영향'이라는 평가지표라 할 수 있다. 특히 '문화유산 및 문화경관에 미치는 영향'을 평가할 때 '문화유산 및 문화경관의 보호와 활용'이 세부 지표로 들어가 있는데, 이를 지역다움이 창출될 수 있도록 정제한다면 다음과 같이 정리될 수 있다.

1) 문화유산 및 문화경관의 보호
• 현행법에 의한 문화유산 및 문화경관 보호 노력
• 문화유산 영향권의 공간적 범위 설정과 이해 관계 집단 세분화
• 문화유산 보호로 인한 주민 피해 최소화 노력

2) 문화유산 및 문화경관의 활용

• 문화유산 보호로 인한 피해 관련자 활용 기회 우선 부여

• 주민참여형 문화유산 활용 방안 강구

• 주민 여가문화 창달과 관광 콘텐츠 활용

• 여가문화형 일자리 창출

3) 문화유산 영향권 관리[11]

• 문화유산 영향권 내 차별화된 생활문화를 관광 콘텐츠로 활용[12]

• 문화유산 영향권 내 마을 활용 거점화

• 문화유산 영향권 내 생활문화를 문화유산과 연계하여 차별화

---

11 유산영향권heritage impact zone이란 문화유산, 농어업 유산, 근대 유산 등 인류가 남긴 유형 유산은 물론 자연유산의 긍정적, 부정적 영향을 받을 수밖에 없는 범위 내 마을과 지역을 지칭한다. 일반적으로 유산 보존을 위해 영향권은 현상 변경 허가 등 각종 행위 규제를 받게 되므로 재산상 불이익이 클 뿐더러 해당 유산의 보존과 활용 관련 의사결정 과정에서 간과되는 경우가 적지 않다. 더욱이 유산 보존과 활용의 관점이 해당 유형 유산에만 한정되어 있어 주변 정비라는 명분 아래 오랜 기간 유산의 영향 아래 다른 지역과 차별되게 형성되어 온 영향권 지역문화 자체를 심층 연구조사와 아카이빙 작업 없이 해체하는 경우도 있었다. 유산 영향권 관리 수단으로서 관광 기술에 대해 제 V 장에서 구체적으로 기술되었다.

12 세계문화유산인 고창 고인돌공원 조성과 이주단지 개발 시 기존 고인돌 관련 생활문화를 보존하고 관광 콘텐츠로 활용하는 데 실패한 사례가 있다(예: 장독대로 사용된 고인돌 등).

6. 지역관광의 보편성 확보를 위한 한국관광 품질 인증[13]

(1) 관광 품질 인증의 의미

한국을 찾는 외국인 관광객이 1,000만 명을 돌파한 것이 2012년인데 불과 4년만인 2016년 1,700만 명을 기록해 2,000만 명 돌파를 눈앞에 두고 있다. WTO가 2016년 발표한 국가별 외국인 관광객 수 순위에서 스페인이 4,000만 명으로 1위이고, 우리나라는 20위를 차지하고 있어 양적인 측면에서는 이제 관광강소국의 대열에 입성했다고 할 수 있다.

이러한 양적 성장은 중국인 관광객 급증에 따라 이루어진 것인데, 사드 배치로 인한 중국의 보복 조치로 중국인 단체 관광객이 급감하는 것을 볼 때 시장을 다변화할 필요가 있다는 것을 절실히 체감하게 된다. 그러나 한 편으로는 이러한 위기의 순간이 한국관광의 양적 성장과 더불어 질적 성장을 도모하는 계기가 될 수도 있을 것이다. 질적 성장이란 관광객 1인당 지출액, 체류기간, 방문지 분산, 주민 소득 체감도 등을 더욱 강조하여 관광객 숫자보다는 관광 수입 분야에 더 무게를 두는 관광 발전 방향이다.

한국관광의 질적 성장을 위해서는 우선적으로 관광산업의 체질개선과 함께 한국 고유의 관광 콘텐츠를 꾸준히 개발해야 할 것이다. 무엇보다도 한국관광산업의 체질개선을 위해서는 관광객들의 니즈에 맞추어 관광 서비스를 선진화하는 작업이 필요하다. 이제까지는 양적 성장 위주의 대량

---

13 2017년 한국관광공사가 양성한 한국관광 품질평가요원 1기로 참여하면서 한국관광 품질인증 제 시범사업의 의미를 필자 나름대로 새겨본 글이다. 지역관광의 의외성은 지역다움의 창출을 통해 가능하지만 지역관광의 보편성은 관광 인프라 중 가장 기본인 숙박시설의 품질관리에서부터 시작된다고 볼 수 있다. 숙박시설의 보편성 결여(보편적 기대 수준 이하)는 관광 불만족으로 바로 이어지는 반면, 지역다움에 의한 의외성 창출(보편적 기대 수준 이상)은 관광 만족을 넘어 감동으로 확장될 수 있다.

관광 추세 앞에서 관광객의 니즈보다는 공급 여건 확충에만 집중해 왔으나 이번 중국인 단체 관광객 급감에 따른 양적 성장 환경의 변화를 통해 질적 성장을 위한 준비가 보다 시급하다는 것을 절감하게 되었다.

한국관광의 질적 성장은 관광산업의 눈높이를 공급자에서 관광객으로 맞추는 변화 속에서 시작된다. 현재 관광객들을 수용하고 있는 숙박시설과 쇼핑시설, 음식점 등 편의시설이 과연 관광객의 니즈에 부응하고 있는가를 점검하는 것이 우선적으로 필요하다. 2016년 문화체육관광부가 발주하고 한국관광공사가 시행한 '한국관광 품질인증제 시범사업'은 질적 관광으로의 패러다임을 전환하기 위한 마중물 사업 차원에서 시작되었다. 시범사업인 만큼 별도의 인증체계를 가진 관광호텔을 제외한 일반, 생활숙박업과 외국인관광 도시민박업, 한옥체험업, 관광면세업 중 총 카드 매출액 대비 외국인 카드 매출액이 5% 이상인 사후 면세점을 대상으로 하였다. 인증 신청업체를 대상으로 고객관리, 시설 및 안전, 서비스 수준 등을 서류평가, 현장평가, 불시 또는 암행평가를 통해 점검하여 70% 이상의 점수를 기록한 업체만 인증을 부여하였다.

한국관광 품질인증제 시행은 양적 성장에서 질적 성장으로 전환하기 위한 관광산업 체질개선 프로젝트라는 데 의미가 있다. 최근 관광진흥법이 개정되어 국제 기준에 맞춘 별등급 호텔업 등급 결정을 실시하게 되었다.[14] 외국인 관광객 입장에서는 별 등급 확인 없이 호텔 간판만 가지고는 관광진흥법상 관광호텔인지 공중위생관리법의 일반숙박업인지 구별할 수 없을

---

14 호텔의 시설과 서비스의 수준에 따라 부여되는 호텔 등급이 종전에는 무궁화로 표시되었으나 2016년부터는 별 표시 방식으로 변경되었다. 호텔 등급의 결정은 문화체육관광부 장관이 민간 법인에 위탁할 수 있도록 법제화되었다. 현재 등급 결정의 공정성과 신뢰성을 확보하기 위해 공공기관인 한국관광공사에서 맡아 진행하고 있다.

것이다. 자칭 일반 호텔들은 일반숙박업이나 생활숙박업으로 공중위생관리법의 적용과 관리를 받기 때문에, 서비스나 시설 수준이 등급 심사가 의무화된 관광호텔과 같을 수 없다.

외국인이 즐겨 찾는 일반, 생활숙박업소 등 편의시설에 한국관광 품질인증마크를 부여한다는 것은 작게는 관광객의 구매 리스크를 줄인다는 면에서, 크게는 한국관광 서비스의 보편성 유지를 통해 질적 성장을 도모한다는 면에서 매우 중요한 시도이다. 한국관광 품질인증을 자발적으로 신청한 일반, 생활숙박업소가 관광객 입장의 까다로운 인증 기준을 맞추기가 쉽지는 않겠지만 인증마크 획득 시 관광산업으로 인정 받아 관광진흥개발기금 지원 대상이 될 수도 있으므로 사업이 활기를 띌 수 있으며, 동시에 관광산업의 외연이 확장된다는 면에서는 관광 경쟁력 제고에 기여한다.

시범사업 후 본 사업이 시행될 때 인증 대상을 확대하는 문제도 논의할 필요가 있다. 외국인 관광객들이 많이 이용하는 식당이나 관광지, 관광안내소 등도 인증 대상이 되어야 하지만, 궁극적으로는 평소에 관광시설로 보지 않았던 국제공항, 국제항, 컨벤션센터 등도 한국관광 품질인증 대상에 포함할 필요가 있다. 비록 관할 부처가 문화체육관광부는 아니더라도 관광객 입장에서는 이러한 곳들이 모두 주 이용시설이기 때문이다.

관광진흥법에 근거한 관광지는 물론이고 도농교류촉진법에 근거한 농어촌체험휴양마을도 인증 대상이 될 수 있다. 현재 농림축산식품부나 해양수산부가 농어촌체험휴양마을에 대해 등급제를 시행하고 있으며, 우수농가민박에 대한 평가도 별개로 시행 중이다. 그러나 관광객의 눈높이에서 질적 성장을 도모하기 위해서는 등급 심사나 인증 시 현장평가를 주도할 전문인력이나 평가지표 일부를 한국관광 품질인증사업과 공유할 필요가 있다. 물론 각 부처 사업의 특성과 목표에 따라 별도의 차별화된 인증

체계가 필요하지만, 관광객 니즈 차원에서는 공통되는 부분이 있기 때문이다.

한국관광의 양적 성장과 더불어 질적 성장을 위해 관광 관련 시설과 서비스의 수준을 관광객 입장에서 점검하고 관광객 눈높이에 맞춘 기준을 제시하여 전반적으로 관광 서비스의 질을 제고할 수 있도록 하는 한국관광 품질인증제 시범사업 시행은 시의적절하다고 판단된다.[15] 한국관광 품질인증제 도입이 만에 하나라도 예산상의 이유로 취소되거나 연기된다면 현재 중국인 관광객 급감으로 인한 관광산업 위기 속에서 질적 성장을 추진할 절호의 기회를 놓치고 마는 우를 범할 수 있다는 점을 강조하고 싶다.

(2) 한국관광 품질 인증 평가지표 개발의 기본 방향

첫째, 한국관광 품질 인증을 위한 평가지표 개발은 수요자 관점에서 추진되어야 한다. 즉, 품질인증 대상이 숙박시설이라면, 수요자 입장에서 볼 때 숙박시설이 반드시 갖추어야 할 항목들을 도출해야 하며, 특히 안전이나 위생과 관련된 지표는 더욱 세분화하고 가중치를 강화해야 한다. 다시 말하면 관광시설로서 수요자의 기본 니즈를 충족시킬 수 있는 보편성을 확보할 수 있도록 인증 지표를 개발해야 한다. 보편성이 결여되면 바로 불만족이나 불평의 원인이 될 수 있기 때문이다. 그러나 보편성을 어느 정도 수준에 맞출 것인가에 대한 답은, 별도의 등급체계를 가지고 있는 관광호텔과 비교할 수는 없지만, 외국인 관광객 눈높이에서 보더라도 수용 가능한 수준이 되어야 한다.

---

15 2018년 6월 14일 관광진흥법 개정으로 한국관광의 고품질화를 위한 한국관광품질인증제가 시행되었다. 품질인증제를 위탁받아 수행할 한국관광공사의 품질인증팀(팀장 정선희)은 이미 시범사업을 통해 역량을 검증받은 바 있다.

둘째로, 한국관광의 체질 개선이라는 목표에 따라 인증 평가를 시행하지만 현실적으로 첫술에 배부를 수 없기 때문에 단계적으로 인증 수준을 높여가야 한다. 숙박시설이 편의성을 제고하기 위해 관광호텔 수준의 객실 서비스를 제공할 때 이것이 대부분의 숙박시설에서 제공하는 수준이라면 보편성 차원에서 인증 지표로 포함되어야 하지만 소수의 숙박시설에서 제공되는 의외적 서비스라면 금번 1단계 인증사업의 지표 개발에서는 제외되어야 한다. 인증 대상이 되는 어떤 특정 서비스가 대다수 숙박시설에서 제공되어 보편성으로 인식될 때에만 인증 지표에 포함되도록 하는 단계별 추진이 필요하다.

셋째로, 인증 사업 초기 단계이므로 수요자 눈높이에 맞춘 관광시설의 보편성 유지에 목표를 두고 시행하더라도 이 사업이 지금까지의 양적 성장과는 달리 한국관광의 체질개선을 통한 질적 성장을 지향하고 있기 때문에 무엇인가 차별화된 패러다임을 지향할 필요가 있다. 즉, 대부분의 인증 대상 관광시설은 보편성 유지를 목표로 인증 지표를 개발하지만, 한국관광 품질인증사업의 진면목을 나타낼 수 있는 특정 지표나 평가기준을 설정하는 것은 사업의 지속가능성 확보를 위해 필요한 것이다. 이러한 목적을 달성하기 위해 일반, 생활숙박시설의 경우 스탠더드와 프리미엄을 구분하였고, 한옥체험업의 경우에는 수도권이나 대도시 내 한옥스테이와 같이 상시 영업이 가능한 곳과, 지방에 있기 때문에 상시 수요가 미흡해 운영자 형편에 따라 제한 영업을 하는 경우를 구분하였을 뿐만 아니라, 헤리티지 heritage라는 유형 설정을 통해 서비스보다는 전통문화체험을 강조한 한옥스테이를 구분하였다.

끝으로 쇼핑시설은 인증 대상을 개별 운영자 단위로 설정하였으며, 대형 백화점에서 일부는 직영이지만 일부는 임대 점포로 운영할 때 별도의 인증 대상으로 구분하여 쇼핑시설 인증의 효율성보다는 수요자 입장에서 편의성에 가중치를 부여하였다. 한국관광 품질인증제의 효율적 시행을 위해 평가기준 개선은 물론 인증 유효 기간 내의 사후관리 및 평가요원 양성을 확대하는 작업도 병행되어야 한다.

참고문헌

강민애(2009), "문화유산 관광지의 U-관광서비스가 서비스품질과 만족도에 미치는 영향", 경기대학교 대학원 석사학위 논문.

김세은(2013), 여행체험의 치유효과 분석: 제주도 게스트하우스 이용객을 대상으로. 경기대학교 대학원 석사학위 논문.

김소라(2010), 문화유산 관광지 게임형 U-관광서비스의 체험특성에 관한 연구, 경기대학교 대학원 석사학위 논문.

김지효(2016), 탈일상동기와 관광지 현장체험, 치유효과 간의 인과관계분석, 경기대학교 대학원 박사학위 논문.

김지효(2016), ESM을 활용한 관광행동 단계별 탈일상 지각 차이 분석. 『동북아관광연구』, V.12(3), pp.59-78.

김주연, 홍성주, 엄서호(2016), 화성행궁의 관광안내판 개선방안으로서 이동식 안내판 적용, 제79차 한국관광학회 남도국제학술발표회 발표논문집, pp.39-46.

남윤희(2016), 세계유산 관광지 진정성과 영향요인: 안동 하회마을 방문자를 대상으로, 경기대학교 박사학위 논문.

엄서호(2007), 『한국적 관광개발론』, 백산출판사.

엄서호(2011), 유산관광 활성화에 대한 주민태도-수원화성 복원정비사업을 중심으로, 『관광학연구』, V.35(5), pp.13-36.

윤자연(2012), 문화유산관광지 커뮤니케이션 수단의 태도변화 분석, 경기대학교 석사학위 논문.

이동윤(2017), '농어촌체험휴양마을 관리운영 평가에 관한 연구: 양평 농어촌체험휴양마을을 중심으로', 경기대학교 대학원 석사학위 논문.

이욱(2018), 커뮤니케이션 매체로서 재현배우가 유산관광지 체험속성과 체험만족, 태도변화에 미치는 영향, 경기대학교 대학원 석사학위 논문.

조혜진(2014), 농촌체험휴양마을 기업 스폰서십이 방문자 태도 변화에 미치는 영향, 경기대학교 관광전문대학원 석사학위 논문.

홍성주(2016), 스토리텔링 유형에 따른 관광안내지도 이용 전후 이해도 및 태도변화 차이, 경기대학교 석사학위 논문.

강대인·엄서호(2001), 기업 후원에 의한 국립공원 시설관리 효과의 평가, 『국토계획』 V.36(2), pp.197-207.

경기도/경기문화재단(2017), 문화영향평가 전문가 포럼: 경기도형 문화영향평가 모델 개발 자료집, p.39.

정승호(2017), "스트레스는 날리고 감성은 채우고… '푸소FU-SO 체험' 아시나요". 『비즈N』. 6월 7일.

심진용(2017), "바르셀로나 주민들은 왜? 관광버스 타이어 펑크냈나", 『경향신문』, 8월 2일.

김미나(2017), "'관광객 오지 마' 바르셀로나서 공공자전거·버스 공격 잇따라", 『한겨레신문』. 8월 2일.

kje@yna.co.kr(2017), "'관광객 때문에 못살겠다, 세계 관광도시 주민들 '부글'", 『연합뉴스』. 8월 3일.

네이버블로그(2011), '거문오름 선흘2리 김상수 이장(1편)', blog.naver.com/jejuri /120143359589.

Assael, H. (1998), Consumer Behavior and Marketing Action (6th Ed.), South-Western College Publishing.

Crompton, J. L. (1987), Doing More with Less in Parks and Recreation Services, State College, PA: Venture Publishing, Inc.

Heider, F. (1958), The Psychology of Interpersonal Relations, New York: John Wiley.

Stenseng, F., Rise, J., & Kraft, P. (2012), "Activity Engagement as Escape from Self: The Role of Self-Suppression and Self-Expansion", Leisure Sciences, V34(1), pp.19-38.

Wang, N.(1999), "Rethinking Authenticity in Tourism Experience", Annals of Tourism Research, V.26(2), pp.349-370.

Pine Ⅱ. B. J. & Gilmore, J. H. (1998), "Welcome to the Experience Economy", Harvard Business Review, July-August, pp.97-105.

Gunn, C. A. (1979), Tourism Planning,, New York: Crane, Russak & Company, Inc.

Um, S.(1997/8), "Estimating Annual Visitation of Initial Visitors and Revisitors to Amusement Parks: An Application of Bass' Model of the Diffusion Process to Tourism Settings", Asia Pacific Journal of Tourism Research, V.2(1), pp.43-50.

Milman, A. (1993), "Maximizing the Value of Focus Group Research: Qualitative Analysis of Consumer's Destination Choice, Journal of Travel Research, V.32(2), pp.61-63.

찾아보기

관광도 기술이다
관광 입문 필독서

초판 1쇄 펴낸날 2018년 7월 31일
    2쇄 펴낸날 2020년 1월 30일

지은이 | 엄서호
펴낸이 | 김시연

펴낸곳 | (주)일조각
등록 | 1953년 9월 3일 제300-1953-1호(구: 제1-298호.)
주소 | 03176 서울시 종로구 경희궁길 39
전화 | 02-734-3545 / 02-733-8811(편집부)
       02-733-5430 / 02-733-5431(영업부)
팩스 | 02-735-9994(편집부) / 02-738-5857(영업부)

이메일 | ilchokak@hanmail.net
홈페이지 | www.ilchokak.co.kr

ISBN 978-89-337-0746-3 93980
값 20,000원

* 지은이와 협의하여 인지를 생략합니다.
* 이 도서의 국립중앙도서관 출판예정도서목록(CIP)은 서지정보유통지원시스템 홈페이지(http://seoji.nl.go.kr)와
국가자료공동목록시스템(http://www.nl.go.kr/kolisnet)에서 이용하실 수 있습니다. (CIP제어번호: 2018023157)